그래도,
시골여행

이 도서의 국립중앙도서관 출판예정도서목록(CIP)은 서지정보유통지원시스템 홈페이지(http://seoji.nl.go.kr)와 국가자료공동목록시스템(http://www.nl.go.kr/kolisnet)에서 이용하실 수 있습니다. (CIP제어번호 : CIP2017009470)

그래도, 시골여행

남미에서 센다이까지

남경우 지음

여행은 여행자가 철학 하게 만든다. 일상적이고 좁은 삶에서 벗어나 다른 이들을 보며 삶의 본질을 들여다보고 생각하게 만든다. 그러나 사실 내게 여행의 목적은 그리 거창하지 않다. 그저 시골 여행에서 만나는 사람들을 따라 나도 웃고, 힘들어 보이는 삶 속에서도 웃고 있는 그들의 미소를 배우고 오는 것이다. 지금의 내 삶보다 더 바빠 보이고, 더 화난 것 같고, 더 투쟁적으로 보이는 사람들의 모습을 보러 여행을 떠나고 싶지는 않다.

그래서 나는 유럽이나 북아메리카의 선진국을 찾지 않는다. 이런 의식의 바닥에는 세계 여기저기에 식민지를 만들어놓았던 그들에 대한 반감이 있기 때문이다. 그리고 잘 보존하고 가꿔놓은 유적이나 풍경은 과거부터 축적된 부에 기반을 두고 있을 것이라는 부정적인 생각도 깔려 있다. 치졸하고 편협한 역사관일지라도 부정하고 싶은 생각은 없다. 내 생각이 그들 나라에 영향을 미칠 리는 없기 때문이다.

지난 5년간 아시아를 넘어 아프리카와 남미까지 여행 지역을 넓혔다. 페루 쿠스코에서 짐 보따리를 메고 골목을 오르던 인디오 할머니들, 바오바브 나무가 지켜주고 있는 마다가스카르 맨발의 어린 왕자들, 인도네시아 이젠 화산에서 나를 통곡하게 만들었던 유황을 나르는 노동자들, 랑골리를 그리며 흰 소에게 비스킷을 주던 남인도의 소녀, 만 개의 엉덩이를 보여주며 희망을 외치던 일본 오카야마의 남자들, 쓰나미로 모든 것을 잃었지만 그래도 내일을 살아갈 센다이의 사람들.

여행지에서 만났던 이 수많은 사람의 공통점은 무엇일까. 그것은 그들도 나와 똑같이 웃고 울고 화내고 괴로워하면서도 열심히 살아가고 있다는 것이다. 희망을 품기도 하고 좌절하기도 하면서 하루하루를 살아가고 있다는 것이다. '순수한 삶'이라는 단어가 허용된다면 나는 시골 여행에서 그것을 배워온다. 짧은 여행 기간 그들의 삶에 나를 대입해보기도 하고, 이방인으로 뒤로 물러나 그들의 삶 옆에 잠시 서 있기도 한다. 이런 여행을 좋아하는 가장 큰 이유는 산골 오지에서 보낸 순수했던 내 유년기 때문이다. 그리고 삶에서 가장 행복했던 그 시절을 그리워하고, 조금이라도 순수한 나의 모습을 찾고 기억하기 위해서다.

시골 여행을 다녀오면 사진쇼를 만들어 지인들과 학생들에게 보여주며 여행의 에피소드와 그곳 사람들의 사는 모습을 들려주는 것은 내 나름의 여행 후기다. 그 사진쇼에 내 모습은 없다. 다만 사진을 찍으며 웃고 있었던 내가 있다. 그곳에서 상인들, 농부들, 아이들, 오가는 현지 주민들을 바라보고 그들 곁에 가까이 다가갔던 내가 있다. 내게 먼저 말을 걸어주고 나를 보고 웃어줬던 현지인들과 짧게나마 소통을 이뤘던 내가 있다. 물론 이런 소통에는 마치 오랫동안 헤어져 있던 친구를 만난 것처럼 행복한 미소로 다가서는 내가 있었기 때문에 가능했을 것이다. 그 짧은 소통이 때로는 긴 인연으로 이어졌고, 여행을 추억하는 사진이나 글 속에 살아 있기도 했다.

그렇게 『아시아 시골 여행』에 이어 두 번째 책에 그들과 나의 이야기를 담았다. 생각해보면 여행 후 나는 조금 더 착하고 순수해졌고, 조금 더 주변을 사랑하고 감사해하고 있다. 그리고 몇 달간은 계속 웃고 있는 내가 있다. 이 책을 다 읽은 독자들이, 시골 여행에서 돌아온 나와 닮은 미소를 지었으면 좋겠다.

2017년 봄, 남경우

차례

1
—

되찾은 그곳,
남미

태양의 신을 믿었던 남미의 종교 문화가 400년이 지난 지금, 인구의 90% 이상이 믿는 가톨릭
교로 대체되었다. 인디오 문화는 유럽 문명에 뒤덮여 사라졌고, 이제 그 모습은 관광지와 유적
지에서만 볼 수 있다. 물론, 이방인 그리고 여행자로서 한 나라의 문화에 대해 이러쿵저러쿵 비
평을 한다는 것은 당치도 않은 일이다. 하지만 유네스코에서 인정한 유적이 그 나라 민족의 것
이 아니라 스페인 식민지 시대의 건물들이라는 것은 어쩐지 용납할 수 없었고 분했다. 종교도
결국 힘의 논리였던 것이다. 인디오들은 자신들의 정체성을 유지하고 살아가기에는 너무 오래
지배를 당했다. 그것이 안타깝고 아쉬웠다.

Introduction

—

민족을 구분할 때 가장 기본이 되는 것은 언어와 종교일 것이다. 이번 여행지인 페루Peru, 볼리비아Bolivia, 칠레Chile는 모두 잉카Inca 제국의 영토였으나 1530년대 스페인의 식민지가 되었다가 1820년대 독립한 국가들이다. 원주민인 '인디오'와 스페인계 백인과 인디오의 혼혈인 '메스티소'의 비중이 가장 높으며, 종교는 국민 대다수가 가톨릭교를 믿고 있다. 지난 300년간 피식민 역사는 이들 지역의 언어를 스페인어로, 태양신을 믿던 종교를 가톨릭교로 바꿔놓았다. 그리고 메스티소라는 혼혈 인종이 원주민 인디오를 압도하고 남미 인종 구성의 대다수가 되었다.

잉카 제국의 흔적은 이제 유적지가 되어 관광객의 사진 속에서나 존재한다. 독립한 지 200년이 지났지만 현재 페루와 볼리비아의 정치 상황이나 경제 수준은 아직도 서민의 삶을 힘들게 하고 있다. 자본주의를 바탕으로 한 세계화의 흐름 속에서 과연 이들은 밝은 미래를 맞이할 수 있을까? 잘 모르겠다. 그러나 정교하고 거대한 잉카 문명을 만들어냈던 이들의 유전자는 분명 이어져 내려오고 있을 것이다. 그들의 예술성과 부지런함, 저력을 믿고 싶다. 100년 후의 이들 나라 보통 사람들의 삶이 궁금하다. 그리고 또 100년 후, 새로운 세계를 이끌 나라가 이들이었으면 좋겠다.

N

페루
   리마
   파라카스
      쿠스코
        라 파스

브라질

볼리비아
     우유니
아타카마

파라과이

칠레
   아르헨티나
발파라이소
   산티아고

남미
페루·볼리비아·칠레

　2016년 1월. 은퇴 후에나 갈 수 있을 것이라 생각했던 남미로 여행을 떠났다. 남미. 내게 이곳은 여행의 종착지, 마지막 여행지 같은 곳이었다. 남미까지의 비행시간이 너무 길고 남미 대륙이 엄청나게 광활해서 만약 가게 된다면 한 달 이상 걸리는 긴 여정이 될 것이라 생각했기 때문이다. 그러려면 내겐 은퇴 후에나 가능할 것이라 생각했다.

　누구에게나 '남미' 하면 떠오르는 느낌과 기대하는 풍경이 있을 것이다. 내게 남미의 인상은 오랜 식민지를 겪은 지역, 그래서 섞여버린 인종과 역사, 안데스 산지에 살고 있는 인디오, 하얀 우유니 소금사막이었다. 그러나 반세기를 살아온 육체가 버틸 수 있는 여행 기간은 그리 길지 않았다. 이제 카메라 가방도 점점 무겁게 느껴지기에 남미의 여러 나라 중 페루, 볼리비아, 칠레의 일부를 보름간 여행하는 프로그램을 신청하게 되었다. 여행을 마친 지금, 남미에 대한 감상을 아직 정확히 무엇이라 표현할 수는 없을 것 같다. 사실 여행 중에도 이곳이 '혼돈 속에 있는 나라'라는 생각이 들었기 때문이다. 떠나기 전에 머릿속에 떠올렸던 안데스 산지의 순수한 인디오들을 내가 만났는지는 잘 모르겠다. 여행 후 남은 수첩 두 권에 담긴 이야기와 3000장쯤 되는 사진 정리가 다 끝나야 이번 여행이 남긴 혼돈을 정리할 수 있을 것 같다.

하루치 비행, 환승 두 번, 시차 14시간, 멀고 먼 페루

인천 공항으로 가는 영종대교 밑으로는 옅은 물안개가 피어 있었다. 여행을 떠나기 전 설레는 마음이 꼭 옅은 물안개 같다는 생각이 들었다. 여행 정보 책자와 인터넷 검색을 통해 내가 보게 될 풍경을 미리 눈에 담고, 그곳의 역사와 자연환경을 머릿속에 담았지만, 그 모든 정보와 지식이 완전히 내 것이 된 건 아니었다. 내 마음은 불안함과 기대감이 어우러져 이리저리 물안개처럼 돌아다녔다. 오후 1시 25분에 출발하는 유나이티드 항공을 타고 일본 나리타 공항에 도착, 다시 미국 휴스턴 Houston 까지 10시간 비행 후 환승해 페루 리마 Lima 까지 가는 일정이다. 총 25시간 비행. 비행기는 계속 동쪽으로 날아가 점점 어두워졌다가 날짜 변경선을 지나 다시 밝아지고 있었다. 일정 중 가장 힘든 것이 페루까지의 비행이었다. 편안한 옷을 입었지만 그 긴 시간 동안 다리와 엉덩이의 저림을 이겨낼 수는 없었다. 이때 가져갔던 책이 남미를 대표하는 작가인 로맹 가리 Romain Gary 의 『새들은 페루에 가서 죽다 Oiseaux Vont Mourir au Perou』였는데, 비행기 안에서 두 번을 읽어봐도 작가가 말하고자 하는 것이 무엇인지 도무지 이해할 수 없었다. 결국 나는 책의 배경이 되었다는 페루 리마의 미라플로레스 Miraflores 에 가서 확인할 수밖에 없다고 생각하며 내 아둔함을 탓했다(그렇다고 작가를 비난하는 것은 아니다. 그의 상상력과 필력은 혀를 내두를 만큼 대단했으며 그 기발함과 대담함, 예리함은 존경스러울 지경이었다).

휴스턴은 최종 목적지인 리마로 가는 환승지에 불과했지만 워낙 테러에 민감한 미국이라, 입국 심사대에서 손가락 열 개의 지문을 찍어야 했고 가방과 캐리어도 다시 검색대에 올려야 했다. 미국에 대한 매력을 느끼지 않는 나로서는 환승 이외의 이유로는 오지 않을 것 같은 나라다. 눈은 뻑뻑하고, 잠은 안 오고, 머리는 띵하고 무겁고, 혀는 까슬하고, 배는 더부룩하고, 다리와 발은 부어서 감각이 없고, 손은 뜨겁고, 혈액순환은 안 되고……. 총체적 난국이었다. 제대로 된 수면을 취하지 못했기 때문이다.

시간은 다음 날로 넘어가고 있었다. 비행기에서 페루의 수도 리마의 밤 풍경을 내려다봤다. 하늘에 있어야 할 별들이 땅에 내려앉아 빛나고 있었다. 새벽 1시 30분에 드디어 리마 Lima 의 호르헤 차베스 Jorge Chávez 국제공항에 도착했다. 수하물 찾는 곳도 여섯 개밖에 없는 작은 공항이었다. 입국 수속을 밟고 공항 밖으로 나와 하늘을 보니 비행기에서는 그렇게 많이 보였던 별이 달랑 두 개만 남아 떠 있었다. 그리고 정체를 알 수 없는 향기가 났다. 재스민 향도 아니고 소똥 냄새도 아닌 달착지근하고 독특한 향기가 공항과 버스 안에 가득했다. 집에서도 가끔 향을 피우는 나로서는 결코 나쁘지 않은 이 페루의 향기가 마음에 들었다.

호텔에 도착한 것은 새벽 2시였다. 한국과 시차는 14시간. 한국에서라면 주말에 낮잠을 잘 시간이었으니, 여기에 장거리 비행으로 인한 피곤함까지 더해져 비몽사몽이었다. 머리를 감으면 잠이 다 달아날 것 같아서 대충 샤워만 하고 침대에 누웠다. 그러나 비행기 안에서 자다 깨다를 반복해서인지 도통 잠이 오질 않았다. 양을 100마리쯤 세야 잠이 들 것 같았는데 81마리쯤 이후 기억에 없는 것으로 보아 생각보다 금세 잠이 들었던 것 같다. 하지만 꿈속에서 계속 자야 한다는 생각을 했던 것으로 보아 깊게 잠들었던 것 같지는 않다.

리마에서 스페인 냄새가 난다

여행 첫째 날. 알람을 아침 6시 30분에 맞춰놓았는데 눈을 떠보니 6시였다. 시차를 따지면, 정확하게 나의 주말 낮잠 시간과 일치했다. 아침을 먹고 호텔 주변을 산책했다. 기온은 생각보다 높았고, 일요일 이른 아침이라 그런지 길가에 사람은 거의 없고 곳곳에 경찰들만이 서 있었다. 경비를 서고 있는 것이었다. 호텔은 신시가지인 미라플로레스 지역에 있었다. 이곳의 도로는 깨끗한 편이지만 세계 어느 도시에서나 볼 수 있는 평범한 직사각형 건물들 속에 있어서 아직 페루에 온 것 같지는 않았다. 한국보다 14시간이 느리니 14시간만큼 더 산 셈이라고 생각하자 얼굴에 바보 같은 미소가 어렸다. 돌아갈 때는 그만큼 덜 산 셈이 되는 것이라 똑같은 것인데도 어쩐지 애니메이션 〈시간을 달리는 소녀 時をかける少女〉처럼, 내가 이곳에서 14시간 더 보게 될 것들은 덤으로 살아갈 시간의 선물일 것 같았다.

오전 9시 30분. 택시를 타고 구시가지로 향했다. 이번 남미 여행에서 거칠 세 나라 페루, 볼리비아, 칠레에서 내가 가장 중요하게 생각했던 것은 페루의 도시 쿠스코 Cuzco, Cusco 주변에서 만나게 될 현지 사람들과 볼리비아의 우유니 Uyuni 소금사막이었다. 페루의 수도 리마에서 할 일은 식민 지배의 영향이 얼마나 큰지를 눈으로 확인하는 것뿐이었다. 먼저 산 마르틴 San Martin 광장에서 가서 환전하기로 했다. 광장에는 페루의 독립 운동에 큰 업적을 남긴 산 마르틴 장군이 박력이 넘치는 표정으로 당당하게 서 있었다. 총 150달러를 환전했더니 508솔을 주었다. 숫자 개념이 희박한 내게는 환율을 생각하며 물가를 따질 여유가 없다. 그저 508'원'이려니 하고 쓰는 수밖에. 모자라면 추가로 환전하면 그만이다. 살아서 다시 올 수 있을지 없을지도 모를

리마의 아르마스 광장과 산 프란시스코 대성당
크든 작든 아르마스 광장과 대성당은 남미 어디에나 있다. 워낙 찾는 사람이 많아 사람을 피해 건물만 찍는 것은 불가능하다.

이 나라에서 돈을 아껴 쓰고 싶지는 않았다. 그것은 여행을 아끼는 것과 똑같으니까. 물론, 이는 불필요한 것은 사지 않는 내 성향을 잘 알고 있기 때문이기도 하다.

남미의 모든 나라, 모든 도시에 반드시 있는 것은 아르마스 Armas 광장이라는 것이다. 번역하면 '군인 광장', '무기 광장'이라는 뜻인데 부드럽게 들리는 발음과는 달리 의미는 좀 살벌하다. 식민지 시절 나라 곳곳에 있는 광장에서 무기를 만들고 군대를 재정비해서 붙여진 이름이라는데 현지에서는 1998년부터 마요르 Mayor 광장이라고 이름을 바꿨지만 400년이 넘는 시간

동안 유지해온 '아르마스'라는 이름이 쉽게 사라지진 않을 것 같다. 산 마르틴 광장에서 우니온 Unión 거리를 따라 걸었다. 마치 서울의 명동 거리를 걷는 느낌이었다. 제법 깨끗한 상가에 고급스러운 상품들이 진열되어 있고 거리는 넓고 깨끗했다.

페루의 수도 리마는 태평양에 접한 해안 절벽 위에 세워진 도시다. 잉카 제국 시대 지방 변두리에 불과했던 이 도시는 스페인이 식민지를 건설한 뒤 잉카 제국에서 약탈한 보물을 효과적으로 본국에 수송하기 위해 만들어진 식민 도시다. 페루에서 가장 부유한 이 도시의 슬픈 역사는 리마 해안에 자주 끼는 안개의 이름을 '잉카의 눈물'이라고 부르는 것에서 알 수 있었다. 1988년 유네스코 세계유산(문화유산)에 지정된 리마 구시가지의 유럽풍 건물들은 내가 상상했던 그대로였다. 아르마스 광장을 중심으로 주요 성당과 교회, 궁전, 박물관, 대통령궁이 들어서 있고 그 주변에는 시장들이 성업 중이었다. 그리고 '리마'라는 이름의 기원인 리막 Rimac 강이 흐르고 있고 그 건너편에는 가난한 사람들의 집이 빼곡히 들어찬 언덕이 있었다. 유물과 유적은 내 관심사가 아니었지만 기독교 문화를 이야기하지 않고서는 페루의 문화를 설명할 수 없고, 다른 무엇보다 성당에서 예배하는 현지인들의 모습을 보기 위해 먼저 대성당을 둘러보기로 했다. 광장 주변에는 관광객과 현지인이 뒤섞인 엄청난 인파가 있었다. 그 어떤 피사체(건물)도 그것 하나만 온전히 카메라 렌즈에 담을 수는 없었다.

대성당 안에는 일요일 오전이라 그런지 평소보다 더 많은 사람이 찾아와 예배를 드리고 있었지만 관광객들도 자유롭게 드나들 수 있어 지금이 예배 시간인지 아닌지 모를 정도로 어수선했다. 하지만 밝은 갈색 피부를 지닌 혼혈인 메스티소들과 인디오들의 표정에는 신앙심이 가득해 범접할 수 없

산 프란시스코 대성당
대성당에 있는 갈색 조각상과 갈색 신도들. 태양신은 이제 이곳에 없다.

는 분위기를 풍겼다. 그러나 예수상 앞에 무릎을 꿇고 앉아 기도를 하는 인디오의 얼굴을 보며 묘한 이질감을 느꼈던 것도 사실이다. 그리고 이 이질감은 여행 내내 대도시의 커다란 성당을 볼 때마다 선뜻 들어서지 못한 이유이기도 하다.

태양의 신을 믿었던 남미의 종교 문화가 400년이 지난 지금, 인구의 90% 이상이 믿는 가톨릭교로 대체되었다. 인디오 문화는 유럽 문명에 뒤덮여 사라졌고, 이제 그 모습은 관광지와 유적지에서만 볼 수 있다. 물론, 이방인 그리고 여행자로서 한 나라의 문화에 대해 이러쿵저러쿵 비평을 한다는

리마에서 처음 만난 인디오 할머니와 손녀
아이의 손금을 보니 좋은 운명을 타고났다.

것은 당치도 않은 일이다. 하지만 유네스코에서 인정한 유적이 그 나라 민족의 것이 아니라 스페인 식민지 시대의 건물들이라는 것은 어쩐지 용납할 수 없었고 분했다. 종교도 결국 힘의 논리였던 것이다. 인디오들이 자신들의 정체성을 유지하고 살아가기에는 식민 지배 기간이 너무 길었다. 그것이 안타깝고 아쉬웠다. 편협하고 속 좁은 여행객인 나는 이후 보름간 더 이상 성당이나 교회는 거의 들어가지 않았다. 그 대신 현지 사람들이 살고 있는 모습을 보기 위해 주변을 맴도는 여행을 시작했다.

복잡한 마음으로 대성당을 나오니 한 대가족이 단체 사진을 찍고 있었다. 하얀 블라우스와 예쁜 원피스를 입고 모자를 쓴 할머니와 인디오 전통 복장을 한 꼬마 여자아이가 포함된 대가족이었다. 아이와 할머니는 이곳에서 처음 만난 인디오의 모습이었기에 무척 반가웠다. 사실 리마에 도착해 현지인들의 옷차림을 본 순간, 리마에서 인디오들을 만날 것이라는 기대는 부서졌다. 하지만 현지인이라고 해서 그 나라의 전통 복장을 입고 살아갈 것이라고 기대하는 것 자체가 무리였다. 내가 한복을 입고 출근하는 것과 마찬가지일 테니까 말이다. 당치도 않은 기대를 한 것이 분명한데도 그저 인디오들에 대한 막연한 그리움이 그런 허황된 기대를 하게 만들었던 것이다. 그럼에도 우리네 복장과 비슷한, 아니 우리보다 훨씬 더 노출이 심한 옷을 입고 다니는 사람들을 보고 내가 페루에 온 것인지 유럽의 어느 나라에 온 것인지 실망한 것도 사실이다. 그런데 처음으로 인디오 전통 복장을 한 사람들을 보니 얼마나 반가웠겠는가. 내 이런 마음이 고스란히 전달이 되었던 걸까? 가족들은 흔쾌히 할머니와 손녀의 사진 촬영을 허락했다. 그러나 촬영이 끝나자마자 나는 바로 봉사활동(?)을 해야 했다. 쿠스코에서 관광을 왔다는 이들은 한국 사람을 처음 봤다며 나를 둘러싸고 촬영을 하기 시작했다. 그동안 여행에서 늘 느꼈던 것이지만 외국인 눈에는 내 얼굴과 몸매가 마치 한국인의 전형으로 보이는 것 같다. 그래서 여행 전에는 가급적 다이어트를 해보려고 애쓰지만 살을 뺀다는 것이 그리 쉬운 일이 아니라서 번번이 포기했는데 이번 여행에서도 어김없이 붙잡히고 말았다. 최대한 귀여운 척이라도 해야겠다는 의지로 손가락으로 '브이'를 만들어 활짝 웃어줬다.

산 프란시스코 San Francisco 대성당과 대통령궁, 박물관 몇 개를 대충 둘러보고 나니 허기가 졌다. 가림막 하나 없는 광장을 가로질러, 빈민촌이 보인다는 2층 식당에 들어가 점심을 해결하기로 했다. 햇살이 너무 뜨거워 반

소매 셔츠가 미처 가리지 못한 팔뚝이 따끔거렸다. 결국 이날 이후 내 팔뚝은 더 이상 햇빛을 보지 못했다. 벌겋게 익고 껍질이 벗겨지기 시작했기 때문이다. 한국의 한여름보다 기온은 낮지만 햇살은 엄청나게 강했다. 선글라스를 쓰지 않고서는 견디기 어려울 정도로 강렬했다. 더불어 모자 또한 반드시 챙겨야 한다. 하지만 쓸데없이 높은 내 콧잔등만큼은 그 무엇으로도 지켜줄 수 없었기에 여행 내내 껍질이 벗겨졌다.

여행을 떠나기 전 페루에 대한 정보를 검색하면서 알게 된 '반드시 먹어보라는' 추천 메뉴들이 있었다. 세비체 Ceviche 와 로모 살타도 Lomo Saltado 였다. 세비체는 해산물을 레몬즙에 절인 음식인데 원래 신 음식을 싫어하는 나로서는 보는 것만으로도 싫은 침이 나왔다. 그래도 로모 살타도는 소고기와 양파, 마늘 볶음, 감자튀김 등이 나오는 음식이라기에 먹어보기로 했다. 영어가 전혀 통하지 않는 식당 종업원들과 스페인어를 전혀 못하는 손님 사이에서 수많은 보디랭귀지가 오간 후 30분이 지나 음식이 나왔다. 양이 어마어마했는데 1인분을 시켜 둘이 먹으면 딱 좋을 양이었다. 이 지역에는 유독 비만인 사람이 많은데, 그것이 꼭 유전적 이유나 고도가 높은 지리적 이유 때문만은 아닌 것 같다.

'비어'라는 말이 통하지 않아 결국 냉장고에서 직접 맥주를 들고 왔다. 맥주병을 따달라고 하니 나보고 직접 따란다. 오프너도 없이 맥주병을 따는 여자가 있던가! 어이없어 하는 내 표정을 보더니 여종업원이 다가와 왼손에 맥주병을 잡고 끝부분을 테이블 모서리에 두고는 오른손 주먹으로 '꽝' 하고 내려치니 병뚜껑이 날아가버렸다. 나는 이 정도도 혼자 못하는 사람 취급을 받고 말았다. 미리 말해두자면 음식에 대해 결코 입이 짧지 않은 내가 보름간 여행에서 살이 빠졌다는 것은 그만큼 못 먹고 왔다는 것을 의미한다. 이번 남미 여행은 결벽증 탓이 아니라 그저 음식이 내 입에 맞지 않았기 때문에 많이 먹지 못했다. 한국에서도 패밀리레스토랑에서 파는 음식을 즐겨 먹지 않고 얼큰한 찌개와 탕 종류를 좋아하는 나로서는 '실란트로 Cilantro'라고 불리는(중남미에서는 '쿨란트로 Culantro'라고 한다) 고수의 향에 서양식 조리법으로 만들어진 음식이 입에 맞을 리가 없었다. 결국 맥주 한 병에 소가죽처럼 질긴 고기 두세 점, 감자튀김만 열심히 먹고 나왔다. 그리고 남미 여행 후 나는 더 이상 감자튀김을 먹지 않는다.

식사 후 대통령궁 뒤로 흐르는 리막 강을 건너기로 했다. 식당 건너편에는 산이라고 해야 할지 언덕이라고 해야 할지 애매한 높이를 한 민둥산이 하나 있었는데, 나무 한 그루, 풀 한 포기 없는 민둥산에 다닥다닥 네모난 집이 들어차 있는 것이 보였지만 큰 건물에 가려 제대로 보이지 않았기 때문이다. 언덕 꼭대기에는 얼마 남지 않은 땅이 더 가난한 누군가를 위한 자리로 남아 있었다. 이들의 퇴근길은 얼마나 고되고 힘들까. 가난한 사람들의 집으로 가득한 언덕이 푸른 나무로 덮이는 날이 과연 올까?

리막 강 위 다리를 건너자 주변 분위기가 완전히 변했다. 건물은 더 어둡고 낡았으며, 햇빛조차 평등하지 않은 느낌이었다. 인솔자의 경고가 떠올랐다. 그녀는 치안이 안 좋으니 가급적 강을 건너지 말라고 했다. 이제 여행의 첫날인데, 그리고 내 여행의 목적은 리마가 아닌데 위험을 무릅쓰고 빈민가에 들어갈 것인지 망설였다. 여행 초입에 카메라를 잃어버리면 무슨 낙으로 남은 일정을 소화할지 생각하자, 겁쟁이에 길치인 나는 전진을 포기하기로 했다. 이 결정이 잘한 것인지는 알 수 없다. 가지 않으면 알 수 없는 것이므로. 미련을 떨치기 위해 우니온 거리 같은 번화가가 아닌 재래시장에 가보기로 했다. 삶이란 원래 그렇다. 애써 후회의 반면을 찾아 위로받는 것이다.

다시 다리를 건너고 있는데 어디에선가 흥겨운 음악이 들려 돌아보니 많은 사람이 둥글게 원을 이루고 뭔가를 구경하고 있었다. 다가가 보니 원형 스탠드가 있는 조그만 광장이 있었고, 그 가운데에서 매우 뚱뚱한 여가수가 인형이 입어야 할 귀여운 원피스를 입고 노래하고 있었다. 남녀노소 할 것 없이 주변의 모든 사람이 그 노래에 맞춰 춤을 추고 있었는데, 자세히 보니 예전 어린 시절에 봤던 약장수의 무대였다. 무슨 약을 팔고 있는 것일까. 문득 초등학교 때 있었던 어느 사건이 떠올랐다.

산골 오지에서 태어난 나는 어느 날 엄마 손에 이끌려 동네에 하나밖에 없는 초등학교 운동장에 갔다. 약장수가 약을 팔고 있었기 때문이다. 아저씨가 팔고 있는 약은 회충약이었다. "이거 한 알만 먹으면 직빵!"이라는 말에 같은 반 남학생의 엄마가 손을 번쩍 들었고 내 친구는 그 회충약의 '마루타'가 되었다. 사람들이 보는 가운데 운동장 바닥에 신문지를 깔고 큰일을 봤는데, 변에 하얗고 기다란 회충이 함께 나왔다. 아……. 친구의 어머니는 무슨 생각으로 아들의 큰일을 모두에게 보였던 것일까. 결국 우리 엄마도 눈앞의 놀라운 광경을 목도하곤 회충약을 샀고 집에 오자마자 내게 약을 먹였다. 그 후 벌어진 일은 차마 여기에 쓸 수 없다.

몇 사람에게 물어물어 재래시장인 센트럴 마켓 central market 과 차이나타운에 겨우 들어섰다. 중국인들의 결집력은 대단하다. 이곳에도 차이나타운이 형성되어 있었고 '치파 Chifa'라는 중국 음식점을 흔히 볼 수 있었다. 페루에 살고 있는 외국인은 중국인이 가장 많고 일본인, 한국인이 그다음으로 많다고 한다. 특히 페루는 일본인 2세가 대통령 자리에 앉은 적도 있었다. 원래 대학 교수였던 알베르토 후지모리 Alberto Kenya Fujimori 는 학자 이미지를 안고 대통령 선거에 출마해 당선되었지만, 재임 기간 중 저지른 엄청난 부정부

패로 굴욕적인 퇴임을 한 것으로 유명하다. 그는 많은 국영 기업을 민영화하면서 부정한 돈을 착복했으며, 대표적인 사례가 마추픽추 Machu Picchu 의 유일한 이동 수단인 기차의 철도운영권을 칠레에 팔아넘긴 것이다. 마추픽추행 기차표는 한국 돈으로 6만 7000원 정도인데 현지인들은 비싸서 거의 타지 못한다고 한다. 2030년까지 매년 마추픽추를 찾는 관광객이 얼마나 많겠는가. 그리고 그 이익금이 얼마겠는가. 이 돈이 칠레로 넘어간다니, 어찌 한 나라의 대통령이 이런 짓을 할 수가 있는지 정말 개탄스럽지 않을 수 없었다. 페루 여권밖에 없다던 후지모리는 회의를 핑계로 일본을 방문하면서 바로 망명 신청을 해 일본에 머물렀지만, 페루 정부의 지속적인 요구로 압송되어 현재는 페루의 교도소에 수감되어 있다. 그래서 그의 별명이 '후지티보 Fugitivo'라고 한다. 스페인어로 '도망자'라는 뜻이다.

그런데 더 어처구니없는 것은 그의 딸 게이코 후지모리 Keiko Fujimori 가 지난 대선 때 근소한 차이로 낙선한 이후 2016년 페루 대통령 선거에 재출마할 예정이고, 현 대통령인 원주민 출신 알레한드로 톨레도 Alejandro Toledo 대통령이 개혁에 성공하지 못해 게이코가 대통령이 될 가능성이 크다는 것이다(2017년 현재 페루의 대통령은 오얀타 우말라 Ollanta Humala 다). 다른 나라의 대통령이 누가 되든 투표권도 없는 내가 화를 낼 일은 아니지만 후지모리의 딸이 대통령이 된다면, 바라건대 설령 국가의 경제 수준이 한 번에 도약할 수는 없을지라도 부정한 짓은 하지 말기를 바란다. 사람으로 태어나 한 나라의 대통령까지 했으면 이생에서 더 누릴 것은 없지 않겠는가. 가져갈 수도 없는 부를 쌓아서 어디에 써먹겠는가. 또 그 부가 누군가의 눈물로 얻은 것이라면 무슨 의미가 있겠는가.

페루에서는 'b형' 몸매도 당당할 수 있다

재래시장에는 아시아 오지에서 쉽게 볼 수 있는 좌판은 거의 없었다. 낡은 상점이었지만 대부분 건물 안에 입점해 있었다. 하긴 이곳은 한 나라의 수도이니 당연한 것이었다. 그런데 이곳 사람들을 보며 놀랐던 것 중 하나는 남자고 여자고 할 것 없이 모두 키가 매우 작다는 것이었다. 남자의 경우, 167cm인 나와 비슷하거나 나보다 작은 사람이 많았다. 여자는 나보다 훨씬 작은 사람이 대다수였다. 남자들의 몸매는 평범한데 여자 중 대다수가 우리나라 기준으로 봤을 때 '통통'을 넘어 '뚱뚱'에 이르고 있었다. 게다가 가슴과 엉덩이는 매우 커서, 몸에 맞는 브래지어나 팬티가 있을까 싶을 정도였다. '연인끼리 포옹은 할 수 있을까?' 이들에게 '포옹'이란 단어의 정의는 '양팔을 뻗어 상대방의 어깨에 손을 올리는 행위'일 것이라는 황당한 생각을 하며 슬쩍 내 몸매를 봤다. 이곳 평균치로 봤을 때 나는 '매우 날씬한 몸매에 속함'이 확실했다. 나중에 인솔자에게 물으니, 고지대라서 기압이 낮아 가슴과 엉덩이가 커지는 것이라는 답변을 들었다. 수천 년간 이곳에서 살아왔으니 몸매가 유전되었겠지만, 이곳 사람들이 먹는 음식도 큰 영향을 미쳤음이 분명하다. 어느 식당을 가든 음식의 양이 상당히 많았다. 또 여유롭고 느긋한 성격도 이들의 몸매 유지에 도움을 줬을 것이다.

그런데 분명 이들에 비하면 나는 날씬한 편인데도, 당당하고 거칠 것 없는 페루 여인들의 모습을 보면 왠지 내가 초라해 보였다. 몇 년 전이었다. 한창 'S 라인' 몸매라는 단어가 유행하던 때 남학생 반에서 수업을 하던 중 한 녀석이 내게 이런 말을 했다. "선생님도 알파벳 몸매예요." "어떤 알파벳인데?"라고 물었더니 녀석이 "선생님은 '비'를 닮았어요"라고 대답했다. 나는 당연히 대문자 'B'를 생각하고 내 몸매가 그렇게 볼륨감이 있나 싶어, "내가 그렇게 글래머라고?"라고 했더니 녀석은 "아뇨, 스몰 b요!"라고 답했다. 영점 몇 초 정도 정적(아마 이 짧은 정적은 그 녀석을 제외하고 나를 포함한 모두가 잠시 소문자 'b'의 모양새를 상상하기 위한 시간이었을 것이다)이 흐른 후 교실은 웃음바다가 되었고, 전체적으로 밋밋한데 배만 나온 내 몸매를 놀리는 것이 분명할 텐데도 나는 녀석의 기발함에 껄껄대며 웃었다.

사실 어떻게 옷을 입어도 나온 배를 감출 수는 없다. 그래서 가급적 원피스를 입거나 루스 핏 셔츠로 몸매의 결점을 가리려고 했는데, 이곳에 와보니 많은 여성이 어마어마한 몸매를 가리기는커녕 짝 달라붙은 옷을 입고 있어서 벗었을 때의 몸을 상상할 필요조차 없는 적나라함에 눈을 어디다 둬야 할지 모를 지경이었다. 또 한국의 해수욕장에서나 볼 수 있는 옷차림(브래지어가 드러나는 것은 보통이고 뒤는 뻥 뚫려 있어서 영화제 시상식에서나 볼 것 같은 패션)도 있었다. 그런데 풍만한 몸을 떳떳하게 드러낸 채 거리를 활보하는 여인들의 모습을 보며, 그 당당함에 주눅이 들었다. 다른 사람의 눈을 의식하지 않고 살아가는 모습이 멋졌다. 하지만 나는 알고 있었다. 나는 죽을 때까지 저렇게 못하리라는 것을. 요즘 세계에서 유행하고 있는 레깅스 패션은 이곳도 예외가 아니었다. 임신 8개월쯤 되어 보이는 배를 하고 있는 어떤 아주머니가 아기를 품에 안은 채, 터질 것 같은 엉덩이를 감싼 하얀색 투명 레깅스를 입고 걸어오고 있었다. 아! 내 눈은 순간 허공을 헤맸다. 그녀의 레깅스 아래로 하얀 팬티가 드러났기 때문이다. 이 정도 자신감이라니. 할 말이 없었다. 과한 당당함은 주변을 곤혹스럽게 할 수도 있다.

시장에 들어서니 현지인들의 소비문화를 알 수 있었다. 다양한 향신료와 생활용품, 패션 용품을 파는 가게들이 늘어서 있었다. 어떤 속옷 가게는

미니 양산을 헤어밴드에 끼워 쓰고 있는 아주머니
아주머니가 팔아야 할 것은 티셔츠나 가짜 약이 아니라 머리에 매단 미니 양산이다.

마네킹에 옷을 입혀뒀는데, 포르노 영상에나 나올 것 같은 야한 속옷을 입은 마네킹을 가게의 전면에 세워둔 것을 보고는 이들이 조금 야한 민족은 아닐까 하는 엉뚱한 생각도 했다. 수줍음 많고 순박한 인디오를 상상했던 나는, 성에 대해 개방적이고 조금 야한 민족이라는 근거도 없는 딱지를 여행 첫날 페루 사람들에게 붙여둔 것이다. 그리고 재래시장 안쪽에 화려한 등이 달린 번화한 곳이 조성되어 있었는데 그곳이 바로 차이나타운이었다.

시간은 오후 3시를 향해 달려가고 있었다. 다시 택시를 타고 호텔로 돌아가 해안가에서 태평양으로 지는 일몰을 보기로 했다. 호텔의 네임카드를 보여주니 택시 기사는 알고 있다며 씩 웃었다. 그런데 분명 아침에 택시를 타고 구시가지로 갔을 때는 금방 갔던 것 같은데, 너무 오래 간다 싶었다. 20분 정도 지나자 와본 적도 없는 엉뚱한 호텔에 택시가 섰다. 이 호텔이 아니라고 다시 네임카드를 보여주기를 몇 번 하고난 다음에야 겨우 호텔에 도착했다(페루를 떠날 때까지 택시에서 네비게이션은 구경할 수 없었다). 남미는 모든 주소가 도로명이라서 택시 기사들이 길을 헤맬 리는 없다던 인솔자의 말은 그다지 신빙성이 없어 보였다. 30분이 걸려 호텔에 도착했지만 택시 기사는 이미 흥정했던 20솔만 받았다. 다행히 착한 아저씨었다. 아마 어지간히 미안했을 것이었다.

숙소에서 잠시 쉬다가 오후 5시쯤 해변까지 걸어가 일몰을 보기로 했다. 호텔에서 해변까지는 걸어서 10분 정도밖에 걸리지 않았다. 길을 헤맬 이유가 없었다. 이 시간대에는 모든 사람이 해변으로 걸어가고 있기 때문이다. 리마의 강남으로 불리는 이 지역은 도로도 넓고 건물도 새것이라 모든 것이 쾌적하고 깨끗했다. 초상화를 그려주는 어느 화백은 인디오의 생활상을 그린 유화를 팔고 있었다. 색감이 예쁜 유화가 걸려 있는 거리는 무척 낭만적이었다. 내가 찍고 싶었던 모습과 풍경을 멋진 그림으로 만나자 기분이 좋아졌다. 나도 이렇게 찍고 싶으니 어서 이곳으로 나를 데려가 달라고 말하고 싶었다. 전형적인 절벽 해안인 리마의 해안에는 다양한 사연을 가진 사람들이 나무로 만든 난간에 기대어 붉은 태양이 바다로 지는 모습을 바라보고 있었다. 이곳에는 '연인의 공원'이라고 불리는 곳이 있다. 여자가 남자의 허벅지를 베고 누워 둘이 키스를 하는 커다란 조각상이 있는데, 이 조각상이 마치 '키스 무제한 허가증'이라도 되는지 모든 연인이 죄다 서로를 끌어안고 키스를 하고 있었다. 나는 옆에 있는 나무라도 끌어안고 있어야 할 판이었다.

연인의 공원에 있는 조각
나도 해보고 싶은 자세다.

　한편, 비행기에서 읽었던 『새들은 페루에 가서 죽다』의 작가 로맹 가리
는 미라플로레스의 해변에서 작품의 영감을 얻었다고 했는데, 나는 바로 이
곳 절벽에 서 있어도 태평양의 여러 섬에 사는 새들이 굳이 왜 이곳의 절벽
에 와서 죽는다는 것인지 여전히 이해할 수 없었다. 태양은 붉었지만 구름
때문에 바다가 붉게 물드는 장관은 볼 수 없었다. 하지만 가늘게 눈을 뜨고
행복한 미소를 짓고 있는 수많은 연인의 모습을 보며 그들의 사랑이 부디 오
래가기를, 그리고 설사 다음 달에 다른 연인과 다시 이곳을 찾았다가 우연히
서로 만나더라도 행복을 빌어줄 수 있기를 바랐다.

연인의 공원에서 만난 아이
'꽃을 보다'라는 뜻을 지닌 미라플로레스 해변에 귀여운 아이 꽃이 피었다.

호텔로 돌아오는 길에 저녁거리로 파파이스 치킨 여섯 조각과 캔 맥주를 샀다. 이것으로 충분할 것이라고 생각했는데 상자를 열어보니 내 손가락 절반만 한 치킨 조각이었다. 이번 여행의 목표는 다이어트가 아니었으므로, 호텔로 가는 길에 리마에서 그렇게 유명하다는 라 루차 La Lucha 샌드위치 가게에서 샌드위치를 사서 먹었다. 빵빵해진 배를 안고 알람을 새벽 5시에 맞춰놓은 뒤 샤워를 하고 8시쯤부터 침대에 기대앉아 일기를 쓰는데 어느새 꾸벅꾸벅 졸기 시작했다. 양은 단 한 마리도 셀 필요 없이 바로 시차 적응에 성공하고 꿈나라로 떠났다. 나는 꿈속에서도 여전히 새들은 왜 페루에 와서 죽는다는 것인지 알 수 없었다.

새들의 낙원 파라카스

여행 둘째 날 새벽 5시. 알람 소리에 깼다. 다행히 잠은 푹 잤던 것 같다. 오늘은 페루 사람들의 꿈의 휴양지라는 파라카스 Paracas 에 들렀다가 작은 오아시스 마을인 와카치나 Huacachina 에서 하루를 자는 일정이다. 그래서 이른 아침인 6시 30분에는 출발해야 한다. 파라카스까지 버스로 4시간 정도 소요되기 때문이다. 리마 시내를 조금 벗어나자 미국에서 칠레 남부까지 이어진다는 팬아메리칸 하이웨이 Pan-American Highway 에 들어섰다. 편도 2차선 도로는 시원하게 뚫려 있었고 아침 7시쯤 되자 오른쪽에 태평양이 보였다. 한국의 동해안을 따라 달리는 느낌과는 사뭇 다르다. 그저 가끔씩 바다만 보일 뿐 양쪽 어느 쪽을 봐도 나무 한그루 없기 때문이다. 이곳은 칠레 북부까지 이어지는 사막이다. 바닷가에서 볼 수 있는 작은 모래사장 수준이 아니라 4시간을 달려도 끝나지 않는 사막 말이다.

사막이 형성되는 원인은 크게 네 가지로 나눌 수 있다. 첫째 바다와 멀리 떨어진 대륙 내부에 있어 건조한 기후가 형성되는 경우, 둘째 위도 30도 주변에 형성되어 있는 아열대 고압대에 있어 하강기류로 고기압이 형성되는 경우, 셋째 높은 산지를 타고 상승한 공기가 산을 넘어 하강하는 지역(바람 의지)에 있어 지속적으로 건조한 바람이 불 경우, 넷째 바닷가 근처에 있지만 1년 내내 한류가 흘러 고기압이 형성되는 경우다. 칠레와 페루의 해안이 바로 이 네 번째 경우에 해당된다. 남극 쪽에서 올라오는 페루 한류에 의해 사막이 형성되었고, 같은 원인으로 안개가 자주 끼는 것이다. 이 안개를 잉카의 눈물이라고 한다.

아주 가끔 작은 나무를 심어놓은 산이 보였지만 이파리가 누런색을 띠는 것으로 보아 아마 다음 해에는 그마저도 사라질 것이다. 또 가끔 '와!' 하고 탄성이 나올 것 같은, 마치 그리스의 산토리니 Santorini 를 옮겨놓은 것 같은 새하얀 페인트를 칠한 예쁜 집들도 보였다. 주변 수십 km 안쪽에 도시가 없는 것으로 보아 리조트나 별장일 것이다. 보이는 물이라고는 바다밖에 없는 곳에 열 채가 넘는 건물이 모여 있다는 것은 지하수를 끌어올려 쓰고 있다는 것인데, 이런 곳에 리조트를 지은 사람이나 사막을 넘어 이곳에 휴양을 오는 사람이나 그들의 머릿속이 잘 이해가 되지 않았다. 사막에서는 텐트에서 자며 그저 밤하늘의 별을 눈과 마음에 담는 것이 최고라는 나의 고정관념 때문이다. 수평선 너머에 있는 섬들은 그저 모래가 굳어져 만들어진 누런 땅뿐이었다. 초록빛 바다와 파란 하늘을 빼면 황량한 풍경만 2시간 상영해주는 영화를 보는 느낌이었다.

그런데 이 지역의 집에는 특이한 점이 있었다. 집 대부분이 짓다 만 것 같다는 것이다. 그러고 보니 리마 중심지에서 외곽으로 벗어나면서 공사 중인 집을 자주 봤던 것 같다. 심지어 1층이나 2층 옥상에 철근들이 삐죽삐죽 솟아 있어서, 안 그래도 황량한 풍경이 더 흉물스러워 보였다. 우리가 집을 다 지은 후 입주하는 것과 달리 일단 1층만 지어놓고 생활하다가 한 층을 더 올릴 수 있을 만큼 돈이 모이면 공사를 재개하는 것이 이 지역의 풍습이란다. 이래저래 흙먼지가 참 많을 것 같은 전통이다. 또 모래 언덕과 바다 외에는 보이지 않는 땅에 하얀 자갈로 사각형을 만들어놓은 자리들이 눈에 띄었다. 누군가 땅을 사놓고 이곳이 자신의 땅이라는 것을 표시해놓은 것이다.

수도인 리마에서 멀지 않은 곳이니 언젠가 땅값이 오를 것을 기대한 일종의 '알박기'다. 사막 위에 언젠가 집을 짓겠다고 기대하는 그 욕심이 대단하다. 과연 지적도에 이 땅의 주인이 나와 있는 것인지도 의문이었다.

아침 8시 40분쯤 피스코 Pisco 주 안으로 들어섰지만 풍경은 여전했다. 여전히 뜨겁고 건조한 햇살이 내리쬐고 있었다. 파란 하늘에 뜬 하얀 구름들만 조금씩 모양을 바꿔가며 지나쳐갔다. 그렇게 또 1시간을 달려 10시쯤 드디어 작은 오아시스 마을이 나타났다. 거기서 20분쯤 더 달리자 피스코가 나왔다. 이곳에도 도시를 둘러싼 언덕 중턱까지 벌써 빈민촌이 형성되어 있었다. 안 그래도 물이 부족할 텐데 저 높은 언덕에 사는 사람들은 어디서 물을 끌어올까. 보는 것만으로도 괜히 갈증이 났다.

이동하는 차에서 가급적 잠을 자지 않고 밀린 일기를 쓰거나 주변을 관찰하며 생각을 정리하는 것이 내 여행 습관이다. 카메라는 언제든 찍을 수 있도록 준비를 해놓지만, 사실 움직이면서 찍어봤자 제대로 된 사진을 건지기 어렵다. 유리창에 반사되는 차의 내부 모습도 찍히고, 피사체는 흔들린다. 그래도 나중에 지나왔던 길을 떠올리기 위해서라도 차 안에서도 가급적 카메라는 항상 '스탠바이' 상태로 둔다. 그런데 방심하는 순간 이번 여행에서 가장 찍고 싶었던 장면 중 하나가 지나가버렸다. 인디오 복장을 한 여인과 양 떼였다. 차라리 잠을 잤다면 못 봤을 것이고 미련도 없을 텐데. 그래, 못 본 것으로 해야겠다.

4시간 넘도록 황량한 사막과 간간이 나타나는 오아시스 마을을 지나 드디어 파란 바닷가에 위치한 파라카스에 도착했다. 파라카스는 '모래 폭풍'이라는 뜻이다. 오후 1시 이후에는 강한 모래바람이 불어 보트를 띄울 수 없을 정도라고 한다. 서둘러야 한다. 모래바람이 불기 전에 보트를 타고 바예스타 Ballesta 섬을 돌아보고 복귀해야 했다. 그래서 이른 아침부터 서둘렀던 것이다. 환상의 휴양지답게 해변에는 파라솔과 벤치가 끝없이 세워져 있었다. 연인끼리, 가족끼리, 친구끼리 놀러온 페루 사람들의 모습이 보였고 여기에 외국인 관광객들까지 더해져 마치 부산의 해운대 해수욕장 같은 분위기였다. 바다에는 바예스타 섬으로 데려다줄 보트가 꽉 들어차 있었다. 새·물개·펭귄 등 다양한 바다 동물의 낙원인 바예스타 섬과 함께 파라카스에서 또 유명한 것은 칸델라브라 Candelabra 섬의 '촛대 지상화'다.

보트를 타고 바예스타 섬으로 출발했다. 절대로 새를 좋아해서 여기까지 온 것은 아니다. 오히려 새는 내가 무서워하는 동물 중 하나다. 다만, 뜨거운 햇살 아래 보트에서 바닷바람을 맞고 긴 머리카락을 휘날리며 몸을 맡겨보는 것도 열심히 일한 사람에게 주어지는 포상 같은 것이라 생각하며 마음 편히 말 그대로 '관광'을 하기로 했다. 보트가 선착장을 떠난 뒤 15분쯤 지나자 왼쪽에 촛대 지상화가 뜬금없이 나타났다. 풀 한 포기 없는 커다란 섬에 삼지창처럼 보이는 커다란 촛대 그림이 놓여 있었다. 이 그림을 촛대라고 봐야 할지 선인장으로 봐야 할지 애매했다. 원주민들은 약초로 사용되는 선인장으로 해석한다고 한다(기독교를 믿는 지금은 촛대로 보기도 한다). 내 눈에는 건조한 이 지역에 비가 펑펑 와 나무가 쑥쑥 자라게 해달라는 희망이 담긴 암각화였다. 이 암각화가 거의 온전한 상태로 유지될 수 있었던 것은 강한 모래바람을 등지고 있는 지리적 조건과 염분이 많은 안개 덕분이라고 한다. 이 촛대 지상화는 내일 가게 될 나스카 문명의 흔적인 '나스카 라인'보다 늦게 만들어진 파라카스 문명의 유산이다.

다시 15분 정도 달리자 커다란 바위섬이 보이는가 싶더니 고약한 냄새가 풍기기 시작했다. 요즘은 맡기 어려운 냄새다. 옛날 재래식 화장실에서

말았던 인분과 나프탈렌 냄새가 섞여 있는 향이랄까. 여하튼 숨쉬기 괴로운 암모니아 냄새가 코끝을 찔렀다. 그리고 '구구', '깍깍' 하는 소리까지 섞여 정신없이 소란스러웠다. 이윽고 바위섬이 보이더니 마치 바위를 뚫고 나온 것처럼 바위 위로 하얗거나 까만, 뾰족뾰족한 것들이 보였다. 바로 새들의 천국이라는 바예스타 섬이었다. 가까이 가서 보니 그 뾰족뾰족한 것들은 돌이 아니라 새들의 머리였다. 새들이 섬을 말 그대로 '점령'했다. 물리적인 점령뿐만 아니라 냄새며 소리까지 섬 전체를 점령했다. 자동차에 작은 새똥 하나가 떨어져도 그냥 두면 그 근처가 부식된다. 그 정도로 강한 산성을 지닌 새똥이, 무려 3억 마리의 새똥이 돌섬을 온통 뒤덮고 있다고 생각하면 된다. 이 섬이 칸델라브라와 다른 것은 바위섬이라는 것이다. 그래서 칸델라브라에서는 새 한 마리 볼 수 없었지만 바예스타 섬에는 펠리컨 Pelican · 가마우지 · 갈매기 · 빨간 부리 바다제비 등 다양한 바닷새와 몸피가 작은 열대 펭귄인 훔볼트 펭귄과 바다사자도 서식하고 있었다.

원래 이 섬은 화산섬이었는데 오랜 풍화와 침식으로 인해 깎인 동굴과 해식 아치 sea arch, 작은 사빈 sand beach 이 생겼다. 해식 아치란 연안 침식에 의해 커다란 바위나 절벽이 마치 구름다리처럼 형성된 지형을 말하며, 사빈이란 물과 함께 떠내려 온 모래가 퇴적되어 만들어진 모래 해안을 말한다. 바예스타 섬은 망망대해 태평양을 떠돌던 이들의 동거를 허락했다. 분명 갈색 바위섬이었을 텐데 새똥으로 뒤덮여 밝은 회색을 띠고 있는 이 섬에는 내가 평생 봤던 새의 숫자를 다 합쳐도 모자랄 어마어마하게 많은 새가 모여 있었다. 이 섬에 발을 딛는 것은 불가능하다고 한다. 만약 가능하다고 해도 내리고 싶은 생각은 추호도 없었다. 땅에 발이 닿는 순간 신발의 고무가 녹아내릴 것 같았다. 카메라 렌즈는 300mm까지 줌이 되기 때문에 섬에 서식하는 녀석들의 모습을 찍을 수 있었지만, 내가 조류학자도 아니고 다른 무엇보다 잘 찍을 자신이 없어서 그만두었다. 한두 마리만 있었다면 주변 풍경과 함께 깔끔하게 찍을 수 있었을 텐데, 다닥다닥 붙어 있는 3억 마리나 되는 새를 도무지 예쁘게 찍을 엄두가 나지 않았다. 어쩔 수 없이 보트에 서서 독한 암모니아 냄새를 맡으며 섬 전체를 뭉뚱그려 찍을 수밖에 없었다. 로맹가리는 이 새들이 리마의 미라플로레스 해안 암벽에 가서 죽는다고 했다. 작가의 의도는 모르겠지만 굳이 그곳에 가서 죽겠다는 새들의 의도는 이해할 수 있을 것 같았다. 시끄럽기 그지없고 자신의 분비물이 가득한 섬을 벗어나 깨끗한 사빈에서 죽고 싶은 것은 새나 사람이나 마찬가지일 것이다. 이것이 내 나름의 해석이었다. 나는 이제야 『새들은 페루에 가서 죽다』를 이해했다.

이곳의 새똥을 '구아노 Guano'라고 하는데, 재미있는 것은 이곳 새들의 분비물이 유기농 비료나 화장품 등에 사용된다는 것이다. 7년에 한 번씩 채취하며 수익이 꽤 쏠쏠하다고 한다. 2011년에는 무려 5600톤이나 채취했단다. 페루가 독립한 후 이곳의 새똥을 유럽에 팔아 국가 경제에 큰 도움이 되었다고 하니 가볍게 볼 새똥이 아니었다. 가마우지 한 마리가 한 달 동안 싸는 똥을 돈으로 환산하면 1700원 정도라고 한다. 따로 먹이를 줄 필요도 없으니 지독한 암모니아 냄새만 참는다면 거저 버는 셈이다.

새들이 떼 지어 앉아 있는 곳 바로 아래쪽에는 물개 무리가 있었다. 검은 가죽을 입은 녀석, 갈색 가죽을 입은 녀석, 물속에 있는 녀석, 싸움질하는 녀석, 소리 지르는 녀석……. 그중 가장 부러운 녀석은 가파른 절벽 좁은 틈새에 등을 대고 햇볕을 쬐며 자고 있는 물개 한 마리였다. 명당을 용케 찾아내 편안하게 잠을 자던 녀석은 우리가 탄 보트 엔진 소리에 눈을 슬쩍 떴다가 별것도 아닌 것들이 왔다는 듯 다시 눈을 감았다. 녀석은 자신의 가죽을 멋진 갈색으로 태우기 위해 저렇게 누워 있는 걸까? 밤새 부지런히 사냥을 해 먹이를 구한 물개 한 마리가 진한 암모니아 냄새를 맛있게 맡으며 낮잠을 즐기고 있었다. 마치 '열심히 일한 물개, 쉬어라!'라는 광고를 촬영하듯.

12시 40분쯤 다시 파라카스로 돌아와 해변 식당에서 점심을 먹었다. 바닷가인 만큼 해산물을 실컷 먹고자 해산물 볶음밥을 주문했다. 역시나 양이 너무 많았다. 점심을 먹고 출발하기 전 마을을 한 번 둘러봤다. 관광객을 상대로 영업하는 식당과 쇼핑센터가 해변을 향해 서 있고 그 뒤쪽으로는 일반 주택가가 여전히 공사 중인 상태로 들어서 있었다. 2015년 일명 '냉장고 바

바예스타 섬의 바다사자
여유를 느끼는 데 공간의 크기는 중요하지 않다.

지`라는 옷이 유행했을 때 하나 사서 집에서 입곤 했는데, 그 바지와 똑같은
무늬, 똑같은 색깔의 바지가 쇼핑센터에서 판매되고 있었다. 지구 반대편에
있는 페루에 와서 나는 이 냉장고 바지의 세계화를 실감했다.

30년 후에는 사라질지도 모를 와카치나

파라카스를 출발해 목적지인 와카치나로 이동했다. 도중에 페루에서 세

번째로 큰 도시인 교육도시 이카 Ica 를 지났다. 포도밭이 끝없이 펼쳐져 있었다. 다행이었다. 비록 포도밭 말고는 모래밖에 보이지 않았지만 포도가 자랄 만큼의 물은 지하에 흐르고 있다는 것이니, 어찌 다행이지 않겠는가.

오후 2시쯤 사막과 포도밭이 번갈아 나오다가 갑자기 야자수가 보이더니 차가 멈췄다. 와카치나 오아시스 마을에 도착한 것이다. 호텔에 짐을 풀고 잠시 쉬었다가 호숫가에 있는 카페에 들렀다. 와카치나 마을 근처에는 페루의 대표적인 증류주인 '피스코'를 생산하는 피스코 마을이 있는데, 이곳까지 와서 그 증류수를 안 마셔 볼 수는 없어서 대낮임에도 '피스코 샤워 Pisco sour' 한 잔을 주문했다. 피스코는 알코올 도수가 40도 정도 되는 독주다. 하지만 피스코 샤워는 피스코에 달걀 흰자, 라임, 시럽, 얼음 등을 넣어 만든 술이라 낮에 마셔도 괜찮을 것 같았다. 남자 매니저가 음료를 가져오며 어디에서 왔느냐고 묻기에 한국에서 왔다고 대답하니 어설픈 발음으로 "안녕하세요"라며 인사를 했다. 한 TV 프로그램에서 페루 여행이 방송된 후 한국인들의 남미 여행이 잦아졌다고 하던데 정말 그 말이 맞긴 맞는 것 같다. 이곳 사람들이 한국말로 인사를 할 정도니까 말이다. 피스코 샤워는 쌉쌀한 뒷맛이 남는 맛있는 칵테일이었다. 페루에서는 이 술을 식전주食前酒로 마신다고 하는데 주량이 보통 이상인 사람이라면 알코올 향이 나는 음료라고 여길 것 같은 정도였다.

와카치나는 여행 가이드북에 걸어서 5분이면 다 돌아볼 수 있다고 나올 정도로 작은 마을이었지만 마을 안은 관광객으로 가득했다. 주변은 모두 사구(바람에 의해 운반된 모래가 해안 등에 쌓여 이루어진 모래 언덕)로 둘러싸여 있고 움푹 파인 곳에는 오아시스가 있는데, 호수 주변으로 카페와 식당·호텔 등이 들어서 있는 매우 작은 마을이었다. 지금은 이 호수의 물이 거의 말

와카치나의 오아시스
30년 후에는 사라질지도 모른다.

라서 수돗물을 채워뒀다고 하는데 30년 후면 지하수까지 마를 것이라고 한
다. 그때쯤이면 마을이 폐허가 되는 것은 아닐까. 이곳 사람들의 생계는 어
떻게 되는 걸까. 걱정스러웠다. 지금이야 사구를 질주하는 버기buggy(모래를
활주하는 특수 지프), 모래 언덕을 가르며 썰매를 타는 샌드보드, 사구 위에서
감상하는 일출과 일몰 등 다양한 관광 상품으로 마을이 유지되고 있지만 이
제 물이 사라지면 그런 관광업을 할 주민도 사라질 테니 30년 후 지도 위에
와카치나가 존재하고 있을지 의문이다.
　　오후 5시에 버기를 타고 사구에 올랐다. 예전에 중국 신장위구르 자치

구의 쿠무타거库木塔格 사막에서 버기를 타본 적이 있다. 버기는 일반 승용차 바퀴보다 훨씬 큰 바퀴가 달린 사막 차다. 이미 타본 경험이 있기 때문에 무서움을 각오했지만 오랜만에 타보니 예전 기억과 맞물려 오히려 더 큰 공포가 밀려왔다. 안전벨트를 매고 있어서 차에서 튕겨나갈 일은 없겠지만 혹시나 차체가 옆으로 쓰러지면 어떻게 될까 하는 걱정이 두려움을 더 키웠다. 그렁그렁 소리를 내며 오르막을 올라갈 때는 곧 내리막길이 나타날 것이라는 공포심이 뒤섞여 목이 쉬도록 비명을 질러대며 그만 세워달라고 외쳤지만 내 비명은 함께 타고 있는 일행의 신나는 환호 소리에 묻혀버리고 말았다. 놀이공원에 놀러가도 회전목마만 붙들고 있는 나였기에, 세 번째 내리막길에서는 그만 울음이 터져나올 뻔했지만 다행히 그곳이 마지막 언덕이었다. 나머지 일행들은 샌드보드를 타기 시작했다. 모래바람을 일으키며 미끄러지는 모습이 재미있을 것 같지만, 막상 내가 타게 된다면 날리는 모래가 내 눈물 자국에 묻어 최초로 '모래 눈물'을 흘리는 사람이 될 것이 뻔하기에 진즉에 포기했다.

　다시 버기를 타고 일몰을 감상할 수 있는 지점으로 이동했다. 바로 그곳이 사구 뒤로 넘어가는 해를 볼 수 있는 '포인트'였다. 이미 수많은 관광객이 자리를 잡고 앉아 있어 해가 지는 풍경을 조용히 감상하는 것은 무리였지만, 지는 해를 받은 사구는 점점 고동색으로 변해 뚜렷한 음영이 드리워져 아름다웠다. 사구에서 내려다보이는 와카치나 마을은 더없이 작아보였다. 곧 호수가 마르고 모래에 덮여 흔적도 없이 사라질 마을처럼. 그리고 이렇게 작은 마을에서 나는 또 길을 잃어버리고 말았다.

너무도 작은 와카치나에서 길을 잃다

사건이 발생한 것은 저녁을 먹은 뒤였다. 버기를 타고 호텔로 돌아와 온통 모래투성이가 된 카메라, 옷, 신발 등을 털었다. 클렌징크림으로 얼굴을 문지르니 서걱서걱 하는 소리에 마치 모래로 폼클렌징을 하는 것 같았다. 얼굴을 씻고 샤워를 한 후 저녁 8시쯤 카메라에 광각렌즈만 끼고 식당을 찾아 나섰다. 호텔 바로 앞에 있던 호수는 군데군데 가로등 불빛을 받아 검은색을 띠고 있었고, 호수 주변에 있던 수많은 관광객은 죄다 식당이나 호텔로 들어 갔는지 비교적 한산했다. 외국인으로 보이는 젊은이들은 바닥에 천을 깔고 목걸이며 귀걸이를 팔고 있었다. 현지에서 생활하는 백인인지, 무전여행을 하는 젊은이인지 물어보지는 않았지만 그들의 자유가 아주 조금은 부러웠 다. 더 이상 깨끗할 필요는 없다는 듯 힙합바지에 민소매 티셔츠, 레게 머리를 한 그들은 팔려도 그만 안 팔려도 그만인 듯 서로 웃고 떠들고 있었다. 빛이 너무 없어 사진 찍는 것은 포기했다.

배는 썩 고프지 않았지만 맥주를 마시고 싶었다. 저녁은 바로 옆 식당에서 먹었다. 메뉴를 보니 그나마 내가 먹을 수 있는 것은 'deep fried chichen'이라고 적혀 있는 음식밖에 없는 것 같아 맥주 한 병과 함께 주문했다. 페루에 온 지 이틀이 지났는데, 치킨으로 저녁을 때운 것이 벌써 두 번이다. 귀국하면 당분간 프라이드치킨을 먹을 일은 없을 것 같다. 'deep fried'라 그런지 맥주가 나온 뒤 무려 30분이나 지난 후에 음식이 나왔다. 게다가 치킨과 샐러드와 밥이 함께 나왔다. 치킨과 밥이라. 요즘 '치밥(치킨과 밥을 함께 먹는 것)'이라는 것이 인기라던데 내 입맛에는 영 아니었다. 보기만 해도 배가 불러서 치킨과 샐러드만 먹고 일어나 밖으로 나왔는데 갑자

와카치나의 사구
밋밋한 사구도 석양이 드리우면 색조 화장을 한다.

기 노래 가사가 하나 떠올랐다. "나는 누군가, 또 여긴 어딘가." 바로 듀스의
「우리는」이라는 노래 첫 부분이었다.

그렇다. 나는 또 방향 감각을 상실한 것이다. 분명 호텔에서 나와 호숫
가를 잠시 걷다 눈에 보이는 식당에 들어갔을 뿐인데, 식당에서 나오자 거짓
말처럼 호텔의 방향이 어디인지 알 수가 없었다. '까짓 괜찮겠지, 겨우 5분이
면 동네를 다 돌아본다고 했으니까.' 이렇게 생각했지만 이는 내가 길치라는
것을 알고 있기에 애써 나를 위로하는 멘트였다. 분명 호텔에서 나와 오른쪽
으로 돌자 식당이 나왔으니 왼쪽으로 가면 될 것이다. 그런데 이상했다. 호

텔이 보이지 않았다. 내가 이렇게 많이 걸었나? 조금 더 걷다 보니 어두운 골목이 나왔고, 캄캄한 절벽과 검은 야자수가 나를 내려다보고 있었다. 이 작은 마을의 어디쯤에 내가 서 있는지 알 수가 없었다. 그 많던 관광객은 다 어디로 갔는지 지나가는 사람 한 명 없는 어두운 길에서 나 혼자 걷고 있었다. 한참 걷다 보니 저녁을 먹었던 식당이 나왔다. 어처구니없는 상황이었다.

어쩔 수 없이 이번엔 오른쪽으로 돌아보기로 했다. 점점 어두운 길로 들어선 나는 아까 봤던 절벽과 야자수를 다시 만났다. 슬슬 겁이 나기 시작했고 눈물이 날 것 같고 소변이 마렵기 시작했다. 낮에 나를 봤다면 절대로 다시 보고 싶은 외모는 아니었겠지만 밤에는 또 다를 수 있지 않겠는가. 카메라도 있고 샤워를 하고 나왔으니 아직 촉촉한 긴 생머리를 하고 있는 나는 충분히 매력적으로 보일 것이라는 생각에 이르자 심장이 쿵쾅거리기 시작했다. 사막의 쌀쌀한 밤 기온에도 불구하고 이마에 땀이 맺히기 시작했다. 걸음은 점점 빨라졌다. 이제 혼자서 호텔을 찾는 것은 포기해야 했다. 다행이 호텔 방 열쇠를 갖고 나갔기에 불빛이 보이는 작은 상가 앞에 서 있는 여자에게 열쇠를 보여주며 이 호텔을 알고 있느냐고 물어봤다(밤에는 여자에게, 낮에는 남자에게 길을 묻는 것이 내 요령이다). 아쉽게도, 그녀는 스페인어밖에 몰랐다. 당연하게도, 나는 그녀의 유일한 언어를 알아들을 수 없었다. 아마 그녀도 이 마을에 사는 사람은 아닌 것 같았다. 그렇지 않고서야 다 도는 데 5분밖에 안 걸린다는 이 마을(나는 20분이나 헤맸지만)에 몇 개 없는 호텔을 모를 리가 없었다. 결국 그녀는 안에 있던 남자를 불렀다. 남자는 내게 스페인어와 수신호를 섞어가며 설명을 해줬다. "쭉 가서 오른쪽으로 돌면 됩니다!" 이런 뜻 같았다. 아, 내가 방금 그 '쭉 가서 오른쪽'에서 왔다고 어떻게 설명을 해야 하나…… 그래도 호텔을 아는 남자겠거니 생각하고 발길을 돌렸다. 내가 호텔을 못 보고 그냥 지나쳤을 수도 있으니까. 남자가 알려준 길을 따라 빠른 걸음으로 걸었다. 그런데 분명 '쭉 가서 오른쪽'으로 돌았더니 막다른 길이 나왔다. 할 수 없이 다시 되돌아가 다른 가게 앞에 앉아 있는 젊은 여자에게 길을 물었다. 자기도 여행객이라서 모른단다. 절망스러운 마음으로 또 걷다 보니 아까 지나왔던 길을 걷고 있는 나를 발견했다. 식은땀이 흘렀다.

이번에는 파라솔을 발견했다. 작은 파라솔을 쳐놓고 간식을 팔고 있는 마음씨 좋아 보이는 아주머니가 있기에 호텔 키를 보여주며 물었더니 아주머니 역시 '쭉 가서 오른쪽'이라고 알려줬다. 그놈의 '쭉 가서 오른쪽'을 이 밤에 도대체 몇 번을 듣고 있는 건가. 태어나 길을 잃어버린 것이 한두 번이 아니지만 이렇게 작은 마을에서조차도 헤매고 있는 나 자신에 대해 혐오감까지 들기 시작했다. 심장이 간질간질 미칠 것 같았다. 나는 가끔 '배우를 해보면 어떨까'라는 생각을 하는데 아주머니는 난감함·슬픔·괴로움 등이 뒤범벅이 된 내 표정을 보셨는지, 옆에 앉아 아이스크림을 먹고 있는 남자(아마도 남편이리라)에게 저 여자의 길을 안내해주라는 제스처를 취했다. 아이스크림을 먹던 남자는 분명 아내보다 권력이 약한 사람일 것이라고 생각했다. 남자는 아이스크림을 입에 물고 나를 데리고 걷기 시작했다. 컴컴한 길을 걷고 있는 우리 두 사람은 말없이 각자의 생각에 빠졌다. 남자는 싱글싱글 웃으며 '이 여자는 글자를 못 읽나?' 하고 생각했을 것이다. 나는 '길치 없애는 약은 안 파나?' 하는 생각을 했다. 길을 헤매며 이미 몇 번이나 왔다 갔다 해서 익숙해진 길을 남자와 함께 나란히 걸었다.

마침내 남자가 빙긋 웃으며 나를 어떤 건물 앞에 세웠다. 거기에는 몇 번이나 보아 익숙한 호텔 이름 'Curasi'가 떡하니 적혀 있었다. 내 방 열쇠에 적힌 글자와 정확히 일치했다. 남자는 '바로 여기야!' 하는 표정이었지만 나는 '바로 여기야?' 였다. 느낌표와 물음표의 차이랄까. 어이없는 내 표정은 남자의 들뜬 표정과 심한 대비를 이루었고, 서로의 시선은 쿠라시 호텔 간판 앞에서 부딪쳤다. "……." 호텔은 식당 바로 옆에 있었다. 이걸 못 찾고 30분이나 동네를 돌아다니며 절망과 두려움에 떨었다니. 남자에게 고맙다는 인사를 겨우 하고 호텔 정원에 들어섰다. "늦으셨네요?" 나를 본 일행이 인사를 했다. 내 입으로 길을 헤맸다고는 차마 말할 수 없었다. 피곤함과 자기혐오 속에서 일기를 쓰다 보니 어느새 꾸벅꾸벅 졸고 있었다. 다행이 꿀맛 같은 잠을 잤다.

여행 셋째 날 오전 9시, 느지막한 출발이었다. 시차는 이미 적응해서 걱정하지 않았는데 새벽 3시에 깨고 말았다. 지난밤 버기를 탔던 긴장감 때문이었을까? 아니면 밤길을 헤맨 탓이었을까? 더 자려고 애써봤지만 모기 한 마리가 윙윙거리며 얼굴 주변을 맴돌아 잠들 수가 없었다. 결국 세 군데나 물려서 벅벅 긁어댔는데 물린 곳을 아침에 다시 보니 흔적을 찾을 수 없었다. 와카치나의 모기는 30년 후쯤 사라질 마을의 불확실한 미래를 닮은 듯 자신의 흔적을 조금씩 지워가는 것 같았다. 리마에 책들을 두고 와서 책을 읽을 수도 없어(와카치나에서 일박을 하고 되돌아가는 일정이라 작은 짐만 꾸렸다) 밀린 일기를 끄적거리다가 결국 아침 6시에 일어났다. 출발 준비를 마친 뒤 6시 20분쯤 식당으로 갔다. 호텔 아침 식사는 아직 준비가 다 된 것 같지는 않았지만 달걀 프라이와 빵, 커피 등으로 간단히 때우고 호텔을 나섰다. 이곳 커피는 거의 에스프레소 수준이다. 평소에도 연한 커피를 즐기는 편이라 여기에서도 뜨거운 물과 에스프레소 샷을 2 대 1 비율로 섞어 마셨다. 산

책도 할 겸 어제 헤맸던 마을을 다시 돌아보기로 했다.

어젯밤 시커먼 어둠 속에 날 노려보던 건물과 골목, 상점은 아침이 되자 전혀 다른 모습으로 바뀌어 있었다. 절벽으로 보였던 곳은 사구의 경사면이었고 막힌 길로 보였던 곳은 그저 가로등이 없는 좁은 골목이었다. 답안지를 살펴며 이렇게 쉬운 문제였다는 사실을 깨달을 때의 기분이랄까. 씁쓸했다. 호수를 한 바퀴 돌아보기로 했다. 밤새 논 젊은이들의 흔적이 여기저기 뒹굴고 있었다. 밤을 샜는지 부스스한 몰골을 한 남자애들 대여섯 명이 모여 수다를 떨고 있었다. 이른 아침부터 샌드보드를 선 채로 타고 내려오는 사람도 보였다. 일출을 보고 내려오는 사람도 보였다. 다들 부지런한 아침을 맞고 있었다. 오아시스에서는 백조 한 마리가 야자수와 오리 배를 배경에 두고 목욕을 하고 있었다. 지난밤 내가 느낀 공포와는 어울리지 않는 한가로운 아침이었다.

나스카 라인과 팽이버섯 사건

오전 9시 나스카를 향해 출발했다. 와카치나에서 10분 거리에 있는 이카 공항에 도착해서 10인승 경비행기를 타고 나스카 라인을 내려다보는 일정이다. 비행시간은 총 1시간 20분. 지상에 그려진 모든 나스카 지상화를 보여주기 위해 비행기가 좌우로 움직이며 비행하기 때문에 멀미가 날 수 있다고 한다. 일행이 준비해온 멀미약을 하나 얻어먹고 버스를 탔다. 잠시 후 이카 공항에 도착하자 짐 검색을 했다. 특이한 것은 몸무게를 재는 것이었다. 경비행기다 보니 짐과 사람의 무게에 제한이 있었다. 내 차례가 되었을 때

경비행기에서 바라본 와카치나
이렇게 작은 마을에서 길을 잃는 사람도 있다.

몸무게가 탄로 날까 걱정했지만(사실 굳이 재지 않아도 알 수 있는 덩치긴 하지
만) 다행히 카메라 가방도 저울에 함께 올렸다. 또 저울의 숫자는 안쪽 카운
터에서만 보게끔 되어 있었다. 도둑이 제 발 저린다고, 저울에 올라서면서
옆에 있는 인솔자에게 "카메라가 무거운 것이지 내 몸무게가 무거운 것은
아니다"라고 말했더니 인솔자는 큰 목소리로 이렇게 말했다. "네, 45kg 나
왔습니다!" 오히려 더 무겁게 들렸다.

　나스카 라인이 만들어지게 된 과정이 담긴 동영상을 비행기를 타기 전
에 시청했다. 사람 몇 명이 커다랗고 뾰족한 돌을 세운 뒤 거기에 끈을 연결

우주 비행사 모양을 한 나스카 라인
정말 우주인이 자신의 모습을 그렸을지도 모르겠다.

해 돌을 끌면서 어떤 문양을 만들었다. 하지만 이것은 추측일 뿐이고, 실제 나스카 라인에 대해선 다양한 설이 있다. '외계인이 자신들의 모습을 그렸다, 신에게 제사를 올리기 위한 그림이다, 불을 피운 흔적이 있으므로 열기구를 띄우기 위해서 그렸다, 별자리를 그렸다' 등등 다양한 설이 있다. 특히 '별자리설'은 나스카 라인의 연구에 평생을 바친 마리아 라이헤 Maria Reiche 라는 학자의 이론인데 그녀는 평생 움막에 살면서 나스카 라인의 보존과 연구에 일생을 바쳤다고 한다. 페루 정부는 라이헤의 공로를 인정해 그녀가 죽기 직전까지(내가 어젯밤 그리도 찾아 헤맸던) 쿠라시 호텔에서 지내게 해줬다고 한다. 예전에 까치 출판사에서 발간된 『신의 지문』(상·하권)이라는 책에서 나스카 라인에 대한 불가해한 내용을 읽었던 기억이 났다. 당시 그 책을 읽으며 나는 인간이 그렸다고 하기에는 믿기 힘들 정도로 거대한 나스카 라인의 규모 때문에, 외계인이 그려놓은 문양이라고 막연히 상상했지만 동영상을 보니 사람이 그리는 것도 그리 어렵지 않을 것이라는 생각도 들었다. 하지만 왠지 미지의 생명체가 그린 그림이길 하는 바람이 있었다.

드디어 경비행기를 탔다. 조종석에는 남자 두 명이 앉아 있었다. 조종사가 "쓰리, 투, 원!" 하고 외치면 바로 그림이 보일 것이라고 했다. 설레고 겁정도 되었다. 가이드북이나 이카 공항에 전시된 사진에서는 지상화가 그다지 뚜렷하게 보이지 않았기 때문에 내가 제대로 발견할 수 있을지 자신이 없었다. 비행기가 이륙하자 이카와 어제 머물렀던 와카치나, 피스코, 멀리 안데스 산맥의 산자락까지 전부 보였다. 이 지역이 얼마나 건조한 사막 지역인지, 그래서 그나마 물을 얻을 수 있는 계곡을 따라 농경지며 도시가 얼마나 절박하게 들어서 있는지 한눈에 확인할 수 있었다. 그러고 보면 사계절이 있는 온대 기후인 한국은 얼마나 축복받은 나라란 말인가. 물론, 그런 기적 같은 축복 속에서도 격하게 싸우며 살고 있는 나라가 또 한국이기도 하지만.

30분 정도 지났을까? 기장이 오른쪽에 고래가 있다고 알려줬다. 미리 숙지하고 갔는데도 막상 하늘에서 보니 구불구불한 산등성이와 올록볼록한 모래언덕이 덮여 있어 쉽게 찾을 수는 없었다. 또 수많은 선 틈에 섞여 있어 나스카 라인이 한눈에 들어오진 않았다. 마치 숨은그림찾기를 하듯 잘 살펴봐야 한다. 게다가 비행기는 옆으로 45도로 기운 채 비행하므로 멀미도 참아야 한다. 옆에 앉은 일행이 다행히 라인의 위치를 알려줘서 비행 코스에 있는 지상화를 모두 발견할 수 있었다. 걱정했던 것보다는 그림의 윤곽이 선명했다. 비행기 관람은 양쪽에 앉아 있는 승객 모두에게 그림을 보여줘야 하기 때문에, 오른쪽에 그림이 하나 있으면 잠시 후 '8'자로 회전해 그림이 왼쪽에 놓이도록 비행을 한다. 갑작스럽게 기류가 변하면 쿨렁 내려가기도 해서 비행기가 요동치면 내 위도 함께 요동쳤다. 토할 것 같은 느낌이 들어 침을 꼴깍 삼키며 참아냈다. 갑자기 몇 년 전 죽다가 살아났던 일이 떠올랐다. 이야기는 좀 길지만 매년 학기 초 학생들에게 '살아 있음'의 소중함을 알리기 위해, 그것이 얼마나 기적 같은 대단한 일인지 알려주기 위해 설명해주곤 한다. 그래서 여기에 잠시 소개하겠다.

6년 전 어느 날 밤이었다. 저녁으로 팽이버섯을 잘게 썰어 넣은 계란말이를 맛있게 먹은 후 샤워 부스에 들어가 머리를 감고 샤워를 했다. 머리를 다 감고 긴 머리를 틀어 올려 핀으로 고정한 후 온몸에 비누칠을 하고 샤워기의 물을 틀었다. 얼굴의 비눗물을 씻어내고 왼쪽 귀를 닦기 위해 왼쪽 귀에 샤워기를 대고 오른쪽으로 머리를 젖혔다. 상식적으로 왼쪽 귀를 닦을 때는 당연히 같은 쪽으로 머리를 젖혀야 귀 안에 물이 들어가지 않을 것인데 말이다. 지금도 그때 왜 그랬는지는 이해가 되지 않는다. 그런데 갑자기 귀에서 '뽁' 하는 소리가 들렸다. 나는 '내 얼굴 어디에서 이런 귀여운 소리가 나지?'라는 정말 멍청하기 짝이 없는 생각을 했다. 그런데 귀에서부터 코까지 뭔가가 또르르 굴러가는 느낌이 들었고, 그 뭔가가 다시 코에서 목으로 내려가는 것을 느꼈다. 여전히 샤워기 호스를 손에 잡고 있던 나는 그 뭔가의 흐름에 슬쩍 미소까지 지었다. 그저 재미있는 느낌이었기 때문이다.

그런데 갑자기 숨이 쉬어지질 않았다. 코나 입으로 숨이 들어가지도 나오지도 않는 상태가 된 것이다. 숨을 쉬려 애썼으나 목에서 꺽꺽대는 소리만 나올 뿐이었다. 눈알은 금방이라도 튀어나올 것 같았다. 살면서 숨을 못

경비행기에서 바라본 풍경
안데스의 계곡물은 사막에서의 삶도 가능하게 해줬다.

쉬는 상태를 얼마나 겪어보겠는가. 공포가 밀려왔다. 샤워기의 물을 잠글 여유 따위는 없었다. 샤워기를 던지듯 떨어뜨리고 샤워 부스에서 나와 한 손으로 세면대를 잡고 나머지 손으로 가슴을 치기 시작했다. 그래야 한다는 것을 알아서가 아니라 본능적으로 나온 행동이었다. 그저 숨을 못 쉬니 답답했다. 수십 초가 흘렀을까. 그 짧은 시간에 엉뚱한 생각이 들었다. '남경우 인생이 이렇게 끝나는 구나. 내 시체는 왜 하필 나체 상태로 발견되어야 하는 걸까. 팬티라도 입고 있어야 하는 건 아닐까!' 가슴을 얼마나 세게 쳤는지 나중에 보니 뻘겋게 멍이 들어 있었다. 세면대 위의 거울 속에 비친 내 얼굴은 터지기 직전 호빵처럼 빵빵해져 있었다. 이렇게 죽는 사람도 있구나 싶었다.

그런데 갑자기 '뻥!' 소리가 나더니 마치 흔들어놓은 콜라병을 땄을 때처럼 내 입에서 엄청난 분비물이 폭발하기 시작했다. 토하려고 의도한 것이 아니라 그저 뻥 하고 폭발했던 것이다. 그 폭발물은 흰색과 노란색이 섞인 밥알과 팽이버섯, 계란의 잔해였다. 토사물은 세면대 위에 달린 거울을 뒤덮었고 순식간에 내 얼굴은 거울에서 사라졌다. 그리고 다시 숨이 뚫렸다. 헉, 헉, 헉…… 얼마나 숨을 몰아쉬었는지 모르겠다. 잠시 후 겨우 정신을 차리고 보니 살았다는 것을 깨달았다. 그리고 주변을 보니 거울이며 세면대가 온통 토사물로 범벅이 되어 있었고 샤워기 주둥이에서는 세차게 물이 뿜어져 나오고 있었다. 후들거리는 두 다리를 잡고 일어나 거울에 샤워기를 대고 물을 뿌렸다. 다시 살아난 내 얼굴이 갑자기 너무 보고 싶었기 때문이다. 그런데 끈적이는 토사물은 거울에서 잘 떨어지지 않았다. 두 손으로 거울을 긁어냈다. 세면대 안은 내 위 속에서 나온 잔해로 가득했다. 그리고 세면대에 고인 잘게 부서진 팽이버섯들을 손에 담아 변기로 날랐다. 더럽다는 느낌은 전혀 없었다. 그저 나를 살려준, 위에서 갓 나온 따뜻한 팽이버섯이었다.

청소와 샤워를 마치고 옷을 입고 거실 소파에 앉자 눈물이 주르륵 흘렀다. 사활死活을 모두 겪은 눈물이었다. 그리고 '살아 있다는 것'에 대해 잠시 생각해봤다. 죽을병에 걸려 예고된 죽음을 맞이하는 것이 아니라면 삶과 죽음을 갈라놓는 것은 방금과 같은 예상치 못한 순간일 것이다. 자동차 사고, 비행기 추락, 선박 사고, 가스 폭발, 폭탄 테러 등 갑작스러운 죽음이 얼마나 많은가. 그 수많은 순간을 잘 비켜가 이렇게 살아 있다는 것이 얼마나 기적 같은 일인가. 살아 있는 순간순간이 어쩌면 마지막일지도 모르니까 좀 더 웃으며, 좀 더 행복하게 살아가야 할 것이다. 이 단순한 진리를 '팽이버섯 사건'으로 깨달은 것이다. 깔깔대며 내 이야기를 듣던 학생들에게 이 이야기의 본질을 설명한 후 질문을 던진다. "오늘 엄마나 아빠에게 짜증을 내며 등교했는데 그 모습이 부모님의 마지막 모습이라면 어떻겠니? 그랬다면 평생 누구를 원망하며 살 것 같니?" 예상치 못한 질문에 많은 학생이 울거나 숙연한 표정을 짓는다. 비록 다시 겪고 싶지 않은 끔찍한 경험이었지만, 교육 용도로는 훌륭한 교훈을 얻은 셈이니 이 정도면 대성공 아니겠는가.

팽이버섯의 기억을 떨치고 다시 숨은그림찾기에 집중했다. 급회전에 비명을 지르다가도 또 거미 그림을 찾고, 나무 그림을 찾으며 겨우겨우 30여 분간의 비행을 마쳤다. 아마 몇 분만 더 비행을 했다면 팽이버섯 사건 때처럼 비행기 전체가 내 토사물을 뒤집어썼을 것이다. 실제로 내 앞 좌석에 탄 일행 한 명은 결국 토했고, 내게 숨은그림찾기를 도와준 일행 역시 얼굴이 백지장처럼 하얗게 질려가고 있었다. 나스카 라인이고 나발이고 이제 그만 지상으로 내려가 익숙한 공기를 마시며 걸어가고 싶었다. 비행기가 이카 공항로 돌아가며 점차 고도를 낮추자 창밖으로 영화 〈마션 The Martian〉의 배경이 펼쳐졌다. 결코 지구의 지형이라고 볼 수 없는 누렇고 갈색으로 보이는 땅이 드러났고, 잠시 후 모래사막 한가운데 우뚝 서 있는 이카의 모습이 한눈에 들어왔다. 정말이지 인간의 능력에 존경심을 표하고 싶었다. 완벽한 도시의 모습이 오아시스 하나 보이지 않는 사막 한가운데 있었기 때문이다.

비행기에서 내려 이카 바로 옆에 있는 피스코에서 점심을 먹었다. 피스코는 앞서 들른 와카치나에서 마신 피스코 샤워의 원조이자 꼬냑의 일종인 증류주 '피스코'의 원산지다. 뿌리가 깊어 건조한 기후에서도 잘 자라는 포도 덕분인데, 그러고 보니 이동 중에도 간혹 초록빛 풍경이 펼쳐진다 싶어서 자세히 보면 어김없이 포도농장이었다. 참 다행이었다. 이 건조한 사막에서도 사람이 먹을 수 있는 무언가가 재배된다는 것이. 이동하는 버스에서는 너무 피곤해 졸았는데 계속 비행기가 활주로에 착륙하는 꿈만 반복 재생되었다. '이건 꿈이야. 그만 눈을 떠야 해'라고 생각해 잠에서 깼더니 버스 운전기사가 브레이크를 밟아 깬 것이었다. 정말 미친 듯이 잠을 잤다는 표현이 딱 맞을 만큼 혼절 상태였던 것 같다. 버스는 저녁 7시쯤 리마에 들어갔다. 첫날 묵었던 호텔에 도착한 시각은 8시 조금 안 된 시각. 저녁을 먹어야 할 시간이었지만 생략했다. 내일은 이른 아침 비행이라 새벽 2시에 일어나야 했고, 배도 그다지 안 고팠다. 가져간 비상식량인 소시지로 저녁을 때운 뒤 가방만 간단히 정리하고 일찍 잠들었다. 1시간 30분 정도의 경비행기 유람이 몸에는 어지간히도 무리였나 보다. 일기는 한 줄도 못 쓰고 또 그대로 잠들고 말았다.

잉카의 수도 쿠스코에 들어서다

여행 넷째 날. 오늘은 쿠스코 Cuzco 로 이동하는 날이다. 알람은 새벽 1시 50분에 맞춰뒀다. 간밤에 짐을 미리 다 싸뒀기에 그리 바쁘진 않았지만 눈꺼풀의 무게는 감당하기 어려웠다. 그래도 4시간 정도는 잠을 잤던 것 같다. 깜깜한 새벽 2시 30분에 호텔을 출발해 3시 30분쯤 호르헤 차베스 국제공항에 도착했다. 비행기는 5시 10분에 정확히 출발했다. 5시 30분경이 되자 일출이 시작되었다. 설산과 구름이 어우러져 어디가 하늘이고 어디가 산인지 모를 환상적인 풍경이었다. 쿠스코 상공에 이르자 옅어지는 구름 아래로 안데스의 산줄기와 그 밑에 자리 잡은 아늑한 쿠스코의 모습이 눈에 들어왔다. 과연 잉카 제국이 수도로 점찍었을 만큼 푸르른 녹지대 위에 수많은 가옥이 빼곡히 들어차 있었다. 마치 거대한 안데스의 품에서 숨 쉬고 있는 것처럼.

1시간 만에 쿠스코 공항에 도착했다. 쿠스코의 고도는 3400m. 갑작스러운 고도 변화에 적응할 수 있도록 전날 저녁에 미리 고산병 약인 소로치 필 soroche pill 한 알을 먹고 잤다. 사실 나는 고산병에는 둔감한 편이라 고지대에 대한 자신감이 있었다. 인도 라다크 Ladakh 와 중국의 야칭스亞靑寺 에서도 어지럼증만 약간 있었지 다른 일행처럼 여행 내내 머리가 깨지는 아픔과 멀미 등으로 고생하지는 않았다. 소로치 필은 볼리비아에서 개발한 약이라는데 아주 작은 알약이다. 그 효과는 정확히 모르지만 안 먹는 것보다는 나을 것이라는 생각으로 남미 여행객 대다수가 먹는 약이다. 알약까지 한 알 먹었지만 방심은 금물이다. 드디어 이번 여행의 가장 중요한 목적지인 쿠스코에 도착했기 때문이다. 너무 신나서 뛰어다니다 고산병에 걸리면 쿠스코와 우

하늘에서 본 쿠스코
잉카 제국의 수도였던 쿠스코가 다시 깨어나 화려하게 비상하면 좋겠다.

유니 사막을 제대로 볼 수 없기에 앞서나가는 다리를 의지로 묶어두며 천천히 걸어다니기로 마음먹었다. 쿠스코 공항은 비행기와 수하물 찾는 곳 사이 거리가 50m 정도일 만큼 규모가 작았다. 쿠스코 공항에 도착하니 벌써 숨 쉬는 것이 달라졌다. 호흡은 가빠지고 몸은 무거웠다. 물론 이는 새벽 2시에 일어나 잠이 부족했기 때문일 수도 있다. 일행 대다수가 이렇게 해발고도가 높은 지역으로 여행 온 것은 처음이라 인솔자는 주의사항을 설명하느라 바빴다.

1 _ 샤워하지 말 것	4 _ 말을 빨리하지 말 것
2 _ 머리 감지 말 것	5 _ 뛰지 말 것
3 _ 술과 담배를 하지 말 것	6 _ 고기보다는 채소를 먹을 것

그러나 이미 고산병에 내성이 생긴 나는 거의 귓등으로 듣고 있었다. 이 것이 경험자의 여유로움인가? 내가 생각하는 고산병 예방법은 간단하다. 모든 행동을 천천히 하고 물을 자주 마시면 된다. 다행히 나는 볼리비아를 떠날 때까지 고산병 증상을 거의 느끼지 않았다.

이번에 남미를 찾은 가장 큰 목적은 볼리비아의 우유니 사막과 쿠스코에 사는 현지인의 모습을 보는 것이었다. 나는 사람 사는 모습을 보는 것과 사진 찍는 것을 좋아하기에, 쿠스코에 머무는 오늘 하루가 무척 중요한 날이었다. 리마에서는 전통 의상을 입은 사람을 보는 것 자체가 거의 불가능했다. 다만 특이했던 점이라면 복장이 전체적으로 노출이 심하고 피부색이나 체형이 다르다는 것뿐이었다. 여느 대도시에 살고 있는 사람들의 일상과 같았기에 카메라를 꺼낼 일조차 거의 없었다. 하지만 오늘은 달랐다. 가슴이 뛰고 설레었다. 24시간 비행기를 타고 온 보람이 있었다. 이제 그 보람을 만끽할 차례다. 숙소는 공항에서 10분 정도 거리에 있었다. 아르마스 광장도 지척에 있었는데 우선 아침을 먹고 1시간 정도 잠시 쉬었다가 시내를 구경하기로 했다. 불과 1시간 사이에 지금 서 있는 땅의 해발고도가 3000m 이상이나 상승한 셈이니 바로 움직이는 것은 분명 무리였다. 하긴 몸에 이상이 없다는 것이 더 이상한 일인지도 모르겠다. 카메라 배터리와 물을 충분히 준비하고 8시 30분에 호텔을 나섰다.

밖으로 나와 보니 얼마나 많은 관광객이 이곳에 찾아오는지 한눈에 알 수 있었다. 캐리어를 끄는 여행객과 배낭을 맨 여행객이 도로를 가득 채웠고 수많은 관광버스와 미니버스, 택시가 정신없이 오가고 있었다. 현지 사람보다도 훨씬 많은 여행객이 거리를 가득 메우고 있었다. 관광객이 찾는 대표적인 유적지는 뒤로 미루기로 했다. 수백 년간 그래왔듯 어차피 그 자리에 계속 서 있을 테니. 부드러운 아침 햇살이 좋을 때 현지인들이 있을 법한 곳에 가서 그들을 만나고 싶었다. 그리고 이 결정은 정말 현명한 선택이었다.

지도에서 호텔을 기준으로 남쪽에 있는 재래시장에 먼저 찾아가기로 했다. 가는 도중 산 프란시스코 대성당이 있었는데, 흰 천에 덮인 조그만 바구니를 신줏단지 모시듯 들고 성당으로 들어가는 현지 사람들이 보였다. 흰 천을 살짝 열고 그 안에 들어 있는 것을 보고는 빙긋이 행복한 표정을 짓는 사람들의 얼굴도 보였다. 바구니는 신생아도 들어갈 수 없을 만큼 작았다. 도대체 그 안에 무엇이 들어 있을까. 궁금한 것이 있으면 일단 들이대고 보는 게 내 성격 중 하나다. 나는 아주 궁금하다는 표정을 짓고 사람들에게 다가가 이 바구니 안에 들어 있는 것이 무엇인지 물었다. 그들은 내 손짓과 표정을 보고는, 내게만 살짝 비밀을 알려준다는 듯 아주 조심스럽게 흰 천을 들췄다. 세상에나……. 그 안에는 손바닥만 한 작은 인형이 들어 있었다. 아기를 점지해달라는 기도를 하기 위해 성당에 가는 건가? 그러기에는 바구니를 들고 가는 사람이 너무 많았다. 또 어린아이들도 이런 바구니를 들고 다녔다. 그날 오후에야 알게 되었지만 이 작은 인형은 아기 예수였고, 오늘은 동방박사가 아기 예수를 발견하고 선물을 가지고 온 날이었다. 스페인에서는 크리스마스부터 이 동방박사의 날까지 매우 중요한 의미를 부여한다고 한다. 스페인의 오랜 식민 지배를 겪었고 전체 인구의 90% 이상이 가톨릭 신자인 지역이므로 축제가 열리는 것이 당연했다. 나는 무언가에 이끌린 것처럼 바구니를 든 사람들을 따라 성당 안으로 들어갔다. 성당 안에는 아기 예수 인형이 들어 있는 바구니들과 함께 동방박사들의 인형들이 놓여 있었고, 모든 이가 너무나도 행복한 미소를 지으며 그것들을 바라보며 기도하고 있었다. 내게는 그저 귀여운 인형일 뿐이었지만 이곳 사람들에게는 행복한 미소를 가져다주는 살아 있는 아기 예수였다.

성당을 나와 재래시장을 찾아가는 도로는 아스팔트로 포장된 길이 아니었다. 높은 빌딩도 없었다. 수백 년간 사람들이 밟고 다녀 반들반들해진 빛나는 커다란 돌이 촘촘하게 박혀 있었다. 양옆으로는 아이보리색 건물과 돌담이 늘어서 있고, 개선문을 닮은 아치 모양 문이 드문드문 서 있었다. 과연 잉카의 수도다운 오랜 세월의 흔적이 묻어 있는 도시였다. 이 오래된 도시에 긴 머리를 양 갈래로 땋고 밀짚모자를 쓰고 주름이 많은 스커트를 입은 여인들과 평범한 복장에 밀짚모자를 쓴 남자들이 살아가고 있었다. 물건을 사고팔다 뭔가를 기다리고, 벽에 기대기도 하다 때로는 바닥에 좌판을 벌이며. 수많은 사람의 노동으로 20년에 걸쳐 완성된 도시인 쿠스코는 1983년 유네스코 세계유산(문화유산)에 등재되었다. 여기서 잠깐 쿠스코의 전설을 말해둬야겠다.

태양신인 인티는 안데스의 굶주리는 인간들을 불쌍하게 여겨 아들인 만코 카팍 Manco Cápac 과 딸 마마 오클로 Mama Ocllo 에게 황금 막대기를 줘 지상으로 보냈다. 황금 막대기를 던져 막대기가 사라지는 곳에 정착해 인간들을 이롭게 하라는 명령이었다. 남매는 티티카카 Titicaca 호수에서 북쪽으로 올라가며 가는 곳마다 막대기를 던졌으나 막대기는 사라지지 않았다. 그런데 어느 날 쿠스코에 이르러 막대기를 던졌더니 막대기가 사라졌다. 그 이후 쿠스코는 태양신을 숭배하는 도시가 되었고, 황금 막대기가 점지해준 곳이라는 뜻인 '황금 도시'로 불리게 되었다. 실제로 쿠스코에는 엄청나게 많은 황금이 쌓여 있었다고 한다. 식민 지배를 당하며 대부분 빼앗겨 현재 남아 있는 것은 거의 없지만 말이다. 잉카인들에게 뱀은 '전생'을, 퓨마는 '현생'을, 독수리는 '내세'를 의미하는데 쿠스코는 퓨마의 형상으로 만들어졌다고 한다. 만약 쿠스코가 독수리를 본떴다면 페루의 현재는 달라졌을까? 쿠스코 사람들의 생활은 좀 더 나아졌을까?

도착한 재래시장과 그 주변은 내가 원하던 페루 현지인의 생활을 볼 수 있는 곳이었다. 외국인은 없고 현지 사람들이 일상에 필요한 물건을 사고팔고 있었다. 벽으로 둘러싸인 내부는 강한 햇빛을 가려주는 차양이 쳐 있고 바깥쪽은 가겟세를 낼 수 없는 노점상들이 좌판을 벌이고 있는 것도 우리와 비슷했다. 내부는 조금 어두워서 형광등에 의지해 사진을 찍을 수밖에 없었지만 어느 지역에나 있는 역동적인 시장의 모습 그대로였다. 꽃 파는 할머니, 생선 파는 아줌마, 빵 파는 아주머니 등 커다란 시장 안은 물건 종류에 따라 구역이 나누어져 있었고, 파는 물건에 따라 상인의 앞치마 모양도 조금씩 달랐다.

그러고 보니 상인들은 죄다 앞치마를 두르고 있었다. 그런데 이곳 사람들의 모습, 그러니까 작지만 통통한 체구, 밀짚모자, 길게 땋아 내린 머리, 주름 많은 스커트 등이 어디선가 많이 본 듯했다. 마치 미야자키 하야오 みやざきはやお 감독의 〈하울의 움직이는 성 ハウルの動く城〉, 〈붉은 돼지 紅の豚〉 등에서 봤던 장면들 같았다. 〈플란더스의 개 A Dog of Flanders〉, 〈알프스 소녀 하이디 Heidi: Girl of the Alps〉 등에서 봤던 이미지도 떠올랐다. 그렇다. 결국 유럽의 문화와 남미의 문화가 뒤섞인 모습이었던 것이다. 고산병 증세는 심하지는 않지만 계속 입이 말랐다. 침을 삼키고 또 물을 마시길 반복하다가 조금

쿠스코 재래시장
아기 예수 인형을 넣은 바구니를 들고 가는 덩치 큰 인디오 할머니.

지쳐서 토마토라도 사먹기로 했다. 경찰 단속으로 떠난 노점상 자리에 딱 두 사람이 앉으면 될 것 같은 작은 돗자리를 펴고 세 명이 엉덩이만 대충 걸쳐 앉았다. 자리가 좁아 전부 다른 방향을 보고 앉을 수밖에 없었다. 그렇게 앉아 손수건으로 먼지만 대충 닦고 토마토를 먹으니, 지나가는 사람들이 토마토를 파는 외국인이라도 본 듯 씩 웃으며 지나갔다. 우리 자리가 편해 보였는지 커다란 누런 개 한 마리도 돼지 뼈 하나를 물고 와서 옆에 앉아 뜯기 시작했다. 토마토는 돼지 뼈와 동급이 되어버렸다. 재래시장에서 2시간을 넘게 다니다 보니 다리도 아프고 배도 고팠다. 다시 아르마스 광장에 가서 점

쿠스코 재래시장에서 만난 꽃 가게 할머니
꽃다운 청춘을 보낸 할머니는 꽃의 가치를 알고 있다.

심을 먹고 잠시 쉬었다가 나오기로 했다. 광장으로 올라가며 예쁜 골목이나
언덕의 사진이라도 찍을라치면 수많은 서틀버스와 택시가 피사체를 가려
제대로 찍을 수 없었다. 아무래도 좀 더 작은 골목에 들어서야 내가 원하는
인디오 할머니의 뒷모습을 볼 수 있을 것 같았다.

　살짝 고개를 들자 산 중턱까지 빽빽이 들어선 집들이 보였다. 시내의 해
발고도가 3400m이니 그곳 주민들은 대략 해발고도 3600m쯤 되는 곳에서
살고 있는 셈이다. 그만큼 더 가쁜 삶을 살아가고 있으리라 생각하니 안쓰럽
고 고단한 느낌이 들었다.

쿠스코의 생선 가게 아주머니
깊게 파인 그녀의 가슴골만큼 생선도 쩍 갈라졌다.

'엄지 척' 남자를 만나다

식민지풍 네모난 아르마스 광장에 도착해 식당을 찾고 있는데 어디선가
흥겨운 나팔 소리와 북소리가 들렸다. 소리가 나는 방향으로 시선을 돌리니
퍼레이드가 전진하고 있었다. 제일 앞에는 예쁘게 단장한 어린아이들이, 그
뒤에는 여자들이, 다시 뒤에는 남자들이 맨 뒤에 있는 악단이 만들어내는 신
나는 음악을 배경 삼아 단조롭지만 매우 경쾌한 춤을 추며 광장으로 들어서
고 있었다. 바로 아기 예수 탄생을 축하하는 퍼레이드였다. 예상하지도 못한

퍼레이드를 만나 내 심장은 이미 고산병의 경고를 무시하고 격하게 뛰고 있었다. 댄서들은 도대체 어디서부터 이 춤을 추면서 왔는지 얼굴은 땀으로 범벅이 되어 있었고 지친 기색이 역력했지만 수많은 관광객의 눈을 의식하는지 더 열정적으로 춤을 췄다. 게다가 그들의 양 발목에는 캐스터네츠가 달려 있어 쉽게 동작을 멈출 수도 없었을 것이다. 아! 갑자기 눈물이 왈칵 쏟아졌다. 여행을 떠난 지 5일 만에 드디어 그토록 만나고 싶던 사람들을 만났다. 열정적인 현지인들의 모습을 보고 싶었다. 나는 외로웠다. 너무 오래 기다렸던 것이다.

정신없이 셔터를 눌러대랴, 댄서 한 사람 한 사람에게 박수쳐주랴, 흐르는 눈물 닦으랴 정신이 없었다. 사진 따위는 어떻게 찍고 있는지 몰랐다. 그저 그들을 만난 것이 반가웠고 예고도 없이 나타난 그들이 고마웠고 이 시간에 이곳에 도착한 나의 행운에 감사했다. 그러다가 남자 댄서 중 잘생긴 젊은이와 눈이 마주쳤다. 땀범벅이어도 잘생김은 어디서나 빛나는 법이다. 그의 사진을 찍고 있는데 갑자기 그 청년이 내 카메라를 향해, 아니, 나를 향해 엄지를 척 들어줬다. 또다시 눈물이 났다. 이선희의 노래 중 이런 가사가 있다. "별처럼 수많은 사람들 그중에 그대를 만나." 나는 이 대목을 들으면 자주 울컥하곤 하는데 아마 이 남자와 눈이 마주쳤을 때 내 감정이 그랬으리라. 이때의 내게 의식이라는 것은 없었던 것 같다. 내 심장이 내 다리를 멋대로 움직여 그 남자에게로 다가가 오른손을 내밀었으니. 악수를 하고 남자는 환하게 웃으며 한쪽 눈으로 윙크를 해줬다. 내 마음에서는 작은 탄식이 나왔다. 이 남자와 함께 춤을 출 수 있을 만큼 내 몸이 가볍지 않다는 것, 해발고도 3400m에서 숨 쉬는 것도 힘들다는 것, 내 몸이 춤과는 거리가 먼 몸치라는 것, 다른 무엇보다 그 남자와의 나이 차이가 너무 많다는 것 등 모든 것을

포함한 탄식이었다. 그리고 그는 캐스터네츠가 달린 양다리를 힘차게 구르
며 떠나갔다. '별처럼 수많은 사람들' 중 하나였던 이름 모르는 그는 그렇게
떠나갔다. 그리고 나는 급격히 배가 고파졌다.

　내 혼과 심장을 쏙 빼놓은 행복한 퍼레이드가 아르마스 광장을 빠져나
가자 그제야 점심을 먹으려고 이곳에 왔었다는 게 기억났다. 광장에 들어서
면서 미리 봐두었던 2층 식당에서 점심을 먹고(역시 양이 엄청 많았다) 호텔
로 들어가 1시간 정도 쉬었다. 한낮의 해발고도 3400m 쿠스코는 너무 뜨거
웠기 때문이다. 오후 스케줄은 대성당, 코리칸차 Qorikancha, 십이각석, 쿠스코
야경을 보는 것으로 잡았다. 쿠스코에는 유적지가 상당히 많이 있고, 특히
성당은 리마에서도 봤기 때문에 가급적 의미가 있는 유적지의 외관을 둘러
보는 것으로 정했다. 가장 먼저 들른 대성당은 '지진의 신'이라고 불리는 갈
색 그리스도상이 세워져 있는 것으로 유명하다. 또 메스티소 화가 마르코스
사파타 Marcos Zapata 가 그린 성화 〈최후의 만찬〉이 있는데, 이 그림에는 쿠스
코의 대표 음식인 쿠이 Cuy 도 있었다. 쿠이는 기니피그를 통째로 구운 음식
으로, 여행 전에 사진으로 먼저 봤다. 나는 이 음식을 '절대 먹어서는 안 되
는 음식'으로 정했기 때문에 성화 속 쿠이조차 징그러울 뿐이었다(하지만 결
국 나는 마추픽추에서 쿠이의 실체를 봤다).

　성당을 나와 '황금 궁전'이라고 불리는 코리칸차에 들렀다. 잉카 제국을
멸망시킨 프란시스코 피사로 Francisco Pizarro 는 잉카의 신전인 코리칸차를 부
수려고 했으나 빈틈없이 맞물려 있는 석벽이 너무 견고해 파괴할 수 없었다
고 한다. 대신 그 위에 산토 도밍고 Santo Domingo 성당을 지었다. 그런데 그 후
큰 지진이 두 번 일어났을 때 피사로가 지은 성당은 붕괴되었지만 코리칸차
의 초석은 무너지지 않고 지진을 견뎌냈다고 한다. 그러나 잘 생각해보면 초

쿠스코의 축제 퍼레이드
가장 예쁜 여자가 가장 앞에 서는 법.

석이 무너질 확률은 상부 구조물이 무너질 확률보다 훨씬 적다. 무언가를 신성하게 여기고, 그것을 믿고 싶어 하는 인간의 마음이 이런 전설을 만들어냈을 것이다.

코리칸차를 나와 십이각석까지 가는 길은 완만하지만 계속 오르막이었다. 몇 발자국 걷다 물 한 모금 마시기를 아마도 수십 번은 한 것 같다. 지도를 봐도 이제 다 온 것 같은데 도대체 어디에 십이각석이 있다는 것인지 알수 없었다. 교통 지도를 하고 있는 경찰에게 물으니 이쪽으로 가면 된다는 수신호를 해줬다. 그런데 십이각석을 찾다 보니 골목 끝까지 와버렸다. 이상

쿠스코의 축제 퍼레이드
다리에 캐스터네츠를 달고 있어 춤을 멈출 수가 없다.

했다. 그래서 반대편 다른 경찰에게 물어보니 또 이쪽으로 가면 된다고 방금 내가 지나왔던 그 골목을 알려줬다. 햇살은 뜨겁고 목은 마르는데 길을 헤매고 있어 갈증은 더 심했다. 그러다 문득 골목에 있던 커다란 돌담이 생각났다. 가운데쯤에 왕 복장을 하고 있는 남자가 서 있고, 많은 사람이 커다란 돌덩이에 손을 대고 사진을 찍던 곳이었다. 바로 그 돌이 십이각석이었다. 나와 함께 걸었던 일행은 두 명이었는데 결국 나까지 셋이서 지도를 들고 경찰에게 물으면서도 그 돌을 그냥 지나치고 있었던 것이다. 길치 세 명이 다니고 있으니 무사히 호텔로 돌아갈 수나 있을지 벌써부터 걱정이었다. 가까

쿠스코에서 나를 울린 '엄지 척' 남자.
반세기를 산 여자의 마음도 홀리는 얼굴이다.

이에서 돌의 각을 세어보니 정말 12개였다. 십이각석은 잉카 시대에 축조된 건축물들이 얼마나 정교하게 만들어졌는지를 보여주는 대표적인 유적이다. 방금 왕 복장을 한 사람은 파차쿠텍 Pachacutec 이라는 잉카 제국 9대 군주를 코스프레한 것인데, 파차쿠텍은 제국을 에콰도르부터 칠레까지 아우르는 대제국으로 번성시킨 왕이다.

십이각석을 뒤로 하고 쿠스코의 야경을 감상할 수 있다는 산 크리스토발 San Cristobal 로 가기 위해 계속 언덕을 올랐다. 숨이 턱까지 차다 못해 토할 것 같고 심장은 밖으로 튀어나올 것처럼 가빴다. 벌써 저녁 6시가 다 되어가고 있어 일몰을 볼 수 있을까 초조했지만, 막상 하늘을 보니 구름이 끼어 어차피 정상에 올라도 일몰을 볼 수 없을 것 같아 그나마 다행이었다. 십이각석부터 곧바로 직진하면 산 크리스토발에 오르게 되지만, 우리는 관광객들이 다니는 큰 도로가 아닌 골목길로 우회하기로 했다. 동쪽으로 올라갔다가 꼭대기에서 서쪽으로 갈 예정이었다. 그런데 가는 길에 쿠스코 시내가 다 보이는 전망대가 있어 잠시 쉬었다 가려고 하니 예쁜 여대생 셋이 수다를 떨고 있었다. 그녀들에게 이곳이 산 크리스토발인지 물으니 아직도 한참 남았고, 거기까지 가려면 택시를 타야 한단다. 이 높은 언덕에서, 그것도 이렇게 좁은 골목에서 어디서 어떻게 택시를 탄단 말인가. 그래서 "지도에서 보면 그리 멀지 않은데 왜 택시를 타야 하는 거냐?"라고 물으니 그녀들은 짧은 영어 실력으로 이렇게 말했다. "Umm. People dangerous!" 우리가 서 있는 곳에서 산크리스토발까지의 좁은 골목 주변은 빈민가였는데 그곳이 바로 우범 지역이라는 것이었다. '대략 난감'이었다. 체력은 고갈 상태. 시간은 곧 일몰이 시작되기 직전. 게다가 우범 지역을 지나가야 한다기에 우리는 그냥 이 전망대에서 야경을 보는 것으로 계획을 바꿨다. 그러고 보니 전망대 바로 옆에는 근사한 카페가 있었고 쿠스코 시내가 다 내려다보이는 테라스도 갖추고 있었다. 결국 산 크리스토발은 내겐 너무 먼 전망대였다. 이곳은 관광객들이 거의 오지 않는 코스에 위치하고 있어서, 하나둘 쿠스코의 집들에 전등이 켜지는 모습을 현지인들과 함께 지켜보며 오히려 산 크리스토발에 가지 못한 것이 다행이라고 생각했다.

이제는 허기를 때울 시간이다. 쿠스코 시내에는 '사랑채'라는 한식당이 있다. 그 정보를 이미 알고 있었기에 오늘 저녁 식사는 무조건 이곳에서 하리라 계획해놨다. 그동안 치킨과 감자튀김으로 매 끼니를 때우다시피 했기

에 칼칼하고 깔끔한 김치찌개가 너무 먹고 싶었다. 시내로 내려가는 골목은
가로등과 가게의 조명으로 그리 어둡지는 않았지만 길치인 우리가 사랑채
를 찾는 것이 더 어려웠다. 지도에는 분명 대성당 옆에 있었는데 가보니 없
었다. 나는 주변 사람들로부터 전공이 의심스럽다는 이야기를 가끔 듣는다.
아니 매우 자주. "지리를 전공했으면서 어떻게 그렇게 방향감각이 없고 지
도를 못 읽느냐?" 변명을 하자면 내 머릿속의 방향과 위치가 현실과 다르다
는 것이다. 문제집에서 지도를 해석할 때는 완벽하게 작동하지만 입체적인
현실에 던져지면 내 감각은 새로운 방향과 위치를 탐지한다. 그렇게 가보면

당연히 내가 찾던 위치가 아니다. 그래서 내게 세상에서 가장 위대한 발명품은 네비게이션이다. 골목 몇 개를 들락날락 돌아다니다가 사랑채를 겨우 찾아냈다. 찌개의 양이 꽤 많았는데도 며칠간 제대로 먹지 못한 허기를 보상받기 위해, 그리고 당분간 또 허기질 내 위장을 위해 국물까지 다 먹어버렸다. 게다가 생각보다 가격도 저렴해서 무척 만족스럽게 한 끼를 해결했다. 찌개 맛은 일품이었다. 김치찌개로 마무리한 오늘 하루 쿠스코에서의 시간은 너무나도 행복했다.

우루밤바 계곡을 따라 잉카 유적을 만나다

여행 다섯째 날. 하늘이 참 맑다. 우기인데도 하늘이 맑다는 것은 다행스러운 일이지만, 밋밋한 얼굴에서 유난히 높은 내 코는 점점 빨개져 딸기코가 되고 있다. 그러나 내가 딸기코보다 더 걱정하고 있는 것은 볼리비아의 우유니 소금사막이었다. 우유니의 절경은 하얀 소금사막에 물이 고였을 때 거기에 비친 파란 하늘인데, 이렇게 계속 비가 오지 않으면 그 절경을 마주할 수 없을 것이다. 부디 내가 도착할 때쯤에는 비가 내려주길 바라며 하루를 시작했다. 오늘은 쿠스코 외곽에 위치한 우루밤바 Urubamba 계곡 주변의 잉카 유적들을 본 뒤 다음날 갈 마추픽추의 길목 아과스칼리엔테스 Aguas calientes 까지 이동하는 날이다. 아침 7시에 호텔에서 출발해 먼저 삭사이와만 Sacsaywaman 에 들렀다. '제국의 독수리'라는 뜻인 이곳은 쿠스코를 굽어보는 수십 톤의 거석들을 쌓아 만든 요새다. 퓨마를 숭상했던 잉카인들은 쿠스코를 퓨마의 모양으로 만들었는데, 그 머리에 해당하는 부분이 바로 이곳이

삭사이와만의 유적지
쿠스코를 지키는 요새였다는 이곳은 거대한 테트리스 같다.

라는 설이 유력하다고 한다. 멋지다는 표현보다는 거대하다는 표현이 맞을 것이다. 80년간 약 3만 명이 동원되어 건설한 이곳은 거대한 '바위 테트리스' 같은 느낌이었다. 이곳에서 내려다보는 쿠스코의 전경은 넓은 적갈색 밭처럼 보였지만 자세히 보면 하얀 벽으로 집과 집이 구분되어 있었다.

사진 여행을 하면서 생긴 버릇 중 하나는 지나온 길을 뒤돌아보는 것이다. 풍경은 보는 각도에 따라 달라지고, 사람들의 모습은 그새 또 변해 있기 때문에 다시 봤을 때의 느낌이 다를 경우가 많다. 삭사이와만을 떠날 때도 그저 다시 올 것 같지 않은 이곳의 마지막 모습을 한 번 더 보려고 뒤돌아

삭사이와만에서 내려다본 쿠스코
구름조차 산꼭대기 가난한 사람들의 햇빛을 가린다.

봤다. 그런데 언제 나타났는지 할머니 한 분이 알파카를 데리고 잠시 시내를
내려다보고 서 계셨다. 문득 할머니 왼쪽에 있는 표지판이 천국과 이승을 가
리키는 이정표 같았다. 왼쪽은 긴 영생을, 오른쪽은 바글대는 이승을 나타내
는 이정표. 내 멋대로 그렇게 상상하고는 할머니의 선택을 가만히 지켜봤다.
할머니는 아직은 덜 지겨운지, 그래도 익숙한 이승을 향해 걸음을 옮기셨다.
할머니의 이승에서의 남은 삶이 후회 없는 선택이길 바랐다.

　삭사이와만을 떠나 또 다른 요새인 푸카 푸카라 Puca Pucara 를 둘러보
고, 성스러운 샘이 솟아 잉카의 목욕탕이자 물의 신전이 되었다는 탐보마차

쿠스코 삭사이와만의 할머니와 알파카
이정표 앞에서 할머니는 지긋지긋한 이승을 선택했다.

이 Tambomachay 에 들렀다. 이곳에서 나오는 물을 마시면 회춘을 하고 여자는 임신을 한다는데, 안 그래도 동안인 나는 더 이상 어려보이는 것은 원치 않아 마시지 않았다(사실은 배탈이 날까 걱정했기 때문이지만). 물을 마신 일행의 말에 의하면 미끌미끌하고, 맛있지는 않았다고 한다.

옥수수가 잘 자라는 해발고도의 상한은 3200m 정도로, 그보다 높은 곳에서는 성장이 어려워 해발고도 3400m의 쿠스코에서는 옥수수가 귀족들만 먹을 수 있는 음식이었다고 한다. 잉카 제국은 중요한 역사적 사건이나 기억해야 할 숫자 따위를 기록으로 남겨야 할 때 '결승문자 quipu'라는 것을 사용했다. 결승문자는 새끼나 가죽 끈을 매어 그 매듭의 개수나 간격으로 뜻을 전하는 고대 기호 체계다. 귀족의 아이들을 전령사(찬스키)로 활용해 그 내용을 주고받았다고 한다. 리마의 소식이 쿠스코에 전달되기까지 이틀 정도 걸렸다고 하는데 도무지 믿을 수 없었다. 하지만 찬스키들이 쉴 수 있는 '탐보'라는 여관이 남아 있는 것으로 보아 고유한 통신 체계를 구축했던 사실은 맞는 것 같다. 이는 우리나라의 역원제와 유사한 전통으로 보이며 현지에서 탐보라는 글자가 들어간 지명이 꽤 있어 신빙성을 더했다. 탐보는 잉카 제국 시대의 언어인 케추아 Quechua 어로 '휴식을 취하는 곳'이라는 뜻을 지녔다. 중앙 관리나 군대, 파발꾼 등을 위한 숙박 시설이 있는 곳을 말한다.

탐보마차이를 나와 피삭 Pisac 이라는 곳에 들렀다. 마추픽추보다 규모가 작은 옛 거주지였다. 거주지의 흔적은 이제 거의 없지만 거대한 계단식 경작지가 남아 있어 사진만 찍고 바로 이동했다. 계단식 경작지를 내려와 버스로 이동하고 있는데 갑자기 커다란 시장이 튀어나왔다. 피삭에서 매주 화요일, 목요일, 일요일에 열리는 재래시장이었다. 이곳에선 인디오들이 만든 수제품을 내다팔고 있었는데, 지금은 워낙 유명세를 타 외국인이 더 많아져 원주민은 거의 보이지 않았다. 내가 탄 버스가 멈추지 않고 시내를 통과해 어쩔 수 없이 눈으로만 감상하고 있는데, 20명이 넘는 전통 복장을 입은 여인이 앉아 수다를 떨고 있는 모습이 보였다. 하지만 이번에도 딴생각을 하느라 제대로 사진을 찍지 못했다. 그냥 안 본 것으로 해야겠다. 난 그녀들을 못 봤다. 아마 내가 기억하는 것은 잠깐 졸면서 꿈속에서 만난 사람들이리라.

칼카 Calca 라고 하는 작은 마을에서 점심을 먹기로 했다. 식당은 뷔페로 수많은 음식이 차려져 있었는데 나는 도저히 먹을 수 있는 음식이 없었다. 조금 전 버스 창밖으로 보았던 여인들과 얼굴을 마주하지 못한 아쉬움 때문

야마와 소녀
야마도 소녀도 구름도 모두 제 할 일을 하느라 바쁘다.

이기도 했을 것이다. 아무래도 페루 음식은 내게 맞지 않아 결국 다양한 음
식을 뒤로 하고 접시에 밥만 담았다. 이럴 때를 대비해 갖고 다니던 밥에 뿌
려 먹는 가루와 고추장을 넣고 대충 비벼서 먹었다. 그러니 다른 일행보다
너무 빨리 점심 식사를 끝냈다. 식당 밖 거리라도 걸으며 사람들을 만날까
했는데 햇볕이 너무 뜨거워서 그런지 거리는 한산했다. 인디오들의 모습을
카메라에 담고 싶은 내 열정만 뜨거웠다.

점심을 먹고 그리 심하지 않은 비포장도로를 달려 모라이 Moray 로 향했
다. 저 멀리 눈 덮인 안데스 산맥이 뒷산처럼 낮게 느껴지는 것은 이곳이 해

모라이 가는 길에서 만난 안데스의 설산과 고위평탄면
설산과 지상의 색깔이 너무 다르다.

발고도 3000m가 넘는 고위평탄면이기 때문이다. 창밖을 내다보니 이름 모를 작물들이 멋진 패턴을 형성하며 자라고 있었고 붉은 토양과 어우러져 근사한 풍경을 자아냈다. 남아메리카에 서식하는 낙타과 동물인 야마 Llama 를 방목하는 어린 소녀들의 모습도 보였다. 드디어 잉카 문명의 테라스 유적, 다랑이 밭의 진수를 보여주는 아름다운 모라이에 도착했다. 상상한 것보다는 규모가 그리 크지 않았지만 가장 위에 있는 계단과 아래에 있는 계단은 온도가 5도나 차이가 나 각 계단마다 온도에 맞는 작물을 재배했다고 한다. 꽤 과학적인 영농 방식이다.

뙤약볕에 그늘을 찾아 걷다 보니 가까운 곳에 상점이 몇 개 보였다. 모자가 없이는 밖에 나갈 수 없을 정도로 햇볕이 강한 지역답게 모자를 파는 가게가 많았다. 마침 점심을 먹고 있는 사람들이 있어 다가가 보니 커다란 접시에 밥, 야채 무침, 계란 등을 한꺼번에 담아 먹고 있었다. 재미있는 것은 숟가락 하나로 돌아가며 식사를 한다는 점이었다. 결벽증이 있는 나로서는 무척 신기한 모습이었다. 그중 귀엽게 생긴 남자아이가 빨간 모자를 쓰고 멀리 안데스의 설산을 배경으로 웃고 있기에 사진을 한 장 찍어줬다. 안데스의 눈이 뜨거운 태양을 가려주듯 빨간 모자가 녀석의 고된 삶을 보호해줬으면

모라이의 모자 가게 아이
이방인을 두려워하지 않는 눈빛을 지닌 이 아이가 당당한 원주민의 후손으로 자라나길.

좋겠다.

계곡을 따라 달리다 보니 살리네라스^{Salineras} 염전 지역에 도착했다. 사실 살리네라스의 출현은 좀 갑작스러웠다. 무심히 산길을 달리고 있는데 갑자기 주변 풍경과 어울리지 않는 '하얀색'이 등장했기 때문이다. 사실 염전이 하얀 것은 당연한데도, 진회색 갯벌의 염전만 보다가 갑자기 나타난 적갈색과 흰색의 조화가 조금 생뚱맞았다. 이 염전은 적갈색 흙으로 만든 사각형 틀 안에 암염이 녹은 물을 가둔 다음 그것을 증발시켜 천연 소금을 수확하는 소금밭이다. 먼저 도로 위에서 잠간 전경을 촬영하고 염전으로 내려가려고 했는데 비가 흩뿌리기 시작했다. 우기였기 때문에 비가 오는 것은 당연한 일이다. 세찬 소나기인 남미의 스콜squall도 한번쯤은 경험해보고 싶었기에 귀찮거나 짜증나지는 않았지만 카메라가 젖으면 안 되었기에 준비해간 우비를 급히 꺼냈다. 이 우비는 이마트에서 산 것으로 아직 포장도 뜯지 않은 것인데 막상 입으려고 했더니 앞자락에 버튼이 있는 것이 아니라 그냥 뒤집어 쓰는 것이었다. 카메라 가방까지 맨 내 커다란 몸을 다 집어넣기에는 턱없이 좁았다. 카메라는 고스란히 비를 맞게 생겼다. 그러나 아름다운 염전 풍경을 그냥 눈으로만 담기에는 너무 아까웠기에 잠시 고민하다가 두꺼운 손수건을 꺼내 카메라를 덮고 염전에 들어가기로 했다. 나는 사각형으로 구획된 좁은 염전의 길을 따라 걸어갔다. 이럴 때 보면 나도 좀 억척스러운 편이다.

버스에 도착해야 할 시각은 오후 3시 10분. 내게 남은 시간은 30분. 염전의 중간에 이르러 요리조리 각도를 바꾸며 사진을 찍고 있는데 아래쪽 염전 사이로 빨간색 천 보따리를 맨 아주머니가 불쑥 나타났다. 그런데 하필 이때 카메라 렌즈는 광각렌즈였다. 렌즈를 바꿀 시간도 없었고 비도 오고 있었으므로 렌즈 교체는 불가능한 상황이었다. 어쩔 수 없이 광각렌즈를 낀 상태로 파인더를 들여다보니 하얀 소금밭과 아주머니의 빨간 천 보따리의 색감이 환상적인 조화를 이루고 있었다. 내가 찾던 풍경이었다. 위에서 내가 사진을 찍고 있다는 것을 모르는 아주머니는 지친 기색도 없이 거침없이 발을 내딛고 있었고, 나는 카메라 셔터를 쉴 새 없이 눌렀다. 오늘 현지 사람을 거의 만난 적이 없어 풍경 사진만을 찍었던 나는 아주머니의 등장으로 쿵쾅쿵쾅 심장이 뛰기 시작했다. 너무 행복했다. 그러나 문제는 이제부터였다. 내리던 비가 그치고 다시 뜨거운 햇살이 비추기 시작했기 때문이다. 가파른 오르막길을 걸으며 우비를 벗고 싶은 마음은 굴뚝같았으나 버스가 출발하

살리네라스의 염전
짧은 스콜이 내려 조금은 덜 짠 소금이 되었을 것이다.
아주머니의 빨간 보따리 속에는 무엇이 있었을까.

는 시각에 맞추려면 지체할 시간이 없었다. 겨우겨우 버스에 도착한 후, 땀
에 흠뻑 젖은 우비를 벗으며 다음에는 꼭 버튼이 있는 우비를 사야겠다고 다
짐했다.

오얀타이탐보에서는 골목에 들어가자

살리네라스를 떠나 오늘의 마지막 여행지 오얀타이탐보^{Ollantaytambo} 로

향했다. 이곳은 잉카의 여관이라고 불리는 곳으로 잉카 트레일의 시작점이다. 잉카 제국 시대에는 통치자의 주거지가 이곳에 있었고 제국의 행정 중심지였다고 한다. 유적의 꼭대기까지 올라가서 유적지와 주변 마을을 내려다보고 오는 데 소요되는 시간은 40분 정도. 하지만 나는 이미 지쳤고, 다른 무엇보다 유적지로 가는 길에 버스에서 봤던 작은 마을을 마음에 두고 있어 등반은 과감히 포기했다. 중앙 광장에서 만날 시각을 정하고 유적지를 빠져나오는데 어디에선가 익숙한 음악 소리가 들렸다. 바로 어제 쿠스코의 아르마스 광장에서 들었던 그 음악이었다. 오늘도 축제 퍼레이드가 있는 날이었던 것이다. 역시나 악단과 댄서로 이루어진 한 무리가 골목을 지나가고 있었다. 그런데 이들은 조금 무섭게 생긴 복면을 쓰고 있었다. IS가 쓰고 있는 복면이 떠올랐다. 왜 이런 가면을 쓰고 있는지는 모르겠으나 찢어진 구멍으로 보이는 눈동자만큼은 미소를 짓고 있었다.

그들을 보내고 작은 다리를 건너니 조그만 광장에 사람들이 빼곡하게 둘러 앉아 일광욕을 하고 있었다. 이 광장에서 일행과 다시 만나기로 했기에 너무 멀리는 가지 말고 골목 하나를 정해 골목 풍경을 찍기로 했다. 잉카 제국 시대 때부터 있어온 돌 위에 지은 집들이 모여 있어 아름답고 운치가 있었다. 단순한 유적지가 아니라 지금 살고 있는 사람들의 손때와 발자취가 묻은 살아 있는 유적지였다. 마치 오래전에 본 영화 〈냉정과 열정 사이冷靜と情熱のあいだ〉에 등장했던 이탈리아 피렌체를 떠올리게 만드는 골목이었다. 골목을 조금 올라가다 뒤돌아보니 인디오 할머니 한 분이 걸어오고 있었다. 그래, 내가 만나고 싶었던 것은 바로 이런 것이었지. 가슴이 벅찼다. 할머니의 뒷모습을 찍고 싶어 잠시 지나가시길 기다리고 있는데 이런, 할머니 두 분이 또 걸어오고 계셨다. 결국 할머니 세 분이 뒷모습이 함께 찍혔다. 갑자기 가

오얀타이탐보에서 만난 퍼레이드
가톨릭의 축제인지 IS의 축제인지 복면을 벗겨봐야 알 수 있다.

슴이 아렸다. 세 할머니가 메고 있는 짐 때문이었다. 이방인의 눈에는 알록
달록한 천에 싸맨 짐 보따리가 예뻐 보였지만 저 작은 키에 통통한 몸을 이
끌고 무거운 짐을 들고 다니시는 할머니들의 관절이 걱정되었다. 가족에게
줄 선물이라도 들어 있는 것일까. 살아가면서 지게 되는 짐의 무게가 때론
저리 힘겨운 발걸음처럼 느껴질 때도 있다는 것을 알기에 마음이 짠하면서
도 뭉클했다.

할머니들의 뒷모습을 찍고 돌아섰더니 이번에는 화려한 전통 의상을 입
은 남자아이 여섯 명이 올라오고 있었다. 할머니들의 모습은 뒷모습을 찍고

싶었지만 어쩐지 어린 남자아이들은 앞모습을 찍고 싶었다. 내 카메라를 보자 녀석들은 벌써 자신들을 찍을 것이라는 걸 알고는 모자를 벗어 돈을 내라는 제스처를 하며 다가왔다. 나는 그냥 카메라를 내려 씩 웃어주고 골목을 내려갔다. 녀석들은 자기들끼리 깔깔대며 웃고 있었다. 내 경험상 이 웃음의 의미는 찍히고 싶다는 것이다. 뒤돌아보니 녀석들은 꺾어지는 골목에서 머리를 내밀며 내게 장난을 걸고 있었다. 그렇다면 이들의 기대에 부응해 사진을 찍는 것이 '찍사'의 임무일 터. 아이들의 웃는 모습이 짓궂어 볼펜을 죄다 꺼내 선물로 줬다. 볼펜으로 공부하라는 제스처를 했지만 과연 그런 용도로 쓰일지는 모르겠다.

일행과의 약속 시각을 지키기 위해 광장으로 가고 있는데 또 음악 소리가 들렸다. 이번에는 여자들의 춤이 이어졌는데, 쿠스코의 '엄지 척' 남자를 만난 후로는 어지간한 퍼레이드에는 심드렁해진 나였다. 그런데 나를 놀라게 만든 것은 따로 있었다. 퍼레이드가 지나가고 갑자기 개 여섯 마리가 집단 패싸움을 벌인 것이다. 커다란 개 두 마리가 서로 물어뜯고 있고, 주변 작은 개들이 달려들어 지고 있는 개를 공격했다. 그 와중에 한 검은 녀석은 누런 암컷의 등에 올라타 교미를 했다. 무섭고도 징그러운 장면에 속이 울렁거렸다. 그곳 상인들에게도 끔찍한 장면이었던지 어떤 남자가 대야에 물을 떠와서 개들에게 뿌려대자 교미하던 녀석이 암컷 등에서 내려와 도망가기 시작했다. 아! 싫다. 녀석들은 할머니와 소년을 만나 행복했던 내 감성을 짓이겨놓았다.

저녁 7시에는 아과스칼리엔테스행 기차를 타야 했으므로 식사는 근처에서 가장 빨리 나오는 음식으로 간단히 먹기로 했다. 쿠스코부터 함께 했던 분들과 근처 식당에 들어가 'ham and egg sandwich'를 주문했다. 가

오얀타이탐보 골목에서 만난 할머니들
우리네 삶에서 짐은 살아가야 할 이유를 준다.

장 빨리 나올 것 같았기 때문이다. 식당에는 여자 세 명이 일하고 있었다. 가격은 10솔이었는데 한국 돈으로는 4000원짜리 메뉴였으니 이곳에서는 제법 비싼 샌드위치였다(당시 1솔이 약 400원 정도였다). 다른 분은 6솔짜리 'sandwich with egg'를 주문했다. 음식은 금방 나왔다. 그러나 그릇에 놓인 'sandwich with egg'는 얇은 햄버거 빵을 반으로 잘라 그 안에 계란 프라이 한 개를 넣은 것이 전부였다. 정말 어처구니없는 샌드위치였다. 그 흔한 토마토나 양상추 한 장 없이 달랑 빵 사이에 계란을 넣은 것이 다였다. 이 와중에도 나는 조금 더 비싸지만 햄이 들어간 걸 주문하길 잘했다고 생각했다.

오안타이탐보의 사내아이들
돈벌이를 하러 나온 복장인데 학교는 다녀왔는지 모르겠다.

그러나 잠시 후 나온 나의 'ham and egg sandwich'는 'ham and cheese sandwich'로 바뀌어 있었다. 치즈를 좋아하지 않는 나로서는 도저히 그냥 넘어갈 수가 없었다. 부실하기 짝이 없는 샌드위치도 어처구니없는데, 계란까지 없는 샌드위치를 10솔을 다 주며 먹고 싶지는 않았다.

나는 그녀들을 불러 이의를 제기했다. '주문이 잘못되었다, 그러니 2솔을 돌려 달라'고 이야기했지만 그녀들에게 영어가 통할 리 없었다. 다만 내 보디랭귀지를 보곤 뭔가 주문이 잘못되었다는 것을 알아들었는지 웃음을 보였다. 그런데 미안하다는 웃음인지 민망하다는 웃음인지 알 수 없는 미소만 지으며 2솔을 돌려주지 않았다. 2솔이 문제가 아니라, 이런 식으로 장사를 해서는 안 된다는 의미로 항의를 한 것인데 그녀들은 내 의도를 알아채지 못한 것 같았다. 이게 뭐 그리 대단한 일이라고 잠시 세 명이 머리를 맞대고 회의를 하더니 2솔을 돌려줬다. 내가 이긴 것인지, 그녀들이 이긴 것인지 모를 'ham and egg sandwich'가 되어버렸다.

마추픽추는 새벽에 오르길 권함

저녁 7시에 여권까지 보여주며 아과스칼리엔테스행 기차를 탔다. 좌석 번호는 B칸 27번. 차창 밖 풍경이 무척 좋다는 정보를 들었지만 이미 깜깜한 밤이라 계곡을 지나가는지 평야를 지나가는지조차 알 수 없었다. 기차가 이동하는 2시간 내내 꼬박 밀린 일기를 썼을 뿐이다. 밤 9시 목적지에 도착할 때쯤 차창에 빗방울이 달라붙기 시작했다. 우비도 꺼내지 않고 기차에서 내렸는데 예상을 깨고 폭우가 쏟아지기 시작했다. 그런데 더 놀라운 것은 엄청난 소음과 인파였다. 좁은 플랫폼을 엄청나게 많은 관광객이 꽉 채우고 있었고, 손님을 찾는 현지 가이드들의 아우성에 빗소리까지 더해 정신이 하나도 없었다. 과연 마추픽추의 길목다웠다. 떠밀려 밖으로 나가는 와중에 한가롭게 우비를 꺼낼 여유 따위는 없었다. 카메라 가방과 배낭이 젖어가고 있었다. 마치 전쟁 통 같았다. 마추픽추를 찾는 관광객 수는 성수기에 6000명, 비수기에 3000명 정도 된다고 한다. 지금이 비수기인데도 이 정도니 성수기의 인파는 상상하기도 싫었다. 다행히 숙소는 매우 가까워서 비 맞은 생쥐 꼴은 면했지만 정신적·육체적으로 엄청나게 피곤했다. 방 바로 앞 계곡에서 들려오는 세찬 물소리를 자장가 삼아 금세 잠이 들었다.

여행 여섯 째 날. 새벽 5시에 일어나 창문을 열어보니 전날 비가 왔다는 증거로 세차게 계곡물이 흐르고 있었다. 다행히 비는 그쳐 있었다. 그런데 아직 해도 안 뜬 컴컴한 새벽인데 방에서 내려다본 도로 옆 버스 정류장에 사람들이 길게 줄을 서 있었다. 그나마 사람이 적고 덜 더울 때 마추픽추에 오르려는 사람들이 첫 버스를 기다리는 줄이었다. 서둘러 빵 두 개와 주스로 아침을 때우고 나도 그들의 줄에 합류했다. 6시 10분 출발하는 버스를 타고 첩첩산중 오르막길을 계속 달려 20분 만에 마추픽추 입구에 도착했다. 그런데 이 길을 걸어서 올라가는 젊은이들도 보였다. 그들의 체력이 부러웠지만 내가 아무리 젊고 체력이 있다고 해도 그렇게 올라가고 싶지는 않았다. 그들은 단지 버스비를 아끼려는 것이 아니라 800년 전 잉카의 흔적, 어쩌면 마추픽추의 돌덩이를 나르던 인부의 고통을 온몸으로 느껴보려고 걷기를 택한 것이리라.

마추픽추는 과연 '세계 7대 불가사의'에 속한 건축물답게 그 규모가 엄청났다. 해발고도 2400m 지대에 1450년경 건설된 것으로 추정되는 잉카의 공중 도시. 이 도시의 건설 목적에 대해서는 다양한 설이 있지만, 잉카 제국 최고의 군주라고 불리는 파차쿠텍이 농사 짓기 가장 좋은 시기를 찾기 위해 하늘을 관찰하는 장소였다는 설이 가장 유력하다고 한다. 1911년 미국 역사학자 하이럼 빙엄 Hiram Binghum 에 의해 발견되어 1983년에 유네스코 세계유산(문화유산)으로 지정되었다. 도시 건설에 사용된 엄청나게 커다란 돌들은 물론 이곳에서 생산된 돌이 아니다. 어딘가에서 이것들을 가져와 망치와 끌을 이용해 계단을 만들고 건물을 짓고 신전을 올리고, 귀족의 거주지를 조성

마추픽추
도시를 내려다보고 있는 뾰족한 봉우리가 와이나픽추다.
고소공포증이 있거나 고산병에 약한 사람은 오르지 않는 게 좋다.

하는 데 도대체 얼마나 많은 노동력이 동원되었을까. 얼마나 많은 힘없는 이들의 목숨이 사라졌을까. 그러기에 내 입에서는 '멋있다!'라는 감탄사가 쉽게 나오지 않았다.

마추픽추 안의 다양한 유적지를 보며 감탄한 부분은 커다란 돌들을 회반죽을 쓰지 않고 촘촘히 이어 쌓아올린 석재 기술이었다. 청동 끌과 돌망치만을 이용해 만들었다는데 쿠스코에서 어렵게 찾아낸 십이각석만큼이나 정교했다. 햇살은 벌써 뜨거워지고 있었다. 8시 10분쯤 와이나픽추 Huayna picchu 앞에 도착했다. 마추픽추가 '늙은 봉우리'라면 와이나픽추는 '젊은 봉우리'라고 한다. 여기서부터 와이나픽추 정상까지 올라갔다 내려오는 데 보통 2시간 정도 걸린다고 하는데 내 체력이라면 보나마나 4시간은 걸릴 것이다. 인솔자는 정상에 오르는 계단이 무척 가파르기 때문에 고소공포증이 있는 사람은 안 올라가는 것이 좋을 것이라고 충고했다. 고소공포증. 2015년 마다가스카르 칭기에서 대성통곡했던 끔찍한 기억이 있는 내가 굳이 와이나픽추까지 올라가 마추픽추를 내려다보고 싶진 않았다(이 이야기는 2장에서 자세히 다루겠다). 일행 중 대다수는 와이나픽추 등반에 도전했고 나처럼 심약한 몇몇은 대신 반대편에 있는 망지기의 집에 가보기로 했다. 망지기의 집은 와이나픽추를 제외하고는 이곳에서 가장 높은 곳으로, 마추픽추 전체를 볼 수 있는 곳이기 때문이다. 나중에 와이나픽추에 올라갔다 내려온 일행 중 상당수가 각종 고산병으로 고생하는 것을 보며 스스로 내 탁월한 선택을 칭찬했다. 이렇게라도 가보지 못한 곳에 대한 미련을 떨쳐버리는 것이 상책이다.

그러나 망지기의 집에 오르는 것도 결코 만만치 않았다. 보통 40분 정도 걸려 도착한다는 곳을 무려 2시간이나 걸려 도착했기 때문이다. 안 그래도 높은 고도 탓에 힘들었는데 계속된 계단, 오전 중인데도 뜨거운 태양까지 더

마추픽추의 테라스 농경지
오른쪽 건물이 '망지기'의 집이다. 어쩌면 이곳에서 일하던 사람들의 영혼을 달래줄 '망자'의 집일지도 모르겠다.

해 가져간 물병을 두 개나 마시며 겨우 올라갈 수 있었다. 또 관광객은 어찌
나 많은지 그들의 발걸음에 맞추다가는 심장마비로 사망할 것 같았다. 나는
자꾸 '망지기의 집'을 '망자의 집'이라고 말해 일행의 지적을 받았는데, 아마
무리한 등정으로 망자가 된 사람이 많을 것이라는 근거 없는 짐작 때문이었
을지도 모르겠다. 마추픽추는 관광객이 너무 많이 찾아와 1년에 1cm씩 가
라앉고 있다고 한다. 그래서 페루 정부는 하루 입장객을 2500명으로 제한
하고 있다. 그런데 망지기의 집에서 아래를 내려다보니 이미 2500명은 한참
넘어 보이는 수많은 관광객이 마추픽추를 오르고 있었다.

아과스칼리엔테스의 할아버지
지팡이를 두 개나 짚고 다니면서도 '노장은 살아 있다'는 눈빛을 쏘고 있다.

    함께 올라간 일행은 더 남아 있겠다고 해서 나는 혼자 아과스칼리엔테
스에 돌아가기로 했다. 마추픽추 사진이야 이미 인터넷, 관광 책자 등에 얼
마든지 좋은 사진이 많이 있을 테니. 다른 무엇보다 마추픽추는 고즈넉이 고

대 유적을 감상할 수 있을 만큼 조용한 곳이 아니었다. 오전 10시쯤 버스를 타고 아과스칼리엔테스에 도착했다. 일단은 시원한 맥주를 마시고 싶었다. 도로변 카페에 들어가 벌컥대며 마신 맥주의 맛을 잊을 수가 없다. 이제야 마추픽추에 오르려고 버스를 기다리고 서 있는 사람들을 보니 맥주라도 갖고 올라가라고 말해주고 싶었다. 잠시 쉬었다가 마을을 둘러보기로 했다. 관광지답게 경찰이 곳곳에서 경비를 서고 있었고 환경 미화원이 부지런히 청소를 하고 있었다. 우루밤바 강을 중심으로 마을은 두 개로 나누어져 있었고 다리 몇 개가 마을들을 연결해줬다. 골목 바닥에 앉아 점심으로 샌드위치를 만들어 먹고 있는 유럽의 젊은 배낭여행객들, 생수를 가득 실은 수레를 땀을 뻘뻘 흘리며 끌고 올라가는 아저씨, 골목길에서 강아지들과 놀고 있는 아이들, 수제 천으로 만든 가방을 가져와 상가 아주머니와 흥정하는 노부부, 눈빛이 무서운 할아버지 등등을 찍으며 천천히 마을을 돌다 보니 일행과 만날 시간이 다 되었다.

오후 1시 30분. 점심을 먹을 시간이다. 점심 메뉴는 쿠이 특식이었다. 쿠스코의 대표 음식인 만큼 한 번은 먹어보겠다는 사람들이 있어 나도 따라왔는데, 접시에 담긴 쿠이를 보니 도저히 먹을 수가 없었다. 어른 손바닥만 한 길이에 머리부터 꼬리까지 다 달려 있는 기니피그였다. 쿠이는 이 기니피그를 통째로 화덕에서 구워 까맣게 그을린 몸통을 그대로 내는 페루의 전통 음식이다. 까만 생김새도 꺼림칙했지만 특히 무시무시한 이빨까지 그대로 보여 식욕이 뚝 떨어져 샐러드만 조금 먹었다.

콜롬비아 보고타 여교사들에게 상처를 주다

점심을 먹고 오후 4시 40분 기차를 타고 다시 오얀타이탐보로 향했다. 이곳에서 마추픽추로 가는 교통편은 기차밖에는 없는데 너무 비싸 현지 사람들은 거의 타지 않는다고 한다(아니면 걸어서 가거나). 그래서인지 죄다 외국인밖에 보이지 않았다. 내 자리는 여전히 B칸 27번이었는데 그 자리에 어떤 할머니가 앉아 있었다. 외모를 보니 현지 사람 같았다. 내 티켓을 보여주자 그녀가 자신의 티켓을 보여줬다. 그녀는 A칸이었다. 그러곤 일어서더니 바로 내 앞에 앉았다. 네 명이 마주 보는 의자였기 때문이다. 어찌된 영문인지 몰랐지만 다행히 그 할머니가 옮겨 앉은 자리는 공석이어서 통로를 사이에 두고 여덟 명이 테이블을 사이에 두고 네 명씩 마주 앉는 형태가 되었다. 나를 제외한 일곱 명이 모두 한 팀이었다. 그런데 페루 사람들인 줄 알았는데 콜롬비아 수도 보고타 Bogota 에서 여행 온 사람들이라고 했다. 할머니 네 분과 그녀들의 가족이 섞여 있는 단체 여행객이었다. 영어는 전혀 못했다. 나는 스페인어를 못했으므로 우리는 보디랭귀지로 대화를 나눴다.

처음 내 자리에 앉았던 할머니가 수첩을 꺼내 일기를 쓰는 내게 '콜롬비아'를 한국어로 써달라고 했다. 글씨를 잘 못 쓰는 나지만 정성스럽게 또 박또박 '콜롬비아'라고 적어줬더니 이번엔 내 이름을 써달란다. '콜롬비아'와 '남경우'라고 쓴 종이를 드렸더니, 네 할머니가 자신들이 고등학교 교사라고 밝혔다. 현직 고등학교 교사라고 하기에는 나이가 좀 많아 보여서 연세를 물었다. 할머니는 57세라고 대답했다. 응? 분명 외모는 70세 정도는 되어 보였는데……. 나이에 비해 너무 늙어버린 그녀가 안쓰러웠다. 그러자 나머지 할머니들이 나이를 밝혔다. 54세, 55세……. 아, 이제 막 여든을 넘기신

어머니와 또래로 보이는 50대 중반의 여자들이라니. 나는 그녀들을 할머니라고 생각하고 있었던 것이다. 이번엔 그녀들이 내 나이를 물었다.

나는 어떻게 해야 하나 망설였다. 그녀들과 몇 살 차이가 나지 않는 내 쓸데없는 동안 외모가 이때만큼 원망스러웠던 적이 없었다. '사실 제 나이가 올해로 50세가 되었어요. 제가 살고 있는 곳은 당신들이 살고 있는 보고타의 해발고도 2600m만큼 높지 않고요, 주름이 생기지 않도록 영양크림도 매일 바르고요, 매연 때문에 하늘이 파랗지도 않고요, 다른 무엇보다 제 집안에 동안 유전자가 있어요.' 이런 속마음을 어떻게 보디랭귀지로 다 표현할 수 있겠는가. 나는 나이는 비밀이라고 했지만 그녀들은 빨리 알려달라고 했다. 할 수 없어 조심스럽게 나이를 말했더니 일곱 명 모두 깔깔대며 웃었다. 마치 세상에서 가장 웃긴 개그라도 들었다는 웃음이었다. 나는 그쯤에서 그만뒀어야 했다. 오기가 생긴 나는 여권을 보여주며 출생 연도를 확인시켜줬다. 내 생년월일을 확인한 그녀들 사이에 일순 침묵이 흘렀고, 잠시 뒤 검버섯과 주름이 잔뜩 잡힌 서로의 얼굴과 거칠고 메마른 손등을 내려다보고는 나를 뚫어지게 쳐다보더니 여자들만이 느낄 수 있는 깊은 상실감이 묻은 한숨을 쉬었다. 내 얼굴이 원망스럽게 느껴진 건 태어나 처음이었다. 콜롬비아 가족 일곱 명은 내가 알아듣지 못하는 그들의 언어로 진지한 대화를 나눴고 분위기는 어색해졌다. 하지만 그중 가장 어린 24살짜리 아들은 그 후 매우 음흉한 눈빛으로 나를 바라보고는 내 사진을 찍어갔다. 보고타 어느 집에 '미친 동안 한국 여자'라는 제목으로 내 사진이 걸려 있을지도 모르겠다. 나도 그녀들의 사진을 찍어주고 이메일로 보내주기로 약속했다. 그리고 콜롬비아 지폐와 1000원짜리 우리나라 지폐도 교환했다. 내가 살아 있는 동안 보고타를 가는 날이 있을 것 같지는 않지만, 만약 콜롬비아에 가게 된다면 나이는 밝히지 않겠다고 다짐했다.

　우루밤바 계곡을 따라 달리는 기차에서 창밖을 바라봤다. 파란 하늘 아래 높은 안데스 설산이 기다랗게 늘어져 있었다. 어젯밤 보지 못한, 말로만 듣던 그 '멋진 풍경'은 사실이었다. 마추픽추는 1년 중 절반은 안개 속에 숨어 있어서 그 전경을 제대로 보기 어렵다던데 나는 무척 운이 좋았다. 2시간 후 오얀타이탐보에 도착해 콜롬비아 가족과 헤어지고 버스로 갈아탄 뒤 쿠스코로 향했다. 2시간을 더 달려야 하는 버스 안에서는 혼절했다. 너무 피곤했다. 저녁 8시 30분에 쿠스코에 도착했을 때는 이미 캄캄한 밤이었지만 나는 한식당 사랑채를 향해 달리다시피 빠르게 걸어갔다. 사랑채는 밤 9시까지만 주문을 받기 때문이다. 이곳에서 저녁을 먹지 못하면 나머지 여행 내내 아쉬울 것 같았다. 김치가 떨어져서 김치찌개는 안 된다고 하기에 라면을 주문했다. 세상에서 가장 맛있는 라면을 국물까지 깔끔하게 먹고 통통해진 배를 두드리며 숙소로 돌아갔다. 페루에서의 마지막 저녁 식사가 라면이라니. 여행 마니아로서는 참으로 어울리지 않는 입맛이다.

　여행 일곱째 날. 오늘은 페루를 떠나 볼리비아로 입국해 볼리비아의 대표 휴양지 코파카바나 Copacabana 로 이동하는 날이다. 아침 8시 30분 호텔을 떠나기 전 가볍게 호텔 주변이라도 산책하며 페루 그리고 쿠스코의 마지막 아침을 보고 싶었다. 이른 시간인데도 여전히 관광객이 많았다. 배낭을 멘 젊은 관광객들을 무심히 바라보는 한 아주머니가 눈에 들어왔다. 아주머니 앞에는 커다란 빈 바구니가 있었고 그녀의 등 뒤에는 잠든 아이가 업혀 있었다. 아주머니의 눈빛은 무엇이었을까. 나도 한때는 너들처럼 젊은 시절이 있었다는 아련한 향수였을까. 아니면 등 뒤에 업은 아이만 없었다면 나도 너희

쿠스코의 아기 엄마
위태롭게 매달려 있는 아기가 위태로운 엄마의 인생에 균형을 잡아줬으면 좋겠다.

처럼 자유로울 수 있다는 자신감과 부러움이었을까. 시선을 거둔 그녀는 흐
트러진 정신을 수습하고 다시 걷기 시작했다. 그녀의 뒷모습에는 위태로움
과 편안함이 공존하고 있었다. 커다란 빈 바구니는 오른쪽으로, 손에 빵을
쥐고 잠든 아이는 왼쪽으로 쏠려 그녀의 걸음에 균형을 유지해줬다. 그녀는
다시 자신의 삶 속으로 발을 내딛었다.

볼리비아, 바다 같은 호수 티티카카

쿠스코 공항에 도착해 오전 10시 40분에 출발하는 아마조나스 항공기에 탑승했다. 50인승 작은 비행기의 가장 앞자리에 앉아 1시간 정도 비행하자 볼리비아의 수도 라파스^{La paz}가 보였다. 높은 건물은 전혀 보이지 않았고 은색 함석지붕을 얹은 주황색 벽돌집뿐이었다. 하늘에서조차 벌써 가난이 느껴졌다. 눈 아래로 넓은 티티카카 호수가 보였다. 해발고도 3800m에 있으며 남미에서 가장 거대한 이 호수는 넓이가 8135km²로, 전라북도 면적과 비슷하며 호수 위를 무려 20분이나 비행했을 만큼 '바다 같은' 엄청난 면적이었다. 11시 40분에 도착해 시곗바늘을 1시간 앞으로 돌렸다. 12시 40분. 페루와 한국의 시차가 14시간이었는데, 이제 1시간 앞으로 당겨 시차가 13시간이 되자 왠지 한국과 좀 더 가까워진 것 같았다. 거리상으로는 더 멀어졌는데도 말이다.

입국 심사를 기다리는데 공항 직원이 나를 막아 세우더니 내 뒤의 현지인 다섯 명을 먼저 들여보냈다. 어이가 없었다. 내국인 전용 창구를 만들든가, 차례대로 세우든가 해야지 이게 무슨 경우인가 싶었다. 뒤를 돌아보니 또 다른 현지인들이 서 있었다. 새치기를 당하겠다 싶어서 내가 아는 유일한 스페인어인 'Bano(화장실)'를 쓰기로 했다. 나는 "I'm very busy! Bano!"라고 말하며 소변이 급하다는 자세로 다리를 꼬았다. 직원은 내 표정과 몸짓을 알아들었는지 엄지손가락을 척 하고 들어줬다. '엄지 척'은 쿠스코의 잘생긴 청년만 하는 것이 아니었다. 나는 "Gracias(감사합니다)"라고 말하곤 입국 심사대를 통과했다.

공항 밖으로 나오니 한낮이라 햇살은 따뜻했지만 공기는 서늘했다. 해

코파카바나 인근 마을
끈으로 묶는 포대기가 훨씬 편할 것 같다. 내가 거기에 들어가 봐서 안다.

발고도 3870m. 쿠스코보다 더 높다. 그래서 볼리비아를 '알토 페루'라고 부르기도 한다. '높은 페루'라는 뜻이다. '띵동, 띵동.' 휴대전화에서 문자 메시지가 계속 들어왔다.

볼리비아는 여행 경보 1단계(여행 유의) 국가입니다.

이곳에 테러가 일어났다는 뉴스는 들어본 적이 없었는데 왜 이런 메시지가 오나 물어봤더니 도난 사고가 자주 일어난단다. 나는 이때까지만 해도

이 경고를 심각하게 받아들이지 않았다. 모든 깨달음은 사건이 일어난 뒤에
야 찾아온다. 끔찍한 악몽 같았던 그 사건은 이틀 뒤에 발생했다.

일단 공항 근처 식당에서 점심을 먹기로 했다. 티티카카 호에서는 송어
가 많이 잡히기로 유명하다고 해 송어튀김을 주문했더니, 송어튀김과 함께
밥과 감자튀김과 샐러드가 한 접시에 담겨 나왔다. 볼리비아도 역시나 양이
많다. 그런데 송어튀김을 한 점 뜯어먹었더니 오래된 기름에 튀긴 역한 냄새
가 나서 결국 샐러드에 고추장을 비벼 대충 몇 숟가락 뜨는 것으로 식사를
끝내고 말았다. 페루에 이어 볼리비아에서도 내 입맛은 현지식을 거부했다.

코파카바나로 가는 길에서 만난 아이
여러 남자 홀릴 것 같은 뇌쇄적인 눈빛이다. 나도 갖고 싶다.

식사 후 라파스 시내 외곽을 지나 오늘의 목적지인 코파카바나로 향했다. 도로는 온통 공사 중이었다. 앞차가 가는 길이 길이었다. 버스 가장 뒷자리에 앉아 있던 나는 수십 차례 붕 떴다 내려오길 반복하며 무려 1시간을 달렸다. 겨우 포장된 도로가 나와 밖을 내다보니 이제야 멀리 설산과 평야가 펼쳐진 아름다운 풍경이 눈에 들어왔다. 4시간 정도 달려 이름을 알 수 없는 작은 도시에서 갈아탈 배를 기다리는 동안 주변을 보니 사람들의 복장은 페루와 별반 다를 것이 없었다. 승용차에 앉아 있는 노란 머리띠를 한 여자아이가 환하게 웃고 있어 사진을 찍었더니, 아이의 가족으로 보이는 사람들이 우르르 다가와 나와 함께 사진을 찍고 싶다는 제스처를 했다. 이미 코는 빨갛게 익다 못해 껍질이 벗겨지고 있었지만, 그들은 내 몰골은 아랑곳하지 않았다. 그러자 여기저기에서 사람들이 몰려와 또 사진을 찍자며 포즈를 취했다. 연예인 부럽지 않은 인기였다.

배를 타고 5분 정도 가서 다시 버스로 달리길 1시간, 드디어 코파카바나에 도착했지만 이미 깜깜해서 호텔 앞의 물소리가 바닷물인지, 호숫물인지, 계곡물인지 구분이 안 되었다. 점심의 송어튀김을 먹다 역겨운 냄새를 맡아서 그랬을까, 아니면 4시간 30분 넘게 버스를 타서 그랬을까. 토할 것 같은 기분이 밀려오고 감기가 오려는지 열이 나고 기침이 나왔다. 고산병의 증세 중 하나이기도 하다. 결국 한국에서 가져간 비상식량인 컵라면은 이날 저녁 사라졌다. 대충 샤워만 하고 그대로 잠이 들었다.

코파카바나 태양의 섬

여행 여덟째 날. 새벽 5시 30분, 알람도 울리기 전에 잠에서 깼다. 테라스에 투둑투둑 소리가 들렸기 때문이다. 일어나 밖을 보니 비가 오고 있었다. 살리네라스 염전에서 썼던 단추가 없는 우비를 다시 입어야 했다. 방에서 보이는 호수의 수평선 끝까지 땅이 보이지 않았으니 바다라고 해도 좋을 것 같다. 하늘은 잔뜩 흐려 바다와 하늘의 경계선이 모호했다. 코파카바나는 볼리비아 사람들에게는 대표적인 신혼 여행지로 우리나라의 제주도만큼 유명한 곳이다. 이 호수에서 배를 타고 호수 주변을 유람하는 것이 꿈의 여행이라는데 비가 이렇게 많이 오고 있으니 빈 오리 배와 보트만 호수 위에 둥

티티카카 호수 안의 섬마을
따뜻한 풍경화 같다.

둥 떠 있어 쓸쓸한 모습이었다. 처량해 보이기는 이쪽도 마찬가지였지만.

비가 내려도 떠나야 하는 것이 여행자다. 다행히 보트를 타고 태양의 섬까지 갔다 오는 것이 오전 일정의 전부였기에 큰 무리는 없었다. 사실 내겐 태양의 섬 따위는 관심 밖의 일정이었다. 다만, 이 비가 우유니에도 내리고 있길 바랐다. 케추아어로 '티티 titi'는 퓨마를, '카카 caca'는 호수를 의미하는데 이 티티카카 호수는 페루와 볼리비아의 국경에 걸쳐 있다. 아침 7시에 보트를 타고 호수 위를 달렸지만 비도 많이 내리고 유리창에는 습기가 끼어 있어 아무것도 보이지 않았다. 잠자는 것 외에는 달리 할 일이 없어 잠깐 졸고

티티카카 호수
수평선이 보일 정도로 광활한 호수다. 저 멀리 어딘가에 태양의 섬이 있다.

일어났더니 그 사이 비가 그쳐 있었다. 하늘은 더 파랗게 변하고 간간이 하얀 구름이 드리워, 마치 태평양 어디쯤에 표류한 것 같은 느낌이었다.

작은 선착장이 있는 태양의 섬에 도착했다. 잉카인들은 모든 세계가 이곳 태양의 섬에서 시작되었다고 믿었다. 하지만 지금 이곳은 그저 옥수수와 감자를 재배하고 양을 기르며 초가지붕을 얹은 아도베 ^{adobe} (진흙집)에 사는 섬사람들이 전부였다. 가끔 찾아오는 관광객들을 위한 숙소 건물만 제법 예쁜 모양을 한 채 서 있을 뿐이었다. 이곳에는 생명의 물이라는 것이 있는데 마셔보니 그냥 시원한 물이었다. 그게 다였다. 코파카바나에서 물을 사오지 않아서 태양의 섬에서 물을 샀더니 작은 물병 하나에 10볼을 달라고 했다. 시내에서 3볼 하는 물을 세 배도 넘는 값으로 팔고 있는 것이다. 진짜 '생명의 물'은 유적지가 아니라 구멍가게에서 팔고 있었다.

다시 보트를 타고 코파카바나로 돌아오니 오전 11시였다. 아침의 을씨년스러운 선착장 분위기는 온데간데없고 꽃 장식을 단 신혼부부의 수많은 자동차, 수십 대에 이르는 보트와 오리 배에 관광객들의 수다가 가득 담겨 있었다. 상인들의 얼굴에도 미소가 가득하니 덩달아 기분이 좋아졌다. 점심으로는 닭고기 정식을 시켰는데 그나마 먹을 만한 음식이어서 기운도 좀 살아났다. 오후 2시가 넘어 코파카바나를 출발해 아름다운 호수를 옆에 두고 계속 산길을 올라가기 시작했다. 이제 또 3시간 넘게 이동해 볼리비아의 실질적인 수도 라파스로 갈 것이다.

더 이상 잃어서는 안 되는 볼리비아

감기 기운으로 졸다가 깨기를 반복하며 오후 5시에 라파스에 도착했다. 꿈속에서 나는 누군지도 모르는 사람에게 손을 내밀어 뭔가를 자꾸 줬다. 깨어보니 버스 바닥에 수첩과 볼펜이 나뒹굴고 있었다. 사실 나는 가끔 예지몽을 꾼다. 그리고 그것이 기막히게 적중해 나도 깜짝 놀랄 때가 많다. 그리고 바로 이 꿈이 어떤 사건을 예지했다는 사실을 이튿날 알게 되었다. 이것은 라파스의 엘 알토 El Alto 국제공항 부분에서 설명하고자 한다.

볼리비아의 헌법상 수도는 수크레 Sucre 지만 행정상 실질적인 수도는 라파스다. '평화'를 뜻하는 라파스는 해발고도 4000m에 있는 세계 최고最古 수도다. 먼저 전망대에서 도시 전체를 조망했는데 마치 거대한 달동네 같았다. 멀리 일리마니 Illimani 산의 만년설 밑으로 고지대까지 빽빽이 들어찬 집들이 보였다. 어느 나라나 가난한 사람은 높은 지대에 사나 보다. 볼리비아는 스페인의 식민 지배에서 벗어난 후 칠레와의 전쟁에서 패해 태평양으로 나가는 길목과 항구 도시 아리카 Arica 를 빼앗겨 내륙 국가로 전락했다. 연이어 브라질과의 전쟁에서도 패해 고무 산지인 아마존 유역을 빼앗기고, 파라과이와의 전쟁에서 다시 패해 유전 지역인 차코 Chaco 를 잃었다. 그 후 젊은 장교들과 지식인들이 국가혁명당을 만들어 35년간 볼리비아를 이끈 덕분에 근대 국가로 거듭났지만, 이후 집권한 대통령들의 잇따른 실책과 쿠데타로 제대로 된 경제 성장을 이루지 못했다. 2006년 최초의 볼리비아 원주민 출신 대통령인 에보 모랄레스 Evo Morales 가 취임해 경제 성장을 거뒀지만, 최근 장기 집권을 위한 4선 개헌을 시도하며 정치적 분란을 겪고 있다고 한다. 전망대에서 바라본 수도 라파스의 산이 가난한 이들의 집으로 온통 덮이기 전에 부디 좋은 대통령이 나와 이 산을 다시 초록빛 산으로 만들어줬으면 좋겠다. 아마 그때쯤이면 이곳 빈자들의 거처도 좀 더 아늑한 곳으로 옮겨 있지 않을까.

볼리비아는 면적에 비해 상대적으로 인구가 매우 적은 나라다. 인구 중 약 30%가 라파스에 거주하며, 그러다 보니 시내의 교통 체증과 매연이 몹시 심각하다. 점차 차량도 증가하고 있어 곳곳에서 도로 공사를 하고 있었다. 또 지하철이 없기 때문에 산 윗동네와 저지대인 시내 중심지를 왕래하기 위해서는 고작 몇 개밖에 없는 케이블카를 이용해야 한다. 그나마 케이블카가 있어 다행이었다.

여행객은 물론이고 현지인도 많이 찾는 무리요 광장에 도착했다. 남미 국가들의 광장은 보통 아르마스 광장이라고 불리지만, 이곳은 볼리비아의

볼리비아 라파스
설산과 어깨를 나란히 한 도시. 세계에서 가장 높은 곳에 있는 수도다.

첫 번째 독립전쟁의 영웅이자 이곳에서 교수형을 당한 페드로 도밍고 무리요 Pedro Domingo Murillo 를 기념하기 위해 그의 이름을 따 '무리요 광장'이라고 불리게 되었다고 한다. 이 광장을 중심에 두고 대통령 집무실, 성당 등 주요 건물들이 자리 잡고 있었는데 그 외관은 페루의 리마와 별 차이를 느낄 수 없었다. 같은 식민지풍 건물들이었기 때문이다. 게다가 사람들의 외모며 복장도 비슷했다. 다만 차이가 있다면 좀 더 가난해 보인다는 것뿐.

인솔자가 라파스의 소매치기 피해 사례를 일러줬다. '뒤에서 여행객의 목을 조르고 허리에 찬 복대지갑을 가져갔다', '캐리어를 통째로 들고 가버렸

볼리비아 무리요 광장의 아주머니들
잇몸을 보니 쌍둥이가 아닌 게 확실하다.

다' 같은 것들이었다. 나는 원래 복대는 안 하고 다니고 여권이나 지갑도 항상 카메라 가방에 넣고 다니기 때문에 그저 카메라 가방만 잘 챙기면 문제가 없을 것이라고 생각했다. 그래도 혼자 돌아다니는 건 정말 위험해 몇몇 일행과 함께 꼭 가보고 싶었던 마녀시장에 들르기로 했다. 마녀시장에는 말린 야마의 태아를 비롯해 가톨릭교, 토착 종교와 관련된 수많은 주술품이 가득한 곳이다. 여행할 때마다 나는 그 나라에서 생산된 테이블보를 사 모으는데, 이곳 현지인들이 주로 들고 다니는 보따리 색인 빨간색 테이블보를 하나 샀다. 티셔츠도 한 장 샀다. 독실한 가톨릭 신자이자 내가 무척 좋아하는 동료에게 줄 아기 예수 조각상과 동방박사 조각상도 구입했다.

그나저나 몸에 문제가 생겼다. 계속 콧물과 기침이 나고 몸이 뜨거웠다. 아마 제대로 된 식사를 못해 낮엔 뜨겁고 밤엔 추운 고산의 일교차를 견뎌내기 어려웠던 것 같다. 고맙게도 일행이 약을 줬다. 약을 먹기 위해서라도 뭔가를 먹어야 하는데 입이 썼다. 일요일 저녁이라 식당도 죄다 문을 닫았다. 할 수 없이 호텔 근처에 있는 가게에서 햄버거를 하나 사먹었다. 파라솔을 쳐놓고 음식을 파는 가게였다. 아주머니는 서비스라며 감자튀김을 잔뜩 주셨다. 아……. 향후 몇 년간은 감자튀김을 안 먹을 것이다. 호텔로 돌아가 대충 씻고 일기를 쓰다가 그대로 잠들고 말았다.

여행 아홉째 날. 알람도 울리지 않았는데 새벽 4시에 잠이 깼다. 지난밤 그대로 펼쳐놓은 일기장을 보니 내가 봐도 알아볼 수 없는 글자들이 적혀 있었다. 어지간히 피곤했나 보다. 다행히 전날 먹은 약이 효과가 있는지 콧물이 줄고 열도 조금 내려가 있었다. 오늘부터 이틀간 이번 여행의 두 번째 목적인 우유니 소금사막을 둘러보는 일정이 시작되는데 몸이 아프면 곤란했다. 그래도 몸 상태가 점점 나아지고 있어 다행이었다. 아침 8시 30분에 엘알토 국제공항으로 출발했다. 오늘은 반정부 시위가 예정된 날이라 아침부터 무리요 광장에 사람들이 가득했다. 시위를 해서라도 경제가 나아진다면 좋겠지만 꽤 오랜 시간이 걸릴 것 같다.

공항 자체가 고도가 높아 버스는 계속 검은 연기를 뿜으며 언덕을 힘겹게 올라가고 있었다. 이 길을 걸어서 오르내리려면 하루는 걸릴 것 같다. 이렇게 높은 곳에 올라왔는데도 주변에는 집들이 가득했다. 자세히 보니, 수많은 차가 뿜어대는 매연과 고지대의 구름이 뒤섞인 뿌연 연기가 가옥들을 집어삼키고 있었다. 구름 옆에 살고 있는 사람들. 그리고 구름을 뚫고 올라가는 버스. 라파스는 그만큼 높은 고도에 있었고 공항은 더 높은 곳에 있었다. 그리고 그 옆에 수많은 가옥이 병풍처럼 소리 없이 웅크리고 있었다.

Lost, 가방을 도둑맞다

9시 10분에 엘알토 국제공항에 도착했다. 볼리비아 라파스에 있는 공항 간판에는 'EL ALTO Aeropuerto internacional'이라는 문구 아래 'Lost and Found'라는 문구가 적혀 있었다. 분실물 보관소를 뜻하는 것일 텐데, 그런데 저렇게나 강렬하게(?) 표시를 해놓다니. 아마 여행을 떠나는 사람들에게 안 좋은 일은 떨쳐내고 새롭게 재충전하고 돌아오라는 의미로 썼으리라 내 멋대로 생각하고는 지나쳤다. 이때까지만 해도 그 'Lost and Found'라는 문구가 설마 내게 해당되는 문구가 될 줄은 상상도 못했다. 사건의 징조는 이때부터 시작되고 있었던 것이다. 공항에서 아마조나스 항공사의 탑승권를 받고 탑승 수속까지 밟은 뒤 빵을 몇 개 샀다. 우유니에서 먹게 될 음식이 부실할 수도 있었으므로.

그렇게 게이트 입구에 앉아 있는데 어처구니없는 소식이 날아왔다. 갑자기 비행기 자리가 없다면서 일행 중 여섯 명이 2시간 뒤인 오후 1시 30분 비행기를 타야 한다는 말도 안 되는 이야기였다. 자리가 없다니? 비행기 좌석까지 적혀 있는 탑승권을 들고 있는데 자리가 없다고 다음 비행기를 타라고 하는 것이 도무지 이해가 안 되었다. 10년 넘게 여행을 다니면서 처음 겪는 일이었다. 일행 중 누가 남을 것인가에 대한 논의는 그다지 의미가 없었다. 상대적으로 젊은 층이 남아야 할 상황이었기 때문이다. 선발 일행이 먼저 떠나고 남은 여섯 명이 잠시 뒤 새로운 탑승권을 받고 나니 11시 30분이 되었다. 출발 시각까지 시간이 많이 남아서 간단히 공항에서 요기를 하기로 했다. 어차피 도착하면 점심을 먹기 어려울 테니. 나는 아직 감기 기운도 남았고 열도 나서 딱히 점심을 먹을 생각은 없었지만 일행과 함께 수속 카운터를 빠져나와 1층 라운지 식당가를 찾았다.

그리고 이제부터 벌어질 일은, 당시 내 여행 수첩 다섯 쪽에 걸쳐 적힌 기록 그대로다. 모든 안 좋은 일은 일어난 다음에야 그 '일'의 징조를 깨닫는다. '아, 그때 그게 징조였구나!' 딱 꼬집어 싫은 느낌이 아니라, 왠지 모르게 꺼림칙한 느낌, 어쩔 수 없이 하는 것들, 그것이 자의든 타의든 그렇게 흘러가버렸다는 느낌이 드는 일들이 있다. 이날의 일들이 그랬다. 탑승권까지 받았는데도 다음 비행기를 타게 되었고, 그중에서도 하필 내가 남는 여섯 명에 포함되었고, 배가 고프지도 않았는데 굳이 공항 카운터까지 빠져나가 점심을 먹게 되었듯이.

빵과 커피 정도로 점심을 대충 먹었으면 했는데 다들 'XPRESS'라는 가게의 음식이 좋아 보인다며 그쪽 가게로 움직였다. 함께 먹을 치킨과 샐러드, 립, 햄버거를 주문했고 우리는 매장의 바깥 귀퉁이 작은 테이블에 여섯명이 둘러앉았다. 카메라 가방과 여행할 때 항상 애용하는 빨간 작은 배낭은 의자 옆에 내려놓았다. 내 가방 옆에는 다른 일행의 가방 하나도 있어서 의자와 의자 사이에는 가방 세 개가 놓이게 되었다.

햄버거를 네 등분해서 그중 한 조각을 막 입에 넣고 씹으려는 찰나였다. 내 뒤 스탠드 테이블에서 노트북을 켜놓고 커피를 마시던 백인 남자가 내 어깨를 툭툭 쳤다. 무슨 일인가 싶어 뒤돌아보니 그 남자는 내게 '혹시 빨간 가방이 당신 것이냐'고 물었다. 그 사람 입에서 'red bag'이라는 단어가 나오자마자 본능적으로 내 시선은 의자 옆으로 향했다. 귀신이 곡할 노릇이었다. 밝은 황토색 카메라 가방과 일행의 회색 가방 사이에 있어야 할 빨간색 가방이 감쪽같이 사라진 것이다. 순간 무슨 일이 벌어졌는지 이해가 되지 않았다. 그 백인 남자의 말은 이랬다. '아까부터 볼리비아 젊은 남자가 네 주변을 어슬렁거렸는데 나는 그 남자가 너희의 현지 가이드인 줄 알았다. 그런데 방금 전에 그 남자가 빨간 가방을 메고 가더라. 좀 이상해서 혹시나 해서 물어본 것이다.' 오 마이 갓! 일행에게 내 카메라 가방을 맡긴 뒤 백인 남자를 붙잡고 좀 도와달라고 말했다. 친절하게도 그 남자는 나와 함께 나서줬다. 강도의 얼굴과 복장은 백인 남자만 알고 있었으니 미안하지만 어쩔 수 없었다. 아마 이때의 내 얼굴은 귀신이라도 본 것처럼 새하얗게 질려 있었을 것이다. 강도가 택시 승강장 쪽으로 간 것 같다고 백인 남자가 내게 말했다. 그와 정신없이 달렸다. 해발고도 3800m 고지대에서 뛰는 것은 금물이지만 그런 생각을 할 겨를이 없었다. 넓은 주차장에는 빈 택시들만 서 있고 간혹 왔다 갔다 하는 사람이 있었지만 어디에서도 빨간 가방을 멘 사람은 보이지 않았다. 매우 다급한 표정을 짓고 있는 나를 본 택시 운전기사들만 '대박 손님'이라도 발견한 듯 여기저기서 "Taxi? Taxi?"를 외쳐댔다. 검은 피부, 검은 점퍼, 검은 머리카락……. 이런 생김새는 볼리비아에 사는 모든 남자를 데려와도 못 찾는다.

나는 빠른 속도로 가방 안에 무엇이 있었는지 생각해봤다. 우유니 소금 사막에서는 필수품인 물건들이었다. 모자, 선글라스, 우비, 세면도구, 고추장, 감기약, 화장품……. 그리고 공항에서 산 선물들과 빵. 다행히 여권과 지갑은 모두 카메라 가방에 있었다. 돈으로 따지면 그리 대단하지는 않지만,

막상 없으면 특히 우유니에서는 상당히 불편할 것이다. 강도는 왜 빨간 가방을 가져갔을까. 내 카메라 가방은 별로 비싸 보이지 않았던 걸까? 아마 볼리비아 강도는 카메라에 대해서는 잘 모르는 사람이 분명했다. 카메라 가방에는 '빌링햄 Billingham'이라는 로고가 적혀 있어서, 카메라를 조금이라도 아는 사람이라면 그 안에 제법 비싼 카메라가 들어 있을 것이라고 눈치챘을 텐데.

백인 남자는 강도가 공항 안에 다시 들어갔을지도 모른다며 범인 색출의 의욕이 사라진 나를 끌고 다시 공항 안으로 들어갔다. 그러나 그곳에서도 찾을 수 있을 리 만무했다. 강도를 '아주 조금 늦게' 내게 알려줬다는 죄로 백인 남자가 너무 고생하는 것 같아, 이제 됐다고 이야기하고 감사 인사를 전하고 백인 남자를 돌려보냈다. 그는 경찰에게 이야기하는 게 좋겠다며 어깨를 으쓱하고는 뒤돌아 원래의 테이블로 돌아갔다. 나는 공항 안내 센터의 직원에게 자초지종을 설명했더니 잠시 후 배불뚝이 경찰 두 명이 나타났다. 그런데 그들은 영어를 전혀 못하는 경찰들이었다. 알아듣지도 못하는 스페인어로 계속 떠들고 있는 배불뚝이 경찰의 이야기를 들으며 이제 정말 미련을 버려야겠다고 생각하고 있는데 돌아갔던 백인 남자가 다시 옆으로 다가와 유창한 스페인어로 경찰에게 뭐라고 말했다. 알고 보니 백인 남자는 현재 볼리비아에 살고 있는 스페인 사람이었다.

그러나 상황은 별반 나아질 것이 없었다. 공항 CCTV는 공교롭게도 XPRESS에서 내가 앉아 있던 곳에는 설치되지 않은 상태였다. 경찰이 내게 조서를 쓰겠느냐고, 그 안에 무슨 귀중품이 들었는지 물었다. 설령 빨간 가방에 중요한 것이 들어 있었어도 이제 1시간 후에는 비행기를 타야 하는데 무슨 수로 강도를 잡겠는가. 배불뚝이 볼리비아 경찰은 제스처로 이렇게 전했다. '그는 도망갔다.' 나도 이미 충분히 알고 있는 사실이었다. 백인 남자는 한국에도 와본 적이 있다며 내게 힘내라고 이야기했다. 아주 잠깐 그도 공범이 아닐까 하는 의심이 들었지만 그러기엔 그의 외모가 너무 말끔해 보였다. 그리고 또 설령 그가 공범이었다고 해도 나를 위해 공항을 여기저기 뛰어다녀줬기에 의심은 떨쳐버렸다. 그에게 다시 한 번 감사 인사를 전하고 일행이 기다리고 있는 테이블로 돌아갔다.

나를 제외하고 다섯 명, 즉 눈이 열 개나 있었는데 어떻게 주변을 어슬렁거리는 강도를 못 봤는지, 또 그의 강도 행각을 눈치채지 못했는지 의문이다. 강도의 현란한 소매치기 기술에 경의를 표한다. 불행 중 다행이라는 말은 이럴 때 쓰는 말이다. 만약 그가 내 카메라 가방을 가져갔다면……. 아! 생각만 해도 정말 끔찍하다. 다시 공항 출국장 안으로 들어가 탑승을 기다리며 생각해봤다. 예정된 비행기에 탔다면, 공항에 남은 여섯 명에 내가 들어가지 않았다면, 점심을 먹으러 탑승장을 나가지 않았다면. 다른 무엇보다 가방 두 개를 끌어안고 햄버거를 먹었다면. 나쁜 일 후에는 항상 후회 가득한 'if'가 따라온다. 무의미한 반성이다. 그제야 어제 버스 안에서 꾼 예지몽과 엘알토 국제공항에 도착해 처음 만난 문구가 떠올랐다. Lost and Found. 그랬다. 나는 잃어버렸다. 그렇다면 찾게 될 무언가가 있겠지, 생각하며 우유니를 향해 출발했다.

빌어먹을 아마조나스 항공사의 비행기는 예정대로 오후 1시 30분에 출발했다. 50분간 비행 후 2시 20분에 우유니 공항에 도착했다. 인솔자는 내가 겪은 도난 사건을 듣고는, 신고는 칠레에서 하자고 했다. 내가 여행자 보험에 가입되어 있기 때문에 보험금을 받을 수 있을 텐데, 우유니에서는 당연히 불가능하고 볼리비아 역시 워낙 도난 사고가 많아 더 이상 국가 이미지를 떨어뜨릴 수 없다고 경찰들이 사고 접수 자체를 안 받아준다고 했다. 죄 없는 칠레에 가서 거짓 신고를 해야 할 판이었다. 사실 대단한 것을 잃어버린 게 아니었기 때문에 신고까지 할 필요는 없었지만 이 또한 재미있는 경험이니 해보자고 했다. 사건은 아직 끝나지 않았다. 이 일은 칠레 편에서 다시 이야기하겠다.

비 한 방울 오지 않은 우유니 소금사막

공항에서는 지프를 타고 소금사막까지 가야 한다. 일행 한 분이 여분의 선글라스가 있다며 빌려줬다. 강한 햇빛과 하얀 소금의 반사광 때문에 선글라스가 필수였기 때문이다. 이 선글라스는 여행이 끝날 때까지 빌려 썼고, 어느새 처음부터 내 것이었던 것처럼 편해졌다. 이 자리를 빌려 감사드려야겠다. 소금사막 초입에 있는 염전 마을 콜차니 Colchani 에 들렀을 때 다들 소금을 샀지만 나는 모자를 사야 했다. 잃어버린 가방에서 가장 중요한 것 두 가지를 해결하자 조금은 마음이 편해졌다. 이제 다 잊고 열심히 우유니 소금사막을 보는 일만 남았다. 그러나 안타깝게도 사막에는 비 한 방울 내리지 않고 있었다. 일부러 소금사막의 우기를 택해 찾아온 나였는데. 가방까지 도난당하며 찾아온 내게 무심한 하늘은 딴청을 피우고 있었다. 하얀 소금사막에 비가 내려 물이 고이면 그 고인 물에 파란 하늘이 담긴다. 그 풍경을 꼭 찍고 싶었다. 그래서 이렇게 먼 길을 돌아왔는데 엘니뇨로 몇 달째 비가 한 방울도 안 내리고 있다는 것이었다. 가방을 잃어버렸을 때보다 더 큰 상실감에 눈물이 날 것 같았다. 하지만 어쩌겠는가. 내 의지나 노력으로 해결할 수 없는 일인데. 가질 수 없다면 빨리 미련을 버려야 한다. 그 대신 비가 왔으면 못 봤을 소금사막의 정육면체 밑바닥을 실컷 볼 수 있으니 그것으로 되었다고 위로를 했다. 이제 지프는 길이라고 할 수 없는 길을 달리기 시작했다. 소금과 갈색 흙이 섞인 평평한 땅, 육면체 모양으로 쩍쩍 갈라진 땅을 우리보다 먼저 달린 지프의 궤적을 따라 엄청난 속도로 달렸다.

우유니 소금사막은 1969년 미국의 닐 암스트롱이 우주에서 지구를 바라봤을 때 처음 발견되었다고 한다. 6500만 년 전 바다 속 땅이 융기한 후 바닷물이 증발해 형성된 이곳은 '살라르 데 우유니 Salar de Uyuni'라고 불린다. '살라르'는 소금이라는 뜻이다. 이곳의 소금은 석유를 대체할 신자원 리튬 배터리의 원료로, 그 덕분에 볼리비아는 세계에서 가장 많은 리튬을 생산하는 국가가 되었다. 또 소금의 농도 역시 보통 소금의 다섯 배이며 이곳에 묻힌 소금의 양이 무려 20억 톤이 넘는다고 하니, 볼리비아 경제에 없어서는 안 될 그야말로 '소금' 같은 사막이다.

콜차니에서 조금 더 달리니 아무것도 없을 것 같던 사막에 하얀 건물이 하나 서 있었다. 원래는 소금 호텔이었지만 지금은 관광객들을 위한 휴게소로 쓰이는 건물이라고 했다. 하얀 대리석으로 이루어진 건물 같아 보이지만 만져보니 거칠고 짭짤한 소금으로 된 건물이 확실했다. 10여 분을 더 달리니 이제 갈색 흙은 거의 사라지고 흰색과 회색으로 이루어진 제대로 된 소금사막이 나왔다. 여기저기 지프가 다닌 흔적이 정육면체 바닥과 어울려져 기하학적인 무늬를 형성했다. 인솔자의 말에 의하면 2년 전에 한 지프 운전기사가 차가 고장이 나서 소금사막에 손님을 남겨 두고 혼자 도움을 청하러 갔다가 며칠 뒤에 손님 두 명은 차 안에서, 운전기사는 조금 떨어진 곳에서 동사한 채로 발견된 사건이 있었다고 한다. 충분히 납득할 수 있는 이야기였다. 하늘과 너무도 가까운 이곳은 낮에는 뜨겁지만 밤에는 기온이 영하로 떨

비가 한 방울도 내리지 않은 우유니 소금사막
구름마저 없었더라면 내 눈물로라도 물웅덩이를 만들었을 것이다.
소금사막에서는 바닥에 있는 바퀴 자국을 따라가면 그게 길이다.

우유니 소금 호텔
언뜻 보면 대리석 같지만 혀를 대보면 짜다.

어진다. 해발고도 3600m에 위치한 사막이기 때문이다. 정해진 길이 없어 낮에도 멀리 보이는 주변 산세만을 보고 이동해야 하는데, 밤이 되면 불빛 하나 없고 1만 2000km²나 되는 사막을 어떻게 빠져나갈 수 있겠는가. 게다가 이곳 지프들은 항상 염분 가득한 곳을 달리기 때문에 고장이 잦아 절대 지프 한 대만 움직이지 않는다고 한다.

10여 분을 더 달려 '물고기 섬'에 도착했다. 이곳은 일명 선인장 섬으로도 불리는데 섬 자체가 물고기 모양을 닮았고, 또 1000년 이상 버텨온 선인장들이 잔뜩 자라고 있기 때문이다. 선인장은 1년에 1cm 정도 자란다고 하

우유니 물고기 섬
1년에 1cm씩 자라 1000년을 살았다고 한다. 몸 전체에 독기 가득한 가시를 달고 있는 것 같다.
하늘에 대고 손가락 욕을 하는 버릇없는 녀석들이다.

는데 그 크기가 꽤 컸다. 파란 하늘과 구름이 마치 점프를 하면 닿을 것처럼 내 머리 위에 낮게 깔려 있었다. 선인장들은 하늘에 손가락 욕을 하고 있는 것 같았다. 물고기 섬을 떠나 그나마 물이 조금 고여 있다는 곳에 가서 일몰을 보기로 했다. '혹시나' 했지만 '역시나'였다. 넓이가 내 보폭 정도 되는 얕은 웅덩이가 몇 개 있을 뿐이었다. 게다가 바람이 세차게 불어 웅덩이에 파란 하늘이 투영된 모습 따위는 기대할 수 없었다. 그나마 모래바람까지는 불지 않아서 다행이었다. 내 좋은 기운은 빨간 가방을 잃어버렸을 때 다 빼앗긴 것 같다. 인솔자는 우유니에 스무 번 정도 와 봤지만 하늘이 담긴 사막은

우유니 사막
예고도 없이 무지개가 떴다. 잃어버린 가방이 무지개를 타고 내려올 것 같다.

딱 한 번밖에 못 봤다는데, 그 말로 위안을 삼을 수밖에.

이왕 이렇게 되었으니 어디에 앉아 일몰이라도 보고 싶었다. 관광객들은 그 작은 웅덩이에 장화를 신고 들어가 사진들을 찍느라 정신이 없었다. 좀 조용한 곳으로 이동해 딱딱한 갈색 바닥에 엉덩이를 붙이고 앉자 잠시 후 일몰이 시작되었다. 낮은 산 뒤로 태양이 넘어가며 파란 하늘과 회색 구름이 서서히 노란 빛으로 물들었다. 그런데 갑자기 무지개가 '짠' 하고 나타났다. 무지개를 보자 오늘 하루 일어난 일들이 머리에 스쳤다. 그래, 강도를 만난 것은 'lost였고, 무지개를 만난 것은 found였구나' 하는 생각이 들었다. 하

우유니 사막의 기차무덤
하늘도 기차도 주변도 모두 칙칙하다. 그런 날도 있다.

지만 조금 부족했다. 내겐 좀 더 큰 'found'가 필요했다.

　빠른 속도로 어두워지기 시작해 서둘러 지프로 돌아갔다. 그나마 어둠 속에서도 보이는 산줄기를 이정표 삼아 지프들이 달리기 시작했다. 1시간 넘게 달리자 어둠 속에서 불이 반짝이고 있는 호텔이 나타났다. 이곳에는 호텔이 총 세 개 있었는데 모두 소금으로 만든 호텔이라고 한다. 그중 한 곳에 머물렀는데 정말 외벽뿐 아니라 내부 벽과 테이블, 의자, 침대까지 모두 소금으로 만들어져 있었다. 소금에 냄새가 있을 리 없는데도 방에 들어서자 괜히 코를 킁킁대고 있는 자신을 발견하고는, 온통 하얀 소금 안에 있다 보니

돌의 계곡
풍화에 제일 오래 견딘 바위만 이곳을 지키고 있다.

정신병원에 있는 사람처럼 살짝 미친 것은 아닌가 하고 생각했다. 그나마 '빨간 가방'을 도난당해서 다행이었다. 만약 카메라 가방을 잃어버렸으면 아마 이 하얀 호텔에서 '정신줄'을 놓고 벽의 소금을 긁어 먹으며 미친 여자처럼 깔깔대고 있었을지도 모르겠다.

　저녁은 대충 먹었다. 살짝 배탈이 났기 때문이다. 점심이라고는 햄버거 한 입 먹은 것이 전부인데, 강도 덕분에(?) 정신없이 공항을 뛰어다닌 게 탈이 났던 것 같다. 씻고 잠시 밤하늘이라도 보려고 밖으로 나왔더니 약간의 구름과 별이 무지개를 대신해 하늘을 골고루 차지하고 있었다. 쏴아쏴아 거

투르키리 호수
멀리서 보아야 예쁠 때도 있다.

리는 거친 바람 소리가 밤하늘에 가득했다. 하루가 너무 길게 느껴졌다.

라구나 국립공원, 아름다운 호수들

여행 열째 날. 아침 8시에 소금 호텔에서 나와 30분 정도 달려 일명 '기
차무덤 Cementerio de Trenes'이라는 곳에 도착했다. 망가진 기차들을 모아놓은
곳이다. 근처에는 마을 하나 없는데 웬 털북숭이 강아지 한 마리가 어슬렁거

리고 있었다. 칙칙한 하늘 아래 칙칙한 기차, 칙칙한 강아지와 함께 아침을 칙칙하게 시작했다. 아직은 'found'가 아니라고 생각했다. 인생에서도 그러한데 겨우 며칠간 여행에서 그리 쉽게 보물을 찾을 수는 없을 것이다. 오늘은 라구나 ^{Laguna} 호수 국립공원에서 숙박할 예정이다. 라구나 호수는 우유니 사막 여기저기에 흩어져 있는 여러 호수를 통칭하는데, 아름다운 크고 작은 호수들과 간헐천, 노천 온천이 있어 관광객이 많이 찾는 곳이다. 이와 함께, 환태평양 조산대 ^{造山帶}의 일부인 화산의 흔적들을 볼 수 있는 곳이기도 해, 지리학적으로 매우 가치 있는 지역이다. 먼저 초입에 있는 작은 마을에 잠시 들러 물을 샀다. 이곳 주민들은 야마와 비쿠냐 ^{Vicuna}를 기르거나 퀴노아 ^{Quinoa}를 생산하며 살아가고 있다. 비쿠냐는 야생 야마와 닮은 낙타과 동물이고, 퀴노아는 조와 비슷하게 생긴 남미의 곡물이다.

제일 먼저 산 크리스토발 ^{San Cristobal} 호수에 도착했다. '척박'이라는 단어가 어울리는 황량한 곳이었다. 케추아어로 '거친'이라는 의미의 사막 풀 예나 ^{Llena}까지 자라고 있어 더 척박해 보였다.

계속 이동해서 1시간 정도 달리자 일명 '돌의 계곡'이 나왔다. 오랜 풍화를 겪은 특이한 모양의 돌과 커다란 바위가 등장했을 뿐, 척박한 풍경은 여전했다. 그리고 또 호수다. 이번에는 투르키리 ^{Turkiri}라는 호수인데 '검다'라는 의미라고 한다. 그다음에 들른 콜파 ^{Kollpa} 호수에서는 플라밍고를 만났다. 다리가 매우 길고 날개가 큰 대형 조류인 녀석은 목덜미와 꽁지 부분에 진한 분홍색 깃털을 달고 있는 우아한 새였다. 소금기가 있는 소금호수에도 먹이가 있는지 녀석들은 주둥이를 박고 연신 뭔가를 찾다가 갑자기 몇 마리씩 떼 지어 날아가버렸다. 플라밍고의 실물은 처음 봤는데 제법 크고 우아한 녀석들이라는 것을 알게 되었다. 호수 위에는 하얀색 가루가 마치 수증기처럼 휘

라구나 호수 국립공원 돌 나무
이름을 다시 지어줘야겠다. '돌 주먹'이라고.

날리고 있었는데, 이것은 '보락스^{Borax}'라고 하는 백색 분말 가루로 사붕산 나트륨이라고 한다. 신비롭고 아름다운 광경이었다.

이제 고도는 4400m까지 올라갔다. 카냐파^{Cañapa} 호수를 둘러본 후 지리 교과서에서 건조지형의 대표적인 사례로 등장하는 돌 나무를 보러 갔다. 지리 용어로는 삼릉석^{三稜石}이라고 하는데 일교차가 크고 바람이 강한 지역에서 나타나는 기계적 풍화작용에 의해 만들어진다. 마지막으로 콜로라도^{Colorado} 호수까지 본 후 오후 6시 드디어 숙소에 도착했다. 그러나 오늘 자게 될 숙소를 보니 그저 암담했다. 지금까지의 여행에서 가장 끔찍했던 숙소

라구나 호수 국립공원 비쿠냐
유독 예민한 녀석이 깜짝 놀란 눈으로 날 쳐다봤다. 내가 더 놀랐다.

는 중국 야칭스의 숙소였는데 이곳도 만만치 않았다. 다른 점이 있다면 돈을
내고 샤워하는 세면장이 있다는 것과 그래도 숙소 전체에 화장실이 하나 있
다는 것 정도? 그러나 일고여덟 명이 한방에서 자야 한다는 것, 전기가 들어
오는 시간이 정해져 있다는 것, 다른 무엇보다 침구가 대단히 불결하다는 것
등은 야칭스의 숙소와 동일했다. 이런 날을 대비해 나는 작은 침낭을 가져
갔다. 정말 탁월한 선택이었다. 저녁이 되자 바람은 거칠어지고 기온은 뚝뚝
떨어졌다. 서둘러 대충 세수만 하고 일찌감치 저녁을 먹었다.

Found, 우유니에서 은하수를 만나다

밤 9시가 되자 전기는 완전히 끊겼다. 손전등을 들고 밖으로 나갔다. 오늘만큼은 꼭 별을 보고 싶었기 때문이다. 어제는 별도 많이 없었고 호텔의 밝은 빛 때문에 그나마 잘 보이지도 않았다. 큰 기대를 하고 온 우유니 사막이었는데 강도를 만나 가방을 잃어버리고 엘니뇨로 비까지 오지 않아 보고 싶었던 풍경도 보지 못했다. 여기에 별까지 제대로 못 보고 가면……. 나는 남미 여행을 다시 계획해야 할지도 모른다. 든든하게 차려입고 밖에 나와 하늘을 봤다. 와! 나는 아무 생각도 할 수 없었다. 내 입에서는 그저 감탄사밖에 나오지 않았다. 주위며 하늘이며 온통 깜깜한데 시커먼 캔버스 위에 하얀 은하수가 흐르고 있고 무수히 많은 별이 내 눈으로 내 가슴으로 쏟아져 내렸다. 뜨거운 눈물이 흘렀다. 드디어 'found'를 만난 것이다. 왜 눈물이 났는지는 모르겠다. 오랜 여행으로 지친 것인지, 아직도 빨간 가방에 대한 미련을 못 버려서인지, 너무도 불결한 곳에서 하룻밤을 자야 한다는 괴로움 때문인지. 아니다, 분명 그저 아름다워서 그랬을 것이다. 그렇지 않고서야 환호를 연발하며 온 얼굴로 웃지 않았을 것이다. 눈꼬리와 입꼬리는 분명 웃고 있는데 눈물이 줄줄 흘렀다. 비현실적인 아름다움이란 이런 것일까. 아, 그런데 갑자기 소변이 마려웠다. 결국 비현실적인 밤하늘 아래에서 나는 비현실적으로 소변을 보고야 말았다.

여행을 하다 친해진 일행 중 내과 의사(여)와 초등학교 교사(남)가 있었다. 나를 따라 밖으로 나와 은하수를 발견한 둘은 이런 하늘 아래에서 술을 마시지 않을 수 없다며 내게 대동결의를 제안했고 나는 쾌히 승낙했다. 옷을 두껍게 입었는데도 추워서 덜덜 떨면서 술을 마셨다. 그러다 차 문이 잠기지 않은 지프 중 한 대에 들어가 또 마셨다. 그날 밤에 세 명이 마신 술의 양을 여기서 밝히긴 어려울 것 같다. 살면서 몇 손가락 안에 꼽힐 것 같은 양이라는 점은 분명하다. 고산에서는 음주를 자제해야 했지만 우리는 폭음했고, 그 대가는 다음 날 바로 치렀다. 마지막으로 다시 한 번 은하수 아래에서 소변을 본 뒤 캄캄한 방 안 내 침대를 찾아 들어갔다. 침낭 속에서 옷을 입은 채로 잠들었다. 그래도 우유니에서의 마지막 밤에 너무나 아름다운 밤하늘을 가슴과 머리에 품을 수 있어 행복했다.

여행 11일째. 새벽 4시 30분 누군가 나를 흔들어 깨웠다. 전날 과음으로 머리는 띵했지만 다행히 속이 불편하지는 않았다. 어둠 속에서 주섬주섬 짐을 챙기고, 양치는커녕 세수도 생략하고 지프에 몸을 실었다. 캄캄한 새벽 사막의 비포장도로를 얼마나 달렸을까. 꾸벅꾸벅 졸다 도착한 곳에는 하얀 수증기가 뿜어져 나오고 있었다. 솔 데 마나나 Sol de Manana 의 간헐천이었다. 바람이 너무 세차고 다른 무엇보다 너무 졸려서 내릴 힘이 없었다. '과음 동지' 두 명도 지프에서 내리지도 못하고 기절 상태로 뻗어 있었다. 그나마 고산지대에 어느 정도 내성이 있는 나는 그저 잠만 쏟아질 뿐이었다. 나중에 들으니 두 사람은 중간중간 토하면서 왔다고 한다. 무엇이 우리를 과음으로 달리게 했을까. 드문드문 기억이 끊겨 정확하게 떠오르지는 않지만, 쏟아질 것 같은 별들이 마음의 아픈 기억 하나하나를 되살려냈던 것은 확실하다. 쏟아지는 별들, 쏟아내는 기억들. 이제 새로운 기억들을 담아내고 언젠가 폭발하듯 다시 풀어내는 날이 올 것이다. 사는 것이란 원래 그런 거니까. 지프가 간헐천과 노천 온천에 들렀지만 바람이 여전히 강해 몸도 마음도 어수선했다. 눈으로만 풍경을 좇고 다시 잠들었다.

국경을 넘어 칠레로

오전 9시경 드디어 칠레 국경으로 들어섰다. 길은 포장도로로 바뀌었고 고도는 급격히 낮아지기 시작했다. 삭막했던 풍경은 점차 녹색으로 바뀌고 있었다. 선진국 칠레의 손님맞이는 볼리비아와는 차원이 달랐다. 칠레 입국 사무소를 통과하는 데 매우 오랜 시간이 걸렸다. 마치 공항처럼 캐리어 검색이 매우 까다롭게 이루어지고 있었기 때문이다. 겨우 수속을 마치고 12시쯤 산 페드로 데 아타카마 San Pedro de Atacama 에 도착했다. 이곳은 작은 오아시스 마을인데, 주변에 위치한 달 계곡과 우유니 사막 관광의 거점으로 주민 전원이 관광업에 종사하는 곳이었다. 건조한 기후답게 평평한 지붕을 단 아도베 하우스 adobe house 가 많이 보였다. 아도베 하우스는 진흙 벽돌과 건초로 만든 남미 여러 국가의 주거 양식이다. 작은 아르마스 광장에는 관광 상품을 파는 가게와 식당, 숙소 등이 있었고 온통 외국인으로 붐볐다. 나무가 많이 심어져 있는 식당에 들어가 피자 한 조각을 먹자 배에서 신호가 왔다. 과음의 마지막 대가였다. 뜨끈한 콩나물국이 너무 그리웠다.

오후 4시 40분. 이번 칠레 여행에서 꼭 가야 할 곳 중 하나인 달 계곡으로 출발했다. 달 계곡은 아타카마 Atacama 사막에 있는데 그 이름처럼 지표면의 진흙 위에 하얀 소금 결정체가 쌓여 있어 달의 표면처럼 생겼다. 마치 우주 어딘가에 존재하는 고대 문명의 유적지처럼 크고 작은 진흙산과 돌산이 여기저기 흩어져 있었다. 아타카마 사막에는 지난 2000만 년 동안 비가 내린 흔적이 없는 곳도 있다고 한다. 한 해 내내 남극 쪽에서 올라오는 페루 한류의 영향으로 대기가 안정되어 있기 때문일 것이다. 풍화된 퇴적물의 모양이 마치 기도하는 마리아상을 닮았다는 돌들을 본 뒤 일행은 언덕 위까지 올

라가 일대를 조망하겠다고 했지만, 나는 아직 몸이 회복되지 않아 무리하지 않기로 했다. 그런데 감기는 어느 사이에 뚝 떨어졌다. 알코올은 감기 바이러스도 죽이는 것 같다. 흙먼지 자욱한 길을 천천히 걷고 있는데 이 뙤약볕에 사막을 자전거로 질주하는 사람들이 옆으로 지나갔다. 정말 대단한 체력이고 대단한 젊음이다. 또 브라질에서 왔다는 젊은 여자 여섯 명은 셀카봉을 들고 갖가지 포즈를 취하며 사진을 찍고 있었다. 카메라에 담은 그들의 모습을 보니 영화 〈툼 레이더 Tomb Raider〉의 여전사 앤젤리나 졸리 Angelina Jolie 가 떠올랐다.

칠레 달 계곡에서 만난 브라질 여자들
영화 〈툼 레이더〉의 차기 주인공감이다.

이제 곧 일몰 시각이다. 일몰 포인트에 올라가 주변을 바라보니 그동안
중국이나 인도, 베트남에서 봤던 사막과는 또 다른 모습이었다. 사구 주변에
하얀 소금이 엉겨 있어 마치 눈이 쌓인 것처럼 보였다. 바람이 만들어놓은
모래 물결이 없었다면 한겨울 눈밭인 줄 알았을 것이다. 다시 마을에 내려와
저녁을 먹고 공항 인근의 칼라마 Calama 라는 도시로 이동해 호텔로 들어갔
다. 방에 들어간 시각은 밤 11시 20분. 오랜만에 깨끗한 시트, 넓은 침대, 쾌
적한 방에서 하루를 마무리했다.

칠레 달 계곡의 마리아상
마리아가 돌봐야 할 것은 사람이 아니라 소금이다.

여행 12일째. 알람이 울리는 것도 모르고 숙면을 취했다. 매끄러우면서
도 까슬한 침대 시트의 감촉을 느끼며 눈을 뜨니 벌써 7시 30분. 분명 6시
30분에 울리도록 알람을 맞춰뒀는데……. 허둥댈 필요는 없었다. 전날 미리
짐을 다 싸뒀기 때문이다. 8시 30분에 숙소에서 칼라마 공항으로 출발했다.
오늘은 칠레의 수도 산티아고 Santiago 에 도착해 볼리비아에서 도둑맞은 가
방에 대해 신고하고 피해조사서를 작성하러 경찰서에 가야 한다. 그리고 내
일 발파라이소 Valparaiso 에 다녀오면 밤 비행기로 출국하는 일만 남았다. 칠
레는 이번 여행에서 가장 관심이 없던 곳이었는데, 곧 떠난다는 마음 때문

칠레 산 페드로 데 아타카마
작은 성당이 있는 작은 마을에 수많은 외국인이 머물다 떠난다.

인지 오히려 마음이 편하고 기분이 좋아졌다. 일행 중 나를 포함한 다섯 명
은 칠레에서 한국으로 돌아가고 나머지 사람들은 쿠바까지 다녀오는 코스
였다. 먼저 떠나는 내게 사람들이 물었다. 아쉽지 않느냐고. 생각할 것도 없
이 내 입에서 바로 나온 대답은 "전혀 아쉽지 않아요"였다. 사실 이번 여행
은 육체적으로나 정신적으로나 내게는 좀 힘든 여행이었다. 아시아 여행을
주로 다녔던 내게는 하루 이상이 걸리는 비행시간부터가 힘들었고, 스페인
의 오랜 식민 지배로 인해 기독교와 유럽의 영향을 받은 건축물도 딱히 흥미
롭지 않았다. 게다가 기대했던 우유니 소금사막에는 비가 내리지 않았다.

칠레 달 계곡의 일몰
하얀 것은 눈처럼 보이지만 소금이다.

칠레 달 계곡
주변을 로프로 둘러치진 않았지만 이 안에 들어가면 벌금을 내야 한다.

그러나 가장 아쉬웠던 것은 현지인과의 접촉이 많지 않았다는 점과 그들의 표정이 행복해보이지 않았다는 점이다. 남미의 선진국인 칠레에서 이런 아쉬움을 달랠 수 있을까?

11세기부터 16세기까지 융성했던 거석 문명 잉카 제국은 그 이전에 생성된 와리 Wari 문명, 나스카 Nasca 문명, 치무 Chimu 문명 등을 흡수해 엄청난 세력을 과시했다. 비록 그 진모를 완전히 이해하지는 못했지만, 잉카인이 남긴 건축과 유적을 보며 그들의 예술적 재능과 과학 지식에 경탄했고, 다른 무엇보다 무시할 수 없는 저력을 지닌 민족이었음을 확인했다. 그러나 제국은 스페인 정복자 피사로가 이끈 병력 160명에 의해 멸망했다. 유럽의 식민 지배가 시작된 지 고작 300년 만에 잉카 고유 문화는 사라졌다. 나는 이것이 너무 허무하고 화가 났다. '지중해의 끝'이라는 의미를 가진 에스파냐가 포르투갈과 함께 중남미 고대 문명에 미친 영향에 화가 났다. 아니다, 사실 내가 가장 화가 난 것은 그들의 표정이 밝고 행복해 보이지 않았기 때문이다. 말이 통하지 않았으므로 그들이 무슨 생각을 하며 살아가는지 이해할 수는 없었지만, 그들의 열악한 삶의 조건만큼은 충분히 이해했다. 유럽의 식민 시대가 끝난 지 한참이 지났지만, 그들은 여전히 정치적으로 불안하고 경제적으로 낙후했다. 아직도 수많은 빈민이 산 중턱까지 다닥다닥 붙은 집에 살고 있다. 마추픽추 같은 엄청난 유적과 우유니 소금사막 같은 하늘이 베푼 관광자원을 갖고 있지만 가난의 굴레를 벗어나지 못했다(하지만 그런 고통은 분명 햇살 탓도 있다. 태양과 워낙 가까워 강한 햇살을 있는 그대로 받을 수밖에 없다. 또는 기압이 낮은 탓에 쉬 뚱뚱해져 숨쉬기 어려웠을 수도 있다). 하지만 비단 경제적인 이유만은 아닐 것이다. 라오스나 미얀마도 무척 가난한 나라였지만 그들의 표정에서는 편안함과 행복을 느낄 수 있었다. 인솔자가 한 가지 질문을 했다. "왜 백인이 대통령인 칠레는 선진국이고, 대통령이 원주민이나 메스티소 출신인 볼리비아나 페루는 경제적으로 낙후된 국가일까요?" 대답하고 싶지 않은 질문이었다. 하지만 이날까지의 일기에서는 아직 이번 여행이 가져올 감정의 파고를 알지 못했다.

칠레 경찰을 상대로 사기를 치다

칼라마 공항에서 오전 10시 20분에 출발하는 LAN 항공을 타고 산티아고로 향했다. 12시 10분. 산티아고 국제공항에 도착해 호텔에 잠시 들러 짐을 놓고 인솔자와 경찰서에 가기로 했다. 산티아고 시내 관광은 딱히 내키지 않았다. 산티아고는 유럽의 도시를 그대로 옮겨놓은 것 같은, 서울과 똑같은 느낌이어서 내게는 전혀 의미가 없는 도시였다. 그것보다는 경찰서에서 어떤 일이 벌어질지 더 궁금했다. 여행을 다니면서 현지 경찰의 도움을 받은 적은 몇 번 있었지만 이번처럼 거짓으로 진술서를 작성하는 건 처음이었기 때문이다. 남미 어디에나 있는 아르마스 광장은 산티아고에도 있었다. 아르마스 광장 인근에 있는 작은 경찰서에 들어가니 이미 몇몇 민원인이 각자의 사연을 안고 대기하고 있었다. 번호표를 뽑았다. 67번. 대기하면서 안을 들여다보니 마치 은행 창구처럼 경찰 네 명이 반투명 유리 칸막이 뒤에 앉아 민원인을 상대하고 있었다. 우선 우리는 물건을 잃어버리게 된 상황을 맞추기로 했다. 우리의 '상황'은 이랬다.

'우리는 우유니 소금사막 투어에서 처음 만난 사이로 산티아고까지 같이 여행하기로 정하고 오늘 아침에 도착했다. 그리고 산 크리스토발 언덕에 오르기 위해 함께 지하철을 탔는데 내 어깨에 메고 있던 빨간 가방을 어떤 남자가 채갔다. 머리카락은 검고 반바지에 검은 티셔츠를 입었으며 키는 175cm 정도에 체격은 보통인 남자였다. 가방 안에 든 물건 중 값이 나가는 카메라와 선글라스였다. 내가 스페인어를 못하기 때문에 이곳에서 유학했던 경험이 있는 친구(사실은 인솔자)가 함께 경찰서에 와준 것이다.'

나는 우리 번호가 불리기 전에 50만 원대 카메라와 선글라스 브랜드를 미리 찾아 기록해뒀다. 1시간 정도 기다리자 내 차례가 되어 경찰 앞에 앉았다. 인솔자는 유창한 스페인어로 상황을 설명했고 착하게 생긴 잘생긴 젊은 경찰은 가끔씩 나를 쳐다봤다. 그때마다 나는 매우 황당하고 곤란한 표정을 지으며 메소드 연기를 펼쳤다. 어느새 나는 이 연극에 몰입하기 시작했다. 이미 나흘이나 지난 도난 사건이었음에도 방금 일어난 일처럼 슬퍼지고 눈물이 났다. 순진한 경찰은 내 눈물 연기에 완벽하게 속았다. 잠시 후 경찰은 사건 내용 증명서를 작성해줬고, 나는 내 연극의 유일한 관객이었던 경찰에게 여러 번 인사한 뒤 경찰서에서 나왔다. 귀국 후 가입해놓은 여행자 보험 회사에 이 증명서를 제출했고, 다행히 증명서는 효력을 발휘해 적은 액수지만 보험금을 받을 수 있었다. 이 자리를 빌려 인솔자에게 감사한 마음을 전한다. 아울러 내 사기극에 연루된, '9993910번'을 단 착한 칠레 경찰에게도 매우 죄송하다는 말을 전한다.

경찰서에서 나와 인솔자에게 맛있는 음식을 대접하고 싶어 나도 좋아하는 초밥을 먹으러 식당에 들어갔다. 중국인이 운영하는 '도쿄'라는 일식집이었다. 남미와는 참으로 어울리지 않는 식당이었지만 그나마 남미 여행을 하면서 먹은 음식 중 김치찌개와 라면 다음으로 가장 맛있게 먹은 음식이었다. 아르마스 광장 주변에 있는 대성당을 지나 예술가 거리를 조금 걷다가 저녁을 먹고 숙소로 복귀해 쉬었다. 여행을 하면서 단 한 번도 카메라를 꺼내지 않은 날은 이게 처음이었다. 사실 나는 경찰과 경찰서 풍경을 찍고 싶었지만, 오늘 하루만큼은 카메라를 도둑맞은 피해자 코스프레를 해야 했기 때문이다.

여행 13일 째. 오늘은 여행의 마지막 날이기에 멀리까지는 힘들겠지만 산티아고에서 가보고 싶은 유일한 곳인 발파라이소에 가는 날이다. 몇 몇 일행과 함께 택시를 타고 버스터미널에 가 투어 버스를 타고 1시간 40분 정도를 달려 발파라이소에 도착했다. 발파라이소에서 프랏 ^{Prat} 항구까지 다시 시내버스를 타고 이동했다. 발파라이소는 칠레 사람들의 삶과 정서를 느낄 수 있는 작은 항구 도시로, 파블로 네루다 ^{Pablo Neruda} 의 집과 콘셉시온 ^{Concepcion} 언덕이 있다. 이것이 내가 발파라이소에 가고 싶었던 이유다.

네루다, 그리고 남미와 이별

프랏 항구는 예전에는 큰 무역항이었다는데 지금은 우리나라 동해의 작은 어항 같은 부두였다. 칠레 사람들의 흥과 여유로움이 묻어 있는 음악과 생기 넘치는 부두 사람들의 활기가 있었다. 확실히 페루나 볼리비아와는 표정이 다르다. 가진 자들의 여유일까? 얼굴에 페인팅을 하고 피에로 분장을 한 할아버지, 커다란 검은 모자를 쓴 아저씨가 윙크를 하며 카메라를 보고 웃어줬다.

네루다의 집과 창공 박물관 ^{Museo a Cielo Abierto} 으로 가려면 아센소르

Ascensor를 타고 콘셉시온에 올라가야 한다. 제복을 입고 관공서 앞을 지키고 있는 경찰에게 직진 수신호를 하며 "Ascensor?" 하고 물어보니 내게 웃으며 윙크를 해줬다. 나중에 인솔자에게 이곳 남자들은 윙크가 너무 헤프다고 말했더니, 이곳에서 윙크는 '좋아한다'는 뜻이 아니라 '옳다, 맞다'라는 의미란다. 역시나 헛물을 켰다. 아센소르는 100년도 더 된 경사형 엘리베이터인데 나무로 되어 있어서 삐걱거리는 소리를 내며 거의 직각으로 올라간다. 아래를 내려다보면 살짝 무섭긴 하지만 공포를 느끼기 전에 도착해버렸다. 언덕 위 풍경은 마치 미야자키 하야오 감독의 애니메이션 〈마녀 배달부 키키 魔女の宅急便〉를 떠올리게 했다. 집 자체가 예쁘다기보다는 골목 담벼락, 녹슨 함석판, 대문, 창문과 창틀까지 다양한 색깔로 다채로운 그림이 그려져 있었기 때문이다. 예쁜 동네에 사는 마음씨 예쁜 사람들을 만나고 싶었는데 관광객들만이 예쁜 골목을 배경으로 사진을 찍고 거침없이 애정행각을 벌이고 있었다. 골목에서 화가들이 자신의 그림을 전시도 하고 판매도 하고 있어서 마치 거대한 화랑 같았다.

택시를 타고 네루다의 집에 도착했다. 유명인의 집에 들르는 것은 내 여행 취향과는 어울리지 않지만, 무엇에 끌렸는지 6000페소(한화로 1만 원 정도)나 하는 입장료를 내고 들어갔다. 이곳은 노벨문학상을 수상한 칠레의 저항 시인 파블로 네루다가 글을 쓰기 위해 머물렀던 좁고 높은 집이다. 발파라이소가 내려다보이는 언덕 끝에 있다. 집에 들어서자 눈에 들어온 것은 작은 소품과 그림이었다. 2층과 3층에는 침실과 욕조, 세 번째 부인의 신발이 전시되어 있었다. 한 층 더 올라가자 내부에는 시내가 다 보일 정도로 커다란 유리창들이 달려 있었고 책꽂이와 책상이 보였다. 그리고 먼지를 입은 타자기가 눈에 들어왔다. 이상했다. 마치 통곡을 하듯 갑자기 눈물이 쏟아졌다. 남인도에서 간디 생가에 들렀을 때도 느끼지 못했던, 가슴 아주 깊은 곳에서 흘러나오는 슬픔이었다. 주룩주룩 눈물을 흘리며 고개를 돌리자 하얀 제복을 입은 경비원 할아버지가 서 계셨다. 아마 제정신이 아닌 여자로 보였을 것이다. 대체 왜 이런 곳에 와서 울어야만 하는 건지 모르겠다. 그런 나를 인자한 미소를 지으며 바라보던 할아버지는 내게 고맙다고 말하며 엄지손가락을 치켜들었다. 이번 여행에서 나를 울리는 두 번째 '엄지 척'이었다.

할아버지는 대체 무엇이 고마웠을까. 네루다를 위해 울어줘서? 칠레를 위해 울어줘서? 아니면 이 집을 지키고 있는 자신의 수고를 알아줘서 고맙다는 것일까. 어쨌든 벅찬 가슴을 안고 할아버지와 악수를 하고 계단을 내려오면서도 눈물은 멈추지 않았다. 뒤따라 오르던 일행은 무슨 일이 일어났느냐고, 왜 우느냐고 물었지만 내 입에서 나오는 말은 그저 "너무 아름다워서요"였다.

아직도 나는 그때의 감정을 제대로 설명할 수 없을 것 같다. 네루다의 시 한 편 제대로 외우지 못하면서 그의 작업 공간을 보고 눈물이 났다는 것을 어찌 설명할 수 있겠는가. 이곳이 내 긴 여행의 마지막 방문지고, 이곳에서 찍은 발파라이소의 전경이 마지막 한 컷이기 때문이었을까? 여행의 끝에서, 모국의 잔인한 역사에 저항하고 민중의 애달픈 삶에 가슴 아파했던 한 시인의 흔적을 두고 아름답다고 느낀 것은, 우리의 삶이 곧 역사이고, 따라서 어느 누구의 삶이든 아름다운 역사라고 생각했기 때문은 아니었을까.

14일. 지난 2주간 제법 긴 여행에서 분노인지 실망인지 알 수 없는 감정을 느꼈다. 태양과 너무 가까워 얼굴을 찡그린 사람들, 오랜 식민 지배로 잉카의 유적지를 제외하고는 모두 유럽풍으로 바뀐 건물들, 가진 것이 없어 산으로 올라가 하늘을 지붕 삼아 살아가는 사람들……. 그래도 역시 사람이 살아가는 것은 아름다웠다. 볼리비아 공항에서 만났던 'Lost and Found'의 의미는 이런 것이 아니었을까. 내가 잃어버린 것은 빨간 가방만이 아니라 이곳 사람들에 대한 설익은 감정이었고, 내가 찾은 것은 역시 어느 곳에서든 삶의 모습은 아름답다는 단순한 진리였다.

네루다의 집에서 나와 버스를 타고 시외버스터미널로 향했다. 맨 뒷자리로 가려는데 갑자기 버스가 출발했다. 쓰러질 뻔한 나를 옆에 앉아 있던 예순쯤으로 보이는 아저씨가 양손으로 허리를 잡아줘 넘어지지 않았다. 고마운 아저씨 옆에 앉아 몇 마디 말을 나눴다. 이곳이 고향인 아저씨는 평소 미국에서 엔지니어로 일을 하다가 몇 달씩 이곳에 머무른다고 했다. 아저씨는 내 카메라를 보고 들고 있지 말고 목에 걸어두라고 충고했다. 역시 칠레에도 소매치기는 많나 보다. 그러고 보니, 카메라 가방이든 배낭이든 이곳에선 반드시 가슴에 품고 있어야 한다는 것을 알게 된 것도 또 다른 'Lost and Found'였다.

오후 5시경 산티아고로 돌아와 환전도 할 겸, 전날 경찰서에 갔다 오느라 가지 못했던 보행자 도로 아우마다 Ahumada 거리를 우유니 소금사막의 폭음 동지 중 남자 일행과 함께 갔다. 환전 후 시간이 좀 남아 일행을 먼저 보냈는데 갑자기 또 눈물이 났다. 네루다의 집에서 시작된 감정이 아직도 끝나지 않았던 것이다. 혼자 서서 울고 있으니 벤치에 앉아 있던 할머니가 엉덩이를 밀어 자리를 비켜주시며 내게 앉으라고 손짓했다. 할머니는 옆에 앉아서도 계속 울고 있는 나를 어떤 눈물도 이해한다는 미소로 그저 바라만 보셨다. 그리고 그녀는 아무것도 묻지 않았다.

밤 11시 비행기를 타고 미국 휴스턴과 샌프란시스코를 거쳐 한국에 도착한 것은 다음 날 오후 4시였다. 여행을 시작할 때는 계속 밤을 향해 날아

칠레 프랏 항구의 삐에로 아저씨
'엄치 척'과 윙크를 해주는 남자는 남미에서 찾아야겠다.

갔는데 긴 여행을 끝내고 돌아가는 길은 계속 아침을 향하고 있었다.

귀국 후 네루다의 시를 검색해 「불빛 없는 동네」라는 시를 읽어봤다.
"거리와 광장들 위에 뿌려진 피/ 찢긴 가슴의 고통/ 권태와 눈물의 고름
…… 별들은 강물 위에 비친/ 제 모습을 보고 부끄러워한다." 가난하고 굴욕
적인 삶을 사는 사람들을 보고만 있을 수밖에 없는 지식인의 짐이 느껴졌다.
아마 네루다는 그런 서민들의 삶을 매일 아침 커다란 창 앞에 서서 바라봤을
것이다.

콘셉시온 언덕
거대한 노천 화랑이다.

칠레 발파라이소에 있는 네루다의 집
내부 사진을 찍는 것은 금지되어 있지만 네루다가 매일 아침 봤을 창밖의 삶은 허락된다.

얼마 뒤 그 이름도 생소한 지카바이러스라는 병원체가 브라질에서 발생했다는 뉴스를 접했다. 이 바이러스에 걸리면 소두증에 걸린 아이를 낳게 된다는 뉴스였다. 내가 남미 여행을 가기 전까지만 해도 남미는 낯선 지역이었는데, 이제는 익숙한 여행지가 되었고 지카바이러스까지 출현했다. 지카바이러스는 분명 두렵지만 그것 때문에 남미를 외면하며 살 수는 없을 것 같다. 언젠가 한 번은 더 찾게 되지 않을까. 그때쯤에는 리마, 쿠스코, 라파스의 산꼭대기에 빽빽하고 가난한 집들 대신 푸른 나무가 뒤덮여 있으면 좋겠다.

2
—

맨발 어린 왕자의 나라,
마다가스카르

분명 5유로면 점포에 있는 빵 전부를 살 수 있는 금액일 텐데 아저씨는 비닐봉지에 빵 아홉 개
를 담아줬다. 의사소통은 불가능했기에 그냥 받아 아이들에게 건네줬다. 그런데 웃으며 빵을
받을 줄 알았던 아이들이 돌변해 커피도 사달란다. 난감하고 속상했다. 이 아이들에게 자존심
은 없는 것인가 하는 생각이 잠시 스쳤지만 이 아이들의 부모를 탓해야 했고, 마다가스카르 정
부를 탓해야 했고, 신을 탓해야 했기에 생각을 멈췄다. 하지만 나를 태운 버스가 출발할 때 아
이들은 빵을 가득 문 입가에 미소를 지으며 손을 흔들어줬다. 부디 다음 외국인이 빵으로 목이
멘 아이들에게 커피를 사줬으면 좋겠다.

Introduction

—

소설 『어린 왕자』에 나오는 바오바브 Baobab 나무. 여우원숭이. 애니메이션 〈마다가스카 Madagascar〉. 거대한 메뚜기 떼…… 세계에서 네 번째로 큰 섬인 마다가스카르 Madagascar 는 이것들만으로도 어쩐지 이 세상에 존재하지 않을 것 같은 신비스러움을 풍긴다. 국가의 정식 명칭은 '마다가스카르 공화국 Republic of Madagascar'이며, 아프리카 대륙에 속하지만 인종은 말레이 Malay 족이 대부분이고 언어도 말라가시 Malagasy 어를 쓰고 있다.

18세기경 메리나 Merina 왕국이 섬의 대부분을 통일했지만 1897년 프랑스의 식민지로 전락했다가 1960년에 독립했다. 몹시 가난한 나라로 알려져 있는 마다가스카르는 도시화에 따른 무분별한 삼림 벌채와 그로 인한 고유종의 멸종 위기가 문제가 되고 있다. 한반도 면적의 세 배 가까이 되는 나라지만(약 59만㎢) 인구는 2200만 명 정도이니 인구 희박 지역에 속한다. 그럼에도 불구하고 마다가스카르 국민 대다수는 굶주리고 있다. 쌀이 주식이지만 황무지가 많고 강수량이 특정 계절에 편중되어 있으며 길고 큰 강이 없어 벼농사가 쉽지 않기 때문이다.

전 세계 어떤 나라보다도 가난한 마다가스카르지만 사람들의 표정은 따듯하고 아름답다. 모든 이의 눈과 마음에 '그저 아름답다'는 기억과 감성을 심어주는 바오바브 나무가 자라는 한, 언젠가는 마다가스카르 사람들의 삶도 '그저 아름답다'로 표현되는 날이 올 것이다. 꼭 그렇게 되기를 바란다.

N

4

앰방하

칭기

토아마시나

모잠비크 해역

안타나나리보

벨로

모론다바

마다가스카르

인도양

마니카라

툴레아

마다가스카르
모론다바, 벨로, 안타나나리보

＊ ＊ ＊

2014년 8월 여행 첫째 날. 아시아를 벗어나 처음으로 아프리카 땅을 밟는다는 낯선 경험이 왠지 모를 외로움을 느끼게 했다. 7월 중순부터 뉴스에는 서아프리카의 나이지리아를 비롯한 네 나라에서 창궐한 에볼라바이러스 소식을 매일 보도하고 있었다.

그중 눈에 띈 것은 전신성 출혈이라는 것이었다. 눈, 코, 입, 항문 등 신체의 모든 구멍에서 피를 흘리다 죽는다니. 괴기 영화에나 나올 것 같은 모습으로 사망한다는 끔찍한 바이러스였다. 아프리카에서 바이러스 환자를 치료하던 미국인 의사도 감염되어 본국으로 돌아가, 이름도 어려운 무슨 주사를 맞고 치료를 받고 있다는 뉴스를 접한 뒤 떠나는 여행이었다(여행에서 돌아온 후, 미국인 의사가 '지맵 Zmapp'이라는 치료제를 맞고 살아났다는 뉴스를 봤다). 세상에 떠도는 뉴스를 곧이곧대로 믿을 수 없는 나이가 되다 보니 미국의 제약 회사가 신약을 실험하기 위해 일부러 퍼트린 바이러스는 아닌지, 이미 제조된 백신이 있는데 가격을 올리기 위해 이런 '대량 학살 쇼'를 벌이는 것은 아닌지 내 멋대로 의심했다. 추리소설을 너무 많이 읽은 탓이리라. 하지만 큰 걱정은 하지 않았다. 아프리카 땅의 크기가 얼마인가. 게다가 마다가스카르는 동쪽에 있고 섬나라다. 왠지 애니메이션 〈마다가스카〉에 등장하는 동물들이 지켜줄 것 같았다. 아니면 생텍쥐페리 Saint Exupéry 의 어린 왕자와 꽃과 보아뱀이 지켜주지 않을까?

10년 넘게 오지 여행을 다니며 내가 깨달은 것은 '삶이 언제까지 계속될지는 모르지만 그래도 살아가야 하는 것이 삶이다'라는 것이다. 그래서 에볼

라 따위는 겁나지 않았다(그런데 이 얼마나 단순하고 못된 생각인가. 나는 제쳐
두더라도 남에게 감염될 수 있는 위험은 생각하지 않고 있으니). 하지만 말라리
아 모기는 걱정이었다. 모기에 물려서 가려운 것은 참기 어려울 것이라고 생
각했기 때문이다. 참으로 아이러니한 발상이다. 어쨌든 남반구에 있는 마다
가스카르는 내가 여행을 떠났을 당시 건기인 겨울이었고, 따라서 모기가 그
리 많지 않으리란 정보만 믿고 말라리아 예방약도 먹지 않은 채 여행 짐을
쌌다. 그 대신 모기 퇴치 팔찌, 모기 퇴치 스프레이, 전자 모기향만 잔뜩 준
비해 출발했다. 말라리아 예방약을 두 달이나 먹어야 한다는 것이 너무 끔찍
했기 때문이다. 하지만 혹시나 말라리아나 에볼라에 감염되어 사망했을 경
우를 대비해 집안 대청소를 해두고 떠날 정도였으니, 사실은 여러 차례 오지
여행을 다녀왔지만 처음으로 조금 겁을 먹었던 것 같다. 그러나 여행을 끝내
고 이 글을 쓰고 있는 지금, 에볼라나 말라리아 모기보다 더 무서웠던 것은
'칭기 Tsingy'를 걷는 것이었다고 단언한다. 이 이야기는 베코파카 Bekopaka 편
에서 자세히 쓰겠다.

'괜찮아요, 괜찮아요' 아저씨

새벽 4시 30분. 분명 시간이 흘렀으므로 잠을 잔 것 같기는 한데 밤새 깨
있던 느낌이 드는 새벽이었다. 이른 아침 비행기라 긴장한 채 잠이 들어 그
런 것 같다. 멍한 머리를 깨우려 커피 한 잔을 마시고 마지막으로 짐을 확인
하고 아침 6시에 집을 나섰다. 택시 기사 아저씨는 오늘이 택시 운전을 시작
한 지 3일째라며 자신의 신상을 말씀하시기 시작했다. 아저씨는 어느 유명

가구 회사의 해외 지사장까지 지냈으나 정년 퇴임 후 회사 계약직으로 다시 들어가 후배들보다 적은 연봉을 받으며 회사에 머물렀지만 자존심이 상해 퇴사를 하곤 80세까지도 건강만 유지할 수 있다면 계속할 수 있는 택시 운전 일을 시작했다고 하셨다. 현재 62세인 아저씨는 앞으로 3년간 무사고로 택시 운전을 하면 개인택시 면허를 취득할 수 있을 것이니 열심히 일해서 딸을 결혼시키겠다는 당찬 포부를 밝히셨다. 나는 그런 아저씨께 "남은 인생이 그리 많지 않을 수도 있어요"라고는 말할 수 없었다(그런데 죽을 고비를 넘기고 돌아온 지금, 여행 첫날 마음속에만 품었던 그 말이 더욱 실감이 난다).

반세기 가까이 살다 보니 세상이 참 많이 변했다는 생각이 든다. 과학이 발달하며 급변한 환경이나 생활 등 물리적 조건은 말 그대로 일상이 되어 거부감이 들지 않지만, 사람들의 잔인함에는 오싹할 정도로 거부감이 든다. 우리는 무언가를 잃어버린 것이 아닐까. 분명 소중한 여러 가지를 잃어버리고도 찾으려 하지 않는 것은 아닐까. 그리고 그 결과 이런 세상이 되어버린 것이 아닐까. 내가 그토록 오지의 시골을 찾아다닌 것도 바로 그것 때문이 아닐까. 내가 잃어버린 것이 무엇인지 확인하기 위해.

마다가스카르로 가기 위해서는 방콕에서 환승을 해야 한다. 오전 9시 30분 타이 항공을 타고 방콕으로 출발했다. 창가 쪽에는 아랍인으로 보이는 남자가 앉아 있었는데, 내 옆자리는 비어 있어서 제법 여유롭게 갈 수 있으리라 생각했다. 배는 고팠지만 별로 식욕이 없어 젓가락을 깨작거리며 기내식을 먹고 있는데 아랍인 아저씨의 앞자리 승객이 의자를 뒤로 젖혀두고 있었다. 스튜어디스가 올려달라고 했더니 아랍인 아저씨는 "괜찮아요, 괜찮아요"라며 한국어로 말을 했다. 내가 어디에서 왔느냐고 물으니 파키스탄이란다. '아마 우리나라에서 일을 하는 사람이겠지?' 참 친절한 사람이라고 생각했다. 그러나 "괜찮아요"라는 그 남자의 말은 나를 포함한 주변 사람 모두에게 이제 곧 자신이 저지를 만행을 예고하는 마지막 배려였다. 기내식을 다 먹고 방콕에 도착하는 순간까지 그는 단 한 번도 깨지 않고 드르렁거리며 코를 골았다. 난 전혀 '괜찮지' 않았다. 결국 기내에선 한숨도 못 잤다. 그 대신 여행 중 읽을 책 중 한 권을 비행기 안에서 다 읽어버렸다.

밥 말리를 동경하는 아저씨

2시간 느린 방콕 시간으로 12시 30분에 공항에 도착해 4시간을 기다려 에어마다가스카르Air Madagascar로 갈아탔다. 중국 광둥廣東 성에서 출발하는 비행기였다. 중국과 마다가스카르의 경제 교류가 얼마나 많으면 가난한 마다가스카르의 항공기가 중국까지 연결되어 있는 걸까. 과연 중국이 어느 나라까지 경제적 영향력을 미치고 있는 것인지 궁금하고 무서웠다. 역시나 비행기에는 중국인이 많이 타고 있었다. 마다가스카르 사람으로 보이는 흑인도 많았다. 비행기에서는 말라가시어, 프랑스어, 영어 순서로 안내 방송이 흘러나왔다. 그리고 정체가 불분명한 냄새도 번지기 시작했다. 잠시 후 스튜어디스들이 방향제를 뿌려대며 지나갔다. 동양인, 서양인, 아프리카인이 뒤섞인 비행기 안이라서 나는 냄새일까? 그 냄새의 주인공으로 의심되는 사람 중 1인으로서는 도무지 알 수 없는 냄새였다. 비행기 옆자리에 흑인 꼬마 한 명과 아이의 아버지가 탔다. 사실 처음으로 검은 피부를 가진 사람들과 가까이 앉은 셈이었다. 그 부자父子도 황인종을 처음 봤는지 연신 서로 눈을 맞추기 바빴다. 그들은 마다가스카르 사람들이었는데 아빠의 팔뚝에는 낯익은 사람 얼굴이 그려져 있었다. 밥 말리 Bob Marley 라고 했다.

자메이카 출신 가수 밥 말리를 팔뚝에 문신한 이 아버지는 어쩌면 자유를 꿈꾸며 레게 음악을 하고 싶었지만 어쩌다 가족이라는 굴레에 매인 몸이 되어버린 것은 아닐까 멋대로 상상했다. 그러거나 말거나 비행기는 계속 태양을 좇았다. 마다가스카르가 태국보다 4시간이 느리니 이 비행기는 계속 일몰을 좇아 이동하고 있는 셈이다.

스튜어디스들이 기내식을 나르기 위한 카트에 빵을 가득 싣고 지나갔다. 그 순간 급변한 기류를 만난 비행기가 갑자기 추락하는 놀이기구처럼 급강하했다. 무거운 내 몸은 의자에서 20cm는 튀어올랐다 제자리로 떨어졌다. 내 속이 울렁거리는 것보다 앞뒤 통로에서 벌어지는 상황이 더 급박했다. 빵들은 통로에서 나뒹굴고 뒤에서는 카트가 쓰러져 와인 병이 굴러다녔다. 여기저기 안도의 한숨을 쓸어내리는 승객들 속에서 나는 굴러다니던 빵이 내게 오지 않기를 바랐다. 나는 단 한 번도 기내식이 내 입맛에 맞았던 적이 없다. 이번 여행도 예외는 없었다. 한국산 토종 입맛을 갖고 있는 내게는 아마 영원히 해결할 수 없는 숙제이리라.

기내식을 먹고 양치를 한 후 얼굴 화장을 끝내자 옆자리에 앉은 밥 말리 문신 아저씨가 갑자기 엄지손가락을 들고 날 보며 씩 웃는다. 무슨 의미였을까? 여자는 모름지기 가꿔야 한다는 뜻일까? 아니면 화장을 다듬으니 훨씬 낫다는 의미일까? 캔맥주를 두 개나 마셨는데도 시차 때문에 자다 깨다를 반복했다. 불편한 비행기 좌석도 한몫했다. 그렇게 8시간 30분 비행이 끝났다. 안타나나리보 Antananarivo 공항에 도착한 것이 현지 시각으로 밤 10시였다. 한국 시간으로는 새벽 4시니 24시간 깨어 있었던 셈이다. 몹시 피곤했다. 어서 공항을 벗어나 호텔에서 쉬고 싶었으나 비행기에서 빠져나오는 데만 40분이나 걸렸다. 이유인즉 비행기에서 그 작은 공항의 입국 심사대까지 작은 셔틀버스 한 대로 승객들을 이동시키고 있었기 때문이다. 이리도 작은 국제공항이 있을까 싶을 정도로 작았는데, 허술하기 짝이 없어 보이는 나무로 만든 입국 심사대에서 직원 몇 명이 입국 허가 스탬프를 찍어주고 있었다. 작고 소박한, 매우 인간적인 입국 심사대였다.

공항을 빠져나와 비로소 안타나나리보의 하늘을 보니 별 하나 없이 깜깜했다. 그리고 너무 추웠다. 마다가스카르는 남반구에 있으니 내가 여행을 떠난 8월이면 당연히 겨울이 맞지만, 그래도 위도 20도쯤에 위치한 사바나 기후(열대 기후)라 추위에 대해선 생각하지 않았다. 아무리 안타나나리보의 고도가 높다고 해도 예상 밖이었다. 반바지에 반팔 티셔츠 차림을 한 나는 추워서 닭살이 돋아 오들오들 떨기 바빴다. 어차피 타나(현지인들이 부르는 안타나나리보의 약칭)는 마지막 날 다시 잠깐 들를 수 있으므로 공항 풍경은 그때 보기로 하고 서둘러 숙소로 향했다.

수도 안타나나리보의 밤거리는 캄캄했다. 과연 한 나라의 수도가 맞나 싶을 정도로 거리에는 가로등도 사람도 거의 없었다. 길고양이 몇 마리만 담 위에서 내가 타고 있는 작은 봉고차를 노려볼 뿐이었다. 간간이 손님을 기다리는 노란 택시(1970년대 프랑스 영화에나 나올 것 같은 작고 귀여운 프랑스산 르노 구형 택시)가 보였다. 아무리 늦은 시간이라고는 하지만 이렇게 캄캄하고 조용한 수도가 어디 있을까 싶었다. 하지만 판단은 이르다. 아침이 되면 어떤 하늘 아래 어떤 사람들이 어떻게 살아가는지 아직 만나지 못했으므로. 밤 11시 40분, 드디어 호텔에 도착했다. 씻고 짐을 정리하니 벌써 새벽 1시다. 한국에서라면 일어나서 활동하기 시작할 시각이니 잠이 올 것 같지 않았지만 그래도 누웠다. 그토록 오고 싶었던 마다가스카르에 드디어 발을 디뎠으니 이제 어린 왕자의 별 B612를 괴롭히던 바오바브 나무를 만나기 위해선 잠이 들어야만 했다.

노숙은 아이들도 한다

여행 둘째 날. 5시 30분에 모닝콜을 설정해놨지만 저절로 눈이 떠졌다. 시계를 봤더니 이런, 새벽 2시였다. 겨우 1시간 자고 일어난 것이다. 다시 잠을 청했다. 많이 잤다고 생각하고 눈을 떴더니 이젠 새벽 3시였다. 결국 4시에 다시 일어나 앉았다. 한국에서라면 오전 10시였다. 어젯밤 리모컨을 못 찾아 결국 TV를 틀어놓고 잤는데 TV에서는 이른 새벽에 록 음악 방송을 하고 있었다. 쿵쿵대는 소리에 심장까지 두근거려 진정이 되질 않았다.

결국 일찌감치 출발 준비를 끝내고 호텔 밖으로 나갔다. 아직 깜깜한 새벽에 호텔 도어맨이 문을 지키고 서 있었고 도로에는 작은 불을 밝힌 허름한 점포 하나가 있었다. 다가가 보니 커피와 바게트, 스파게티처럼 보이는 볶은 면을 팔고 있었다. 그런데 그 옆 도로 바닥에 펼쳐 있는 담요 몇 장이 있었고, 그 아래 조그마한 발 몇 개가 나와 있었다. 세상에나, 어젯밤 기온이 15도였고 새벽에는 더 추웠을 텐데 천막도 아니고 바닥에서 담요만 덮고 자는 아이들이 있다니. 관광객이 머무는 호텔 앞에서 구걸하는 아이들이었다. 어떤 이들은 이런 아이들에게 돈이나 음식을 준다고 해서 아이들의 삶의 방식이 바뀌지 않는다고 말한다. 하지만 세 살도 안 되어 보이는 이 아이들을 두 눈으로 직접 보고 어찌 노동의 가치, 삶의 가치 따위를 설명할 수 있겠는가. 다시 방으로 올라가 과자와 사탕을 가져와 아이들을 깨우지 말고 나중에 전해주라고 도어맨에게 건네줬다.

아침 6시, 아직 아침 식사 준비가 덜 된 호텔 식당에서 바게트와 전혀 달지 않은 파파야, 덜 익어서 아직 떫은 몽키 바나나를 먹으며 숭늉 맛이 나는 커피를 마셨다. 잠을 제대로 못 잔 탓에 입안이 깔깔했다. 커피는 마다가스카르 수출품의 절반 이상을 차지한다고 한다. 커피 맛을 잘 구별 못하는 내 입맛에는 숭늉 같다는 느낌이었다. 설탕을 넣지 않아도 조금 연한 맛이 난달까. 한국에서는 팔지 않을 것 같아서, 귀국 전에 꼭 사야 할 품목 중 하나로 메모해뒀다. 캐리어를 호텔 로비에 내려놓고 호텔 밖으로 나갔다. 노숙하던 아이들도 모두 깨어 앉아 있었다. 담요를 덮고 있을 때는 몰랐는데 모두 일곱 명이나 되었다. 원래 까만 아이들이 씻지도 못하는 노숙 생활을 하고 있으니 먼지를 뒤집어써서 오히려 뿌연 몰골을 하고 앉아 있었다. 다시 이 호텔에 머무를 일정이 없기에 두 번 다시 만나지 못할 아이들이었다. 빵이라도 주고 헤어지고 싶었다. 바로 옆에 있던 점포에 가서 5유로를 내밀며 바게트를 달라고 했다. 분명 5유로면 점포에 있는 빵 전부를 살 수 있는 금액일 텐데 아저씨는 비닐봉지에 빵 아홉 개를 담아줬다. 의사소통은 불가능했기에 그냥 받아 아이들에게 건네줬다. 그런데 웃으며 빵을 받을 줄 알았던 아이들이 돌변해 커피도 사달란다. 난감하고 속상했다. 이 아이들에게 자존심은 없는 것인가 하는 생각이 잠시 스쳤지만 이 아이들의 부모를 탓해야 했고, 마다가스카르 정부를 탓해야 했고, 신을 탓해야 했기에 생각을 멈췄다. 하지만 나를 태운 버스가 출발할 때 아이들은 빵을 가득 문 입가에 미소를 지으며 손을 흔들어줬다. 부디 다음 외국인이 빵으로 목이 멘 아이들에게 커피를 사줬으면 좋겠다.

호텔을 출발해 공항으로 가는 동안 타나의 시내를 통과하며 인솔자가 마다가스카르의 교육 현황에 대해 설명해줬다. 마다가스카르의 중학교 진학률은 12%이고, 종합 대학교는 마다가스카르 대학이 유일하며 분교 몇 개가 있을 뿐이라고 한다. 마다가스카르는 시장 경제를 표방하고 있으나 경제 자원의 75%를 국가가 소유하고 있다. 과거 사회주의 경제 체제의 잔재다. 시내 한복판에 커다란 아노시 Anosy 인공 호수가 보였다. 이 호수는 타나에서 가장 높은 언덕에 세워진 왕궁에서 내려다보면 하트 모양이라고 하는데, 왕의 시선이 머무는 곳에 아름다운 인공 호수를 만들어놓은 것이다. 그런데 이 호수에 물고기를 풀어놨더니 사람들이 하도 많이 잡아먹어서 독약을 뿌렸다는 소문까지 퍼졌다고 한다. 하지만 가난은 나라님도 구제하지 못한다는 말은 여기에서도 유효했다. 독약을 품은 물고기라도 잡아먹고 살아가야 할 수많은 빈민이 호수 주변에 천막을 치고 살고 있었다. 공항으로 향하는 버스 안에서 잠깐 봤을 뿐이지만 온통 쓰레기 더미와 천막이 뒤엉킨 곳에서 검은 사람들이 살고 있었다. 마다가스카르에서 처음 본 너무도 강렬한 가난한 모습에 잠시 멍해졌다. 그 모습을 '살아가고 있다'라고 표현할 수 있는 것인지 모르겠다. 나중에 생각해야 했다. 이제 여행을 시작하는 시점에서 이 모습이 머릿속에 각인된다면 여행 내내 무거운 마음으로 다녀야 할 것 같다. 언덕 위까지 빼곡하게 들어찬 집들 바로 위까지 낮은 구름이 드리워 있었다. 마치 하늘의 동네와 인간의 동네를 구분해놓은 것처럼. 신이 있다면 이들의 모습을 좀 보라고 항의하고 싶었다.

아침 7시 45분. 안타나나리보 공항 국내선 청사에 도착했다. 오늘은 이번 여행의 목적 중 하나인 바오바브 나무가 있는 모론다바 Morondava 로 출발하는 날이다. 이번 여행은 모론다바와 칭기 국립공원, 안타나나리보를 살짝 보고 오는 일정이다. 마다가스카르 섬을 다 보기에는 너무 짧은 일정이라 아

모론다바 사람들
풍만한 가슴만큼 그녀들의 삶도 풍요로워지길.

쉬웠지만 직장에 매인 몸이라서 내 마음대로 일정을 조정할 수는 없었다. 비행기가 이륙하자 안타나나리보의 전경이 보였다. 어느 나라든 수도는 그 나라에서 가장 발전된 모습을 보여주는 것이 당연한 것이지만 타나의 전경은 유럽의 어느 시골 마을을 옮겨다놓은 것 같은 모습이었다. 동화 속에 나올 것 같은 마을이었다. 하지만 하늘에서 본 타나의 모습이 전부는 아닐 것이다. 이미 나는 호텔 앞에서 노숙하는 아이들과 인공 호수 주변에 천막을 치고 사는 빈민들을 봤다. 나무를 보지 말고 숲을 봐야 할 텐데 이미 병들어버린 수많은 나무를 목격해버린 것이다.

모자가 멋진 어느 가족
멋쟁이 가족의 나들이는 당당하다.

　국내선에서 내려다보이는 마다가스카르 내륙은 그다지 높아 보이지 않
는 산과 고원이 연이어 나열된 땅이었다. 그런데 이상한 것은 나무가 없었
다. 세계에서 네 번째로 큰 섬나라인 마다가스카르는 열대 기후, 건조 기후,
온대 기후 등 다양한 기후를 동시에 머금은 섬이다. 내가 탄 비행기가 향하
고 있는 곳은 소우지였지만 아열대성 기후이므로 분명 열대림이 분포
해야 할 곳이지만 막상 보니 말 그대로 민둥산이었다. 마다가스타르는 무분
별한 벌채로 인해 삼림이 파괴되고 그에 따라 토양 침식, 사막화 등이 진행
되어 멸종 위기에 몰린 동물이 많은 나라 중 하나다. 붉은 흙으로 뒤덮인 민

한 평 남짓한 가게를 지키는 것은 아이들과 닭들이다.

둥산을 보니 집중 호우가 내리면 침식된 토양이 어디까지 흐를지 걱정되었다. 그래도 서해안에 위치한 모론다바에 가까워지자 열대림이 보이기 시작했다.

　오전 9시 40분. 마치 시골 간이역처럼 생긴 모론다바 공항에 도착했다. 비행기에서 여객터미널까지 걸어서 갈 수 있는 아주 작고 소박한 공항이었다. 재밌는 것은 비행기에서 내린 짐을 운반하는 수단이 나무로 만든 수레라는 점인데, 이 수레에 승객들의 짐을 잔뜩 싣고 인력으로 끌고 와 수하물 찾는 곳에 올려놓는다. 굳이 올려놓지 않아도 될 것 같은데, 마치 공항으로서

갖출 것은 다 갖췄다고 보여주는 것 같았다. 짐을 찾아 지프에 나눠 타고 호텔로 향했다. 라오스나 미얀마의 시골을 떠올리게 하는 좁은 도로 양옆에는 천막을 친 가게들이 먼지를 뒤집어쓰고 웅크리고 있었다. 상인들과 손님들의 피부가 검어 낯설었다. 10년 넘게 아시아만을 고집스럽게 다닌 탓에, 나와 비슷한 피부색 사람들에게 익숙했기 때문이다. 낮은 콘크리트 건물이 늘어선 곳을 지나자 호텔이 밀집해 있는 거리가 나왔다.

쉬고 싶어 쉬는 것이 아니다

숙소는 해변에 있는 방갈로로 사구沙丘 위에 지은 호텔이었다. 일단은 숙소에 가서 먼저 짐을 풀고 시내를 돌아보며 점심을 먹기로 했다. 이번 여행은 숙소만 정해져 있고 식사는 자유롭게 할 수 있었다. 적당한 곳(물론 결벽증이 있는 내게는 깨끗해 보이는 곳)을 찾아 들어가 먹으면 되는 것이었다. 심각한 길치인 나로서는 혼자 돌아다니는 것은 애초에 불가능했기 때문에 일행 둘과 함께 시내 구경 겸 점심 식사를 하기로 했다. 먼저 환전을 해야 했다. 당시 1유로는 한국 돈으로 1400원, 마다가스카르 돈으로 3100아리아리였는데, 그냥 한국 돈의 2분의 1이라고 생각하고 썼다. 햇살이 뜨거워 금세 목이 말랐지만 시내까지 가보기로 했다. 30분 정도 걷자 공항에서 올 때 지나왔던 작은 시내가 나왔다. 높은 건물은 눈을 씻고 찾아봐도 보이지 않았고 대부분 1~3층짜리 건물이었다. 내가 양팔을 벌리면 딱 맞을 것 같은 작은 천막을 친 가게가 대부분인 자그마한 시내였다. 사람들은 뙤약볕을 피해 건물과 가게가 만들어놓은 아주 작은 그늘 밑에 모여 있었다. 한 평도 안 되는 가

하릴없이 앉아 있는 남자가 너무 많다. 어쩌면 의부증이 심해 아내를 감시하고 있는 것인지도 모르겠다.

게조차 갖지 못한 여인네들은 어린아이를 안은 채 오지 않는 손님을 기다리고 있었다. 그녀들 앞에 놓인 마대에는 과일이며 쌀, 고추 등이 가득 담겨 있었다. 그런데 여자들 앞에 하릴없이 앉아 있는 남자들의 모습이 눈에 띄었다. 오전 일을 끝내고 그늘에 앉아 쉬고 있는 걸까? 하지만 그런 모습이라고는 볼 수 없을 정도로 그저 멍하니 앉아 있었다. 왜 이러고 있는 것일까. 잘 이해가 되지 않았다. 은근히 화가 났다. 당신들도 가족을 위해 뭐라도 해야 하는 것 아니냐고 묻고 싶었다. 부지런하기로 세계에서 유명한 한국에서, 그것도 바쁜 도시 생활을 하는 내 시각이었기에 더욱 그랬을 것이다. 그러나

무언가를 팔고 있는 모론다바 사람들
팔리기는 하는 건지, 팔 물건보다도 많은 사람이 손님을 기다리고 있다.

이들에 대한 내 생각은 오해였다. 모론다바에서 다시 타나로 돌아오는 비행
기에서 만난 한 남자의 이야기를 듣고 내가 그들을 곡해했음을 알게 되었다.
그 이야기는 뒤에서 하겠다.

배고파서 무엇이 되었든 먹고 움직여야 할 것 같았다. 노점에서는 맛있
어 보이는 노란 고구마튀김을 팔고 있었지만, 까맣게 파리가 달라붙어 있어
도저히 먹을 수 없었다. 스파게티를 흉내 낸 것 같은 삶은 면 요리에도 어김
없이 파리가 앉아 식사를 하고 있었다. 결벽증 환자인 내게는 애초에 불가능
한 음식들이었다. 이놈의 결벽증은, 일단 눈으로 먼저 불결한 것을 목격하면

해변에서 만난 모론다바 아이들
어른들은 일이 없어서 놀지만 아이들은 노는 것이 일이다.

그것과 연관된 어떤 것도 먹지 못한다는 나름대로 일관된 연계성을 갖고 있다. 어쩔 수 없이 조리 과정이 보이지 않는 음식점을 택할 수밖에 없었다. 비교적 깨끗해 보이는 레스토랑에 들어서니 메뉴판이 나왔다. 그러나 메뉴는 전부 프랑스어와 말라가시어로만 적혀 있어 도대체 무슨 음식인지 알 수가 없었다. 어쨌든 냉장고가 있어 그 안에 있는 맥주를 발견하고는 일단 차가운 맥주를 한 잔 마시기로 했다. 마다가스카르의 대표적인 맥주는 THB Three Horses Beer로, 우리말로 하면 '삼마맥주'이니 이 얼마나 소박한 이름인가. 빈속에 맥주 한 병을 벌컥벌컥 마셔대자 약간의 취기와 함께 포만감이 느껴졌

모론다바의 아이들
큰 언니는 모델을 꿈꾸고 있다.

다. 하지만 뭔가 씹을 수 있는 음식이 위에 들어가야 오후에 움직일 수 있을 것 같았다. 뭘 먹어야 하나 고민하는데 프랑스인으로 보이는 남자가 와서 메뉴에 대해 설명해줬다. 그러나 식당 안에 매달려 있는 고기며 생선에 붙어 있는 수많은 파리를 이미 본 뒤였다. 앞으로 일주일간 제대로 먹는 것은 포기했기에 달걀프라이를 주문했다. 난생처음 맥주 안주로 달걀프라이를 먹었다. 그리고 이게 오늘의 점심 식사였다. 함께 갔던 일행은 삶은 닭고기 요리를 주문했는데 나는 먹어보지는 않았지만 일행은 너무 질겨서 도저히 씹을 수가 없다고 했다. 도로와 마당에서 자유롭게 놀고 있는 닭들이었으니 근육이 지나치게 발달했을 터이다.

비현실적인 아름다움, 바오바브 애비뉴

호텔로 돌아와 오후 3시에 지프를 타고 바오바브 애비뉴로 출발했다. 마다가스카르에 오고 싶었던 목적은 하나다. 바오바브 나무가 줄지어 서 있는 길과 그곳에 살고 있는 사람들을 만나는 것. 오로지 그것 하나였기에 다부지게 마음먹고 출발했다. 바오바브 군락지까지는 지프로 40분 정도 걸렸는데 도심을 벗어나자 도로 양쪽으로 산 하나 보이지 않는 평야가 펼쳐졌다. 제대로 농사를 짓고 있는 모습은 거의 볼 수 없었다. 건기라 이미 농작물을 다 수확한 것인지, 처음부터 아무것도 재배하지 않는 땅이었는지는 알 수 없지만 그저 황량하다는 느낌이었다. 적갈색 라테라이트 laterite 토양이 깔린 길 위를 사람들이 걷고 있었다. 슬리퍼를 신은 사람도 있었지만 맨발로 다니는 사람들이 훨씬 많았다. 곡괭이, 호미, 삽 따위의 농기구를 하나씩 들고 걷고 있는 그들의 발걸음은 힘이 없어 보였다.

오지 여행을 다니다 보면 가끔 불합리와 불공평에 마음이 불편할 때가 있다. 나는 지프를 타고 내가 좋아하는 사진을 찍으러 이곳에 왔지만 이곳 사람들의 삶의 모습을 객관적으로 보면 같은 사람으로서 받아들이기 힘들 정도로 너무 열악하다는 것을 깨닫게 된다. 행복의 기준을 말하는 것이 아니다. 그저 '먹고사는 것', '입고 사는 것'은 해결이 되어야 하지 않겠는가. 그리고 혹시나 그들이 나와 같은 여행자들의 모습을 보고 기가 죽고 부러워하는 마음이 든다면, 그것 또한 너무 미안한 일이 아니겠는가. 그들 마음에 상처

바오바브 애비뉴
비현실적인 아름다움의 끝판이었다.

를 주면서까지 이렇게 돌아다니는 것이 맞는지 고민하게 될 때가 많다. 힘없이 터벅터벅 걷는 그들을 지프를 타고 스쳐지나가며 바라보는 나. 나는 먼지 속에서 잠시 불편한 상념에 빠져들었다.

간간이 바오바브 나무가 한 그루씩 보이더니, 4시경에 도착한 바오바브 군락지는 한마디로 충격적인 아름다움이었다. 파란 하늘과 양떼 모양을 한 구름 아래, 끝없이 이어진 바오바브 나무와 그 사이로 적갈색 흙으로 다져진 길이 펼쳐져 있었다. 소달구지를 타고 가는 농부들, 바구니를 이고 가는 여인들, 까만 얼굴에 까만 곱슬머리를 한 아이들……. 그 풍경을 어찌 한 단어로 말할 수 있겠는가. 그곳에는 너무 아름다워서 놀랄 때 저절로 나오는 감탄사인 '우와!'라는 말만 내뱉고 있는 내가 서 있었다. 동시에 현실감도 느껴지지 않았다. 허리 라인이 없는(하긴 나무에서 허리라고 부를 수 있는 부위는 없겠지만) 거대한 사람이 팔 여러 개로 만세를 하고 있는 형상을 한 바오바브나무들이 끝없이 서 있고, 양떼구름 속에서 양들이 한 마리씩 나와 바오바브나무와 악수라도 하려는 듯 줄지어 늘어서 있었다. 다만, 일요일이라 그런지 외국 관광객이 너무 많아 고향에라도 온 것 같은 나의 안락함을 앗아갔다.

일단은 수많은 관광객이 서 있는 바오바브 애비뉴를 벗어나고 싶어 주변을 둘러봤다. 오른쪽에 커다란 호수가 있었고 근처에 열 명 남짓해 보이는 아이들이 무엇이 그리 재밌는지 장난감 하나 없이 깔깔거리며 놀고 있었다. 손을 흔들며 다가가니 아이들은 내게 보여주기 위함인지 아니면 원래 그러고 노는 것인지 텀블링을 하기도 하고, 다함께 뛰어오르기도 하고, 겁도 없이 카메라 앞으로 다가와 자신의 얼굴을 들이밀기도 했다. 자연스러운 표정이 담긴 사진을 좋아하는 나로서는 아이들의 스스럼없는 얼굴 표정과 몸동작에 함께 행복해하며 여러 컷을 찍고 그만 헤어지려는데 아이들은 이런 내 마음과는 전혀 상관없는 얼굴로 다가와서는 내게 돈을 달라고 했다. 아…….커다랗고 새까만 눈동자를 지닌 이 예쁜 아이들은 이미 수많은 사진가와 관광객 앞에서 모델을 자처했고, 그것이 너무 익숙했던 것이다.

잔망스러운 녀석들이라는 생각도 들었지만 안쓰러운 마음이 먼저였다. 하지만 이 아이들에게 돈을 줄 수는 없었다. 돈을 주게 되면 아이들은 자신의 순진무구한 미소를 돈벌이의 하나로 여길 것이다. 당황한 내 표정을 눈치챘는지 그중 큰 아이가 다른 아이들에게 모두 앉으라고 하니 까만 곱슬머리 아이들은 갑자기 건전지가 방전된 인형처럼 까맣게 반짝이는 눈동자를 하

바오바브 나무만큼 쭉쭉 뻗어나가야 할 아이들이다.

고 앉아 가만히 나를 바라봤다. 가져간 볼펜, 풍선, 사탕, 스티커가 순식간에 동이 났다. 그래도 못 받은 아이 하나 없이 하나씩은 챙겨준 것이 다행스러 웠다.

　나중에 인솔자와 바오바브 애비뉴 주변에 살고 있는 아이들의 행동에 대해 이야기를 나눌 기회가 있었다. 나는 아이들이 더 이상 예전처럼 순진하 지 않은 것 같다고 안타까움을 전했는데 인솔자의 이야기를 듣고 생각이 바 뀌었다. 그는 이렇게 말했다. "오히려 이런 모습이 더 아이다운 것 아닐까요? 우리도 1950~1960년대 미군이 지나가면 'Give me a chocolate'을 외치고 다녔잖아요. 갖고 싶은 것이 있으면 창피함과 자존심을 생각하지 않고 외치고 보는 것이 더 아이다운 것 같아요." 그렇다. 오히려 어린아이가 너무 체면을 따진다면 조숙함을 넘어 어쩌면 너무 도도하게 느껴질지도 모르겠다. 하지만 여전히 나는 사진조차 찍히기 싫어하는 자존심이 강하고 도도한 아이를 보면 오히려 귀엽고, 그 아이가 무소의 뿔처럼 당당하고 씩씩하게 성장해 나라의 버팀목이 되었으면 하고 바란다. 아마 그것은 내 성격과 교사라는 직업 때문일 것이다. 마다가스카르는 그동안 내가 다닌 어떤 나라보다도 어려운 경제 상황에 놓여 있었고, 그래서 가난한 아이들을 볼 때마다 더욱 그런 마음이 자주 들었다.

아이들과 헤어져 다시 바오바브 나무가 늘어서 있는 붉은 길을 따라 걸어보기로 했다. 일몰까지는 아직 시간이 남았고, 수많은 외국인이 진을 치고 있는 이곳에서 좀 벗어나고 싶었다. 마다가스카르는 넓은 국토 안에 열대의 다양한 기후를 품고 있는데, 사바나기후와 몬순기후(계절풍 기후)가 적절히 공존하고 있다. 토양은 열대의 대표적인 토양인 라테라이트 토양으로, 붉은색을 띤 흙이 많은 사람의 발자국으로 곱게 다져 있었다. 내가 여행한 시기는 건기라서 그나마 다행이었다. 만약 우기였다면 다리에 붉은 머드팩을 하고질퍽이는 도로 위를 돌아다녔을 것이다. 바오바브 나무와 너무나 잘 어울리는 이 붉고 자연스러운 도로에는 곧 아스팔트가 깔린다고 한다. 여행자로서는 반갑지 않은 소식이다.

얼마나 걸었을까. 바오바브 나무 군락지에서 멀어지니 바오바브 나무의 숫자가 점점 줄어들고 있었다. 이제 그만 돌아갈까 하는데 앞에서 소 두 마리가 끄는 달구지를 탄 아이 여섯 명이 눈에 들어왔다. 앞에서 몇 장 사진을 찍으니 아이들은 그저 환하게 웃어줬다. 아마 이 아이들은 바오바브 애비뉴와는 좀 떨어져 있는 곳에 살고 있으리라. 그리고 웬 덩치 큰 외국인이 앞을 가로막나 했을 것이다. 손짓과 표정으로 달구지를 타도 되냐고 물으니 아이들은 고개를 끄덕이며 허락했다. 달구지가 제법 높아서 짧은 내 다리로 무거운 몸을 올리는 것이 쉽지 않았다. 아이들이 힘을 합쳐 나를 달구지 위로 끌어올려줬다. 졸지에 무거운 짐을 하나 싣게 된 소들은 머리를 흔들며 '음매' 하고 울어댔다. 소를 모는 대장 아이가 우는 소를 달래며 앞으로 나아갔다. 소들에게까지 미안해할 수밖에 없는 이 몸뚱이가 원망스러웠다. 달구지에는 무엇에 쓰일지 모르는 가느다란 나뭇가지가 잔뜩 실려 있었다. 불편하기 짝이 없는 자세로 아이들과 함께 바오바브 나무 군락지까지 동행했다. 아이들의 까만 곱슬머리 위에 누런 흙먼지가 앉아 있었다. 나무를 하느라 고생깨나 한 모양이다. 꼭 주고 싶은 아이들에게 주려고 남겨둔 예쁜 색연필을 죄다 꺼내 아이들에게 선물했는데, 과연 이 아이들에게 색연필로 그림을 그릴 수 있는 종이가 있을지는 모르겠다.

드디어 바오바브 나무 군락지에 도착하자, 여기저기에서 카메라 셔터 터지는 소리가 들렸다. 수많은 외국인이 달구지를 타고 오는 나를 찍는 소리였다. 작고 까만 아이들과는 어울리지 않는 덩치와 외모를 하고 있는 여자가 달구지에 함께 타고 있으니, 그들 눈에는 꽤나 어처구니없게 보였을 것이다. 이때 찍힌 내 사진은 어느 외국 관광객의 블로그에 '마다가스카르, 정체성을 묻다' 따위의 제목으로 올라가지 않았을까?

아이들을 보내자 드디어 일몰이 시작되었다. 하늘을 파랗게 물들이던 태양은 어느새 호수 건너편 바오바브 나무 뒤로 지고 있었고 그 많던 외국인 관광객은 죄다 호수를 둘러싸고 앉거나 서서 지는 태양을 바라봤다. 호수의 반영은 이제 일몰까지 얹어져 고요하고 적막한 분위기를 연출하고 있었다.

바오바브 애비뉴에 사는 맨발의 어린 왕자
아이의 커다란 웃음만큼 행복한 일이 일어날 것 같다.

다만 그런 일몰을 그저 조용히 바라보고 싶은 내 소망과는 달리 수많은 외국
인이 함께 하고 있다는 것이 아쉬울 뿐이었다. 하지만 일몰은 피부색을 가리
지 않고 모두의 입을 조용히 다물게 하는 힘이 있다. 호수 주변으로 작은 속
삭임과 함께 붉은 어둠이 내려오기 시작했다.

　　내 옆에는 타나에서 왔다는, 너무 귀엽게 생긴 여자아이가 아빠 목 위에
목말을 타고 지는 태양을 바라보고 있었다. 하지만 아이의 자존심은 보통이
아니었다. 내 카메라 쪽으로 얼굴을 절대 내주지 않았다. 아이가 하도 완고
해 아빠가 나서서 한 번 찍게 해주라고 했는데도 아이는 뾰로통한 표정을 한

그 예쁜 얼굴을 도통 보여주지 않았다. 오히려 그런 아이의 모습이 더 귀여웠다. 결국 석양을 바라보는 옆모습만 담을 수 있었다. 다섯 살이나 되었을까 싶은 녀석은 일몰을 바라보며 무슨 생각을 하는 걸까. 혹시 내 카메라 때문에 아기가 슬픔에 잠긴 것은 아닐까. 모쪼록 예쁘고 건강하게, 그리고 정직하고 굳은 의지를 지닌 어른으로 자라나길. 모국의 행복을 위해 일하는 여성이 되길. 어쩐지 꼭 그런 어른으로 자랄 것 같은 아이였다.

수많은 관광객 속에서 일몰 사진을 몇 장 찍고 호숫가를 떠났다. 붉은 태양은 붉은 길을 더 붉게 만들어놓았다. 나는 그 붉은 빛을 머금고 있는 사람들을 만나고 싶었다. 밝은 회색빛 바오바브 나무도 어느새 붉게 물들어 있었다. 낮에 본 그 나무가 맞나 의심스러울 정도였다. 소설에서 바오바브 나무는, 어린 왕자가 살던 B612 행성의 생명을 위협하는 나무로 그려진다. 좁은 행성이 더 이상 안아줄 수 없을 정도로 나무가 자랐기 때문이다. 그래서 만약 어린 왕자가 지금 이곳에 온다면, 이 거대한 바오바브 나무들을 보고 시무룩한 표정을 지을지도 모르겠다. 하지만 이미 중년이 된 내 눈에는 주황빛을 띠는 바오바브 나무가 오히려 온순해 보였다. 시간이 흐르며 자신을 조금씩 변화시키는 닳고 닳은 인생처럼 말이다.

신기하게도 오히려 낮보다 저녁에 사람들 사진이 더 잘 찍혔다. 낮에는 파란 하늘과 환한 빛 때문에 명암의 대조(콘트라스트)가 너무 극명해 그러잖아도 까만 얼굴이 더 까맣게 나오고 새하얀 치아와 눈 흰자는 더 하얗게 나와 사진 찍기가 힘들었다. 그런데 주위가 어두워지니 이런 것들이 해결되었다. 다만 카메라의 노출을 바꾸지 않고 그대로 찍었더니 흔들린 사진이 많다는 것이 문제였다. 하지만 상관없었다. 일몰을 감상하며 내 마음도, 내 사진도, 바오바브 나무 군락지의 주민들도 다 같이 흔들리고 있었으니까. 붉은

목말을 탄 아이
누구나 슬픔에 잠기면 석양을 좋아하게 된다.

빛을 따라 조금 걸으니 덤불 사이로 작은 집이 보였다. 할아버지와 아버지, 아기를 업은 젊은 어머니와 딸이 있었다. 가족을 잠시 바라봤다. 시아버지와 남편은 일을 하고 있었고, 여인은 나를 보며 환하게 웃어줬다. 그녀는 잠시 칭얼대는 아이를 포대기에서 꺼내 바닥에 내려놨다. 그런데 바닥에서도 계속 찡찡거리던 아이가 갑자기 어미의 치마끈을 잡아당겼다. 스커트처럼 온몸을 크게 두른 큼직한 수건이 예고도 없이 흘러내렸다. 그러자 두 아이에게 젖을 물린 토실토실하게 늘어진 두 가슴이 밖으로 나왔다. 여인의 상체가 온전히 드러나게 된 것이다. 계속 사진을 찍고 있던 내 카메라의 파인더에도 그녀의 두툼한 가슴이 찍혔지만 차마 이곳에 실을 수는 없을 것 같다. 내가 같은 여자인 것이 참 다행이었다.

가족과 헤어져 다시 호숫가로 오니 해는 완전히 떨어져 사람들의 실루엣만 보일 정도로 어두워져 있었다. 지프가 주차되어 있는 곳에 도착하니 기사인 리자^{Rija}가 기다리고 있었다. 어둠 속에서 리자의 검은 얼굴을 겨우 알아볼 수 있었다. 낮보다 더 분주해진 시장을 지나 호텔에 도착하니 저녁 6시 30분이었다. 호텔에서 랍스터와 감자튀김, THB 맥주를 주문해 저녁으로 먹었다. 총 2만 7000아리아리였다. 한화로 1만 4000원밖에 안 했으니 내 위가 허락했다면 더 먹었을 것이다.

시차 적응을 못해 전날부터 이어진 피로감이 몰려와 침대에 누웠는데 쉽사리 잠이 오지 않았다. 바오바브 애비뉴의 일몰 무렵 고즈넉한 풍경을 제대로 감상하지 못했다는 아쉬움이 몸을 뒤척이게 만들었다. 마다가스카르 여행을 결정하고 오롯이 그것만을 상상하며 왔는데 너무 많은 관광객으로 인해 상념은커녕 사진도 제대로 못 찍었다는 생각이 스멀스멀 분노처럼 머리를 지배했기 때문이다. 다행히 베코파카에 갔다가 다시 이곳에서 일박을 할 예정이기 때문에, 아쉬움은 그때나 달랠 수 있을 것이다. 설핏 잠든 꿈속에서 내 팔이 바오바브 나무와 악수할 수 있을 정도로 잔뜩 길어졌다.

여행 셋째 날. 아침 6시 모닝콜을 예약했지만 새벽 3시 30분에 깨버렸다. 다리에 쥐가 났기 때문이다. 피곤한 날이면 가끔 다리에 쥐가 난다. 전날 내내 지프를 타고 이동해, 서 있거나 걸은 시간이 많지 않았음에도 시차 때문에 매일 밤잠을 설치는 통에 내 몸이 신호를 보낸 것이다. 다시 잠이 올 것 같지 않아 읽고 있던 책을 펼쳤다. 더글러스 케네디^{Douglas Kennedy}의 『템테

바오바브 애비뉴 마을
젖을 물릴 자식 수가 늘수록 어미의 가슴도 늘어난다.

이션 Temptation 』이라는 책이다. 이 작가의 『빅 픽처 The Big Picture 』라는 소설을
읽고 흥미진진한 이야기와 반전이 마음에 들어 그의 책 몇 권을 연속해서 읽
었다. 하지만 처음 읽은 작품만큼 신선한 충격은 없었던 것 같다. 그래도 결
말이 궁금해 계속 읽게 되는 것이 이 소설의 매력이다. 결국 한 권을 독파하
고 나서야 살짝 잠이 들었다. 'temptation'은 유혹이라는 뜻이다. 인생을 살
다 보면 예기치 못한 일과 사건, 그로 인한 추락이 공식처럼 따라온다. 장난
을 좋아하는 악마가 마음속에 숨어 있다 몰래 튀어나와 우리를 슬쩍 건드린
다. 결국 유혹에 넘어가 평소에는 하지 않던 일을 하게 되고, 그 결과는 후회

아주머니는 좋겠다. 두 남자가 지켜줘서.

로 남는다. 물론 모든 것은 내가 선택한 결과인지라 자신을 탓해야 하겠지만, 인생이란 또 재밌는 것이라서 추락했던 그 바닥에서 새로운 인연을 만나 예상치 못한 길에 접어들기도 한다.

아이들에게는 내가 마치 인생을 달관한 사람처럼 보이는지 학교에서 학생들은 종종 내게 인생 이야기를 해달라고 한다. 이때 여행지 에피소드나 내가 선택한 일에 대해 이야기를 해준 뒤 마지막에 꼭 덧붙이는 말이 있다. "살다 보면 너희가 계획했던 많은 것이 뜻대로 이루어지지 않는다는 것을 알게 된다. 하지만 살아 있다 보면 수많은 인연과 운명 속에서 예상치 못한 길에 서 있는 자신을 발견하게 되고, 그 속에서 또 다른 행복과 불행을 만나게 된다. 그것이 반복되는 게 삶인 것 같다. 하지만 기쁨이든 슬픔이든 아무튼 '살아 있어야만' 만날 수 있지. 그러니까 살아 있는 것이 중요한 거야."

내 개똥철학을 고개를 끄덕이며 듣는 학생들을 보면 마음이 짠하다. 이 아이들이 살아갈 세상이 평탄치만은 않을 것을 알기 때문이다.

나도 가끔은 사진을 잘 찍을 때가 있다

결국 새벽 5시에 일어나 출발 준비를 해놓고 일출을 보러 나갔다. 식사는 7시부터 먹을 수 있어서 느긋하게 준비하고 6시 20분쯤 해변에 나갔더니 이미 해는 거의 다 뜬 뒤였다. 내 멍청함 탓이다. 방 안에서 왜 커튼을 열어볼 생각을 안 했을까. 형광등을 켜놓고 시간이 흐르기를 기다리고 있었으니 내가 바로 형광등이었다. 방문을 열고 나가보니 아직 어슴푸레하지만 걷기에는 충분한 빛이었다. 작은 사구를 넘어 해변으로 나가보니 슈퍼문 super moon 이 떠 있었다. 내가 마다가스카르에 갔던 시기와 우연찮게 맞아떨어졌던 것이다. 바다 쪽 하늘에는 커다란 보름달이 떠 있었고, 뒤쪽 하늘에는 태양이 오르고 있었다. 절묘하고도 아름다운 모습이었다. 보름달이 뜨면 늑대가 되는 것처럼 숨어 있는 내 야성이 나를 앞으로 걸어가게 했는지 모르겠다. 아직 빛이 부족했지만 모래사장 곳곳에서 퀴퀴한 분뇨 냄새가 나고 있었다. 도처가 지뢰밭인 것이 분명한데도 나는 터벅터벅 달을 향해 걸어갔다. 그런데 나처럼 늑대로 변신할 장소를 찾고 있는 듯 어두운 새벽 모래사장을 걷고 있는 또 다른 무리도 보였다. 그들은 새벽의 찬 기운을 막기 위한 모포

모론다바의 새벽
슈퍼문 아래에서 사람들이 응가할 장소를 찾고 있다.

를 뒤집어쓰고 용변 볼 곳을 찾고 있는 현지 주민들이었다. 커다란 보름달에 걸친 구름과 멀리 떠 있는 배 한 척과 용변 볼 곳을 찾는 사람들과 그들을 찍고 있는 나. 늑대의 야성이 가득 찬 새벽이었다.

조금 걷자 출어를 나가려는 배와 그물을 손질하는 청년 여덟 명이 있었다. 전날 오후에는 아무것도 없던 해변이었는데 역시 사람이 살고 있는 곳은 시시각각 풍경이 변한다. 젊은 청년들은 이 새벽에 웬 동양 여자가 여기까지 나와 있나 싶었을 것이다. 그들의 모습을 몇 컷 찍고 있는데 용기 있는 한 남자가 다가와 자신의 얼굴을 찍어달라고 했다. 찍어줄 수는 있지만 사진을 출

모론다바 해변의 청년들
뒷줄 오른쪽 두 번째 남자만 눈을 내리깔고 있다. 그에게는 그럴 이유가 있었다.

력할 수는 없다고 보디랭귀지를 섞어 설명해줬지만 알아듣지 못한 것 같다. 하지만 디지털 카메라의 장점은 사진 촬영 후 그 자리에서 바로 확인할 수 있다는 점 아니겠는가. 그것만으로 만족하리라 생각하고 쾌히 한 장 찍어줬다. 만족한 남자가 그 사진을 보며 친구들에게 무어라고 말하자 다들 몰려와 사진을 보더니 자기들도 찍어달란다. 졸지에 사진관 주인이 되어버렸다.

　그런데 다른 젊은이들과 달리 무심히 그물만 손질하는 한 남자가 있어 유심히 바라보니 얼굴 골격에 문제가 있는지 얼굴의 좌우가 약간 기울어져 있었다. 친구들은 그에게 무어라 말하고 있었다. "너도 찍어 달라고 해"라고

마치 남자친구 여덟 명을 한꺼번에 떠나보내는 것 같았다.

하는 것 같았다. 그가 친구들의 성화에 겨우 얼굴을 드러냈다. 나는 최대한 카메라를 비스듬히 틀어 찍었다. 다행이었다. 그가 자신의 사진을 보고는 씩 웃어줘서……. 잠시 후 그들은 단체 사진도 찍어 달라고 했다.

　청년들은 배에 기대거나 앉아서 나름대로 멋있는 얼굴을 하고 포즈를 취했다. 그런데 사진을 보니 마치 용병으로 뛰는 외국인 축구선수들 단체 사진 같았다. 사진을 확대해 한 사람, 한 사람 보여주니 자기들끼리 서로 손가락질하며 깔깔대며 웃었다. 무슨 말을 하는지는 몰랐지만, 어쨌든 고기잡이를 하러 떠나는 그들에게 뭔가 이야깃거리라도 만들어준 것 같아 덩달아 나

모론다바 해변의 아이들
두 여자아이는 인형 그 자체였다.

도 행복한 웃음을 지었다. 모래 위에 있던 배를 여덟 명이 힘을 합쳐 바다 위로 밀어 넣고 한사람씩 올라타고 먼 바다로 향하고 있는 뒷모습을 바라보고 있자니 저절로 무사히 돌아오기를 바라는 마음이 간절해졌다. 엄마의 마음인지 아내의 마음인지 모르겠다. 그들은 보이지 않을 때까지 손을 흔들며 나아갔다.

이제 그만 호텔로 돌아갈까 싶어 뒤를 돌아보니 어느새 따뜻한 아침 햇살이 모래사장을 비추고 있었다. 꼬마들과 여인들이 모여 햇살을 쬐고 있었다. 붉은 햇살을 역광으로 삼아 찍으니 짧은 곱슬머리를 한 아이들이 너무

마다가스카르에서 만난 두 번째 맨발의 어린 왕자
아줌마 다섯 명 중 누구의 아이일까.

예쁘게 찍혔다. 뒤집어진 배 위에 걸터앉은 녀석이 수줍은 듯 포즈를 취하자
뒤의 여인들이 크게 웃었다. 마다가스카르에서 찍은 사진 중 부척 마음에 드
는 사진이다. 그날 아침, 행복하고 따뜻한 마음이 내게도, 그들에게도 찾아
왔다.

무모하리만치 순수한 리자

아침을 먹고 8시경 호텔을 출발했다. 오늘은 베코파카까지 가는 제법 긴 일정이다. 우리 지프의 기사인 리자가 해맑은 미소로 아침 인사를 했다. 리자의 낡은 지프는 어제 바오바브 애비뉴의 비포장도로를 달린 탓인지 붉은 흙먼지를 뒤집어쓰고 있었다. 뒤따라오던 일행이 우리 지프를 앞질러 갔다. 우리는 잠시 주유를 하기 위해 주유소에 들렀다. 앞자리에 탄 나는 앞 유리가 너무 더러우니 와이퍼로 좀 닦아달라고 리자에게 부탁했다. 그런데 갑자기 리자가 바퀴를 밟고 앞 유리에 손을 대더니 장갑도 끼지 않은 맨손으로 유리를 닦는 것이 아닌가. 그의 보디랭귀지에 의하면 워셔액도 없고 와이퍼도 고장이란다. 그러고 보니 어제부터 에어컨도 켜지 않던데……. 아뿔싸. 에어컨도 고장이었다. 에어컨이 나와야 할 구멍 부분은 움푹 파여 있었다. 차량 앞, 뒤 창문 조작을 제어하는 패널은 원래 있던 곳에서 떨어져 나가 전선줄에 매달려 공중에서 덜렁거리고 있었다.

운전석 옆 유리창에 왜 드라이버가 꽂혀 있나 싶었는데 알고 보니 유리창을 고정하는 역할이었다. 그래서 리자는 운전석 창문을 열지 못했던 것이다. 엔진과 바퀴 말고는 멀쩡한 것이 없는 지프였다. 시속 90km라는 것을 표시하는 계기판이라도 제대로 붙어 있는 것이 신기하고 다행스러웠다. 하지만 차라리 계기판이 없고 에어컨과 창문, 와이퍼가 제대로 작동되는 편이 훨씬 나았을 것이다. 어차피 속도 측정 카메라 따위는 도로에 설치되어 있지 않았으니까. 맨손으로 유리창을 닦고 있는 그를 보니 그런 부탁을 한 방정맞은 내 입이 원망스러웠다. 서둘러 물티슈를 꺼내 손을 닦으라고 내밀었더니 리자는 물티슈로 또 유리를 닦는다. 산 넘어 산이다. 물티슈는 오히려 얼룩만 잔뜩 남겼고 결국 물티슈를 죄다 꺼내 유리창을 다시 닦아야 했다. 나는 리자의 손을 닦아줬다. 다시 출발하면서 이런 순박한 리자에 대한 호기심이 생겨 그와 이야기를 나눴다. 잠시 여기에 그에 대해 알게 된 것들을 써두어야 할 것 같다.

리자는 5일간 함께 움직였던 지프의 기사다. 마다가스카르는 과거 프랑스 식민지였고, 정책적으로 영어 교육을 막았기 때문에 고등 교육을 받지 않은 사람들은 현지어인 말라가시어와 프랑스어밖에 말할 수 없었다. 리자 역시 마찬가지라서 영어로는 거의 대화가 통하지 않는 기사였다. 우리의 대화는 아주 쉬운 영어 단어와 보디랭귀지로 의사를 표현하는 것이 다였다. 따라서 리자와 속 깊은 대화를 나누는 것은 애당초 불가능한 일이었지만, 그의 눈빛과 미소만으로도 그가 착한 사람이라는 것을 알아봤다. 리자의 피부색은 검었는데, 체격이나 풍기는 분위기를 봤을 때 순수한 마다가스카르 사람은 아닌 것 같았다. 아마 인도네시아나 인도 사람의 피가 섞여 있으리라. 리자는 모론다바에서 관광객들의 운전기사로 일하고 있고, 부인과 아이 셋은 수도 타나에서 살고 있다. 타나에는 1년에 두 번 정도 돌아간다고 하니 기러기 아빠의 고충이 얼마나 클지 상상이 갔다. 여행 마지막 날 모론다바에서 다시 타나로 돌아가는 공항에서 리자와 헤어지기 전까지는 리자가 나에게만 유독 친절했던 것인지, 아니면 기사라는 서비스 정신 때문에 친절했던 것인지는 잘 몰랐다. 그것에 대한 답은 공항에서의 애틋한 에피소드에서 쓰고자 한다.

내가 탄 지프는 주유를 하느라 늦게 출발해, 일행과 합류하기 위해 열심히 달렸다. 오늘 일정은 치리비하나 Tsiribihina 강에 도착해 배를 타고 강을 건너 벨로 Belo 에서 점심을 먹고, 또다시 이동해 다시 한 번 치리비하나 강을 건너 베코파카에서 1박을 하는 것이었다. 그런데 치리비하나 강까지 가는 길에 낯익은 풍경이 눈에 들어왔다. 바로 어제 봤던 바오바브 애비뉴를 지나가고 있었던 것이다. 당시 이 일정을 알고 있었음에도 조금 생소하게 느꼈던 것은 바오바브 애비뉴를 지나고 있는 시간과 요일이 달랐기 때문이다. 어제는 일요일 오후 시간이었지만 오늘은 월요일 이른 아침 시간이었다. 어제 수많은 관광객이 북적이던 바오바브 애비뉴에, 오늘은 가끔씩 오가는 현지 주민들과 달구지, 그리고 나밖에 없었다. 하늘은 그저 파랗게 빛나는 가벼운 아침이었다. 다만, 역광이어서 바오바브 나무는 죄다 검은색으로 찍혀 청명한 아침 분위기와는 어울리지 않았다. 그러나 이 한적함과 고요함, 마치 나도 이들의 일부인 것 같은 느낌이 너무 따뜻하고 좋았다.

도로 아닌 도로 같은 도로

리자는 앞차들과 너무 많이 간격이 벌어져 불안한지, 서둘러 출발하자는 표정을 지었다. 아쉬움을 남기고 온전한 것은 계기판밖에 없는 지프를 타고 붉은 황톳길을 달리기 시작했다. 다행히 아직은 평탄한 비포장도로였고 앞에서 달리는 차도 없었기에 창문을 열고 바오바브 나무들과도 인사를 하며 시원스레 달렸다. 그러나 바오바브 나무가 점점 줄어드는 것과 동시에, 이것이 과연 차가 달릴 수 있는 도로인가 싶을 정도로 울퉁불퉁한 길이 시작되었다. '비포장'의 의미가 아스팔트로 포장이 안 된 도로를 뜻한다면, 내가 달리는 이 길은 분명 새로운 용어로 명명되어야 할 것이다. 자동차의 바퀴가 닿는 부분만 움푹 들어가서 마치 철길이 위로 오른 것이 아니라 아래로 꺼진 것처럼 생긴 길이 있지 않나, 멀쩡하다가도 갑자기 움푹 들어간 곳이 있는가 하면, 툭 하고 튀어나온 '자연 과속 방지턱'도 있었다. 브레이크와 액셀러레이터를 번갈아 밟아가며 운전하는 리자도 물론 힘들었겠지만, 그래도 그는 운전대라도 잡고 있을 수 있었다. 나는 한 손으로 조수석 위에 있는 손잡이를 꽉 잡은 채 발로는 있지도 않은 브레이크를 밟아대느라 손발이 저리기 시작했다. 이런 길을 평균 시속 50km로 달렸다. 척추는 따로 놀았고 인천 월미도에 있다는 '디스코팡팡'이라는 놀이기구를 타듯 몸은 한순간 붕 떴다 앉기를 반복했다. 길 양옆은 덤불 같은 키 작고 가느다란 나무들(알루아우디아)이 붉은 먼지를 뒤집어쓰고는 '요만큼'이 길이라는 것을 알려주고 있었다. 나중에 내려서 손을 보니 얼마나 손잡이를 꽉 잡았던지 오른손에 새로운 손금이 하나 생긴 것처럼 붉은 줄이 그어져 있었다.

　마다가스카르를 여행할 수 있는 시기는 6월부터 8월까지로 짧은 시간밖에 허용이 안 된다. 그도 그럴 수밖에 없는 것이, 사바나기후인 이곳은 우기 때는 6개월간 쏟아지는 폭우로 이 도로 같지 않은 도로가 온통 진흙탕이 되어 도저히 차가 다닐 수 없기 때문이다. 끝나지 않을 것 같은 이 '도로 아닌 도로 같은 도로'는 결국 오전 11시경에 치리비하나 강에 도착해서야 끝이 났고 이 와중에 잠든 나는 리자가 깨워서야 일어났다. 그래서 이 비포장도로를 '도로 아닌 도로 같은 도로'로 정의하고자 한다.

　강가에 있는 마을은 전형적인 도진취락渡津聚落, 즉 나루터 취락으로 치리비하나 강 양쪽을 왕래하는 사람들에 의해 생계를 유지하는 마을 같았다. 모론다바에서 이 마을까지 오는 길에 단 한 명도 사람을 만나지 못했기 때문이다. 만난 것은 하늘과 구름과 흙먼지와 그 흙먼지를 뒤집어쓴 앙상한 나무들과 도로 같지 않은 도로밖에 없었으니 치리비하나 강 말고는 이 마을의 존

치리비히나 청년들
닭 벼슬 머리를 한 청년들은 코코넛이 안 팔리는 이유를 모르는 것 같다.

재 이유를 물을 수는 없어 보였다. 차를 갖고 강을 건널 수 있는 유일한 이동
수단은 바지선이었다. 바지선에 차량을 싣는 동안 잠시 선착장 주변을 둘러
봤다. 작은 시장에서는 간식거리를 팔고 있었는데 여지없이 파리 떼가 먼저
시식을 하고 있는 통에 전혀 먹음직스러워 보이지 않았다. 시장을 한 바퀴
돌고 다시 오니 선착장에는 바지선만 있는 것이 아니었다. 작은 통나무배들
도 손님을 기다리고 있고 젊은 남녀들이 코코넛을 둘러싸고 모여 수다를 떨
고 있었다.

　재미있는 것은 이들의 패션이었다. 남자들은 죄다 축구 유니폼을 입고

있었고 여자들은 스카프 같은 것을 스커트처럼 걸치고 있었다. 월드컵에서 마다가스카르의 승리 소식은 들어본 적도 없었는데. 모두 축구 선수를 꿈꾸는 것인지도 모르겠지만, 내 생각에는 편하게 입고 벗을 수 있는 고무줄로 된 옷이 필요했고 포장이 안 된 흙바닥에 앉는 것이 일상이니 쉽게 빨고 말릴 수 있는 나일론 소재로 된 옷을 찾았던 것이 아니었을까 싶다. 또 여자들의 옷은 처음에는 저것이 스커트려니 했는데 그 안에 반바지나 스커트를 또 입고 있어 좀 의아했다. 인솔자에게 물어보니 그들의 문화라고는 하는데 내가 궁금한 것은 왜 이런 문화가 생겼을까 하는 것이었지만 아마 이런 걸 질문하는 사람은 특이한 성격을 지닌 나 같은 사람밖에는 없었는지 그 이상의 답변은 들을 수 없었다. 그래서 내가 내린 결론은, 추울 땐 뒤집어쓸 수 있고 여차하면 물건도 쌀 수 있으며 창피할 땐 얼굴도 가릴 수 있는 다용도 스카프를 선호하기 때문이라는 것이었다. 어쨌든 몇 개 없는 코코넛의 주인이 누구인지는 모르겠지만 꽤 많이 팔아야 염색약을 살 수 있을 것 같았다. 마다가스카르에 자줏빛 염색이 유행하고 있는지, 남녀 청년들 모두 뽀글거리는 까만 머리카락의 앞부분만 붉은 염색을 한 것이 마치 빨간 닭 벼슬처럼 보였다. 한국도 한때 젊은이들 사이에서 부분 염색이 유행한 적이 있었다. 내 시각으로는 불량기 가득하고 시대에 반항하는 청소년들로 보여 도대체 사회에 어떤 불만을 가지고 있길래 저럴까 하는 궁금증이 든 적이 있다. 아마 이들도 마다가스카르의 경제와 사회에 대한 답답함을 닭 벼슬 헤어 패션으로 표현하고 있는지도 모르겠다.

드디어 리자의 지프가 바지선에 올랐다. 나도 닭 벼슬 청년들과 이별하고 바지선에 올랐다. 말이 바지선이지 엔진이 달린 그냥 넓은 나무판 같은 배였다. 구명조끼나 안전을 위한 펜스 등은 물론 없었다. 지금 생각해보니,

그 도로 아닌 도로를 달리면서 안전벨트도 하지 않았다. 이상하게도 여행을 하고 있을 때는 '안전'이라는 개념은 내 머릿속에서 사라진다. 그동안 주로 시골 마을을 여행해서 도로며 차량이 제대로 갖춰진 곳이 없었는데도 항상 안전벨트를 제대로 하지 않았다. 원래 겁이 많은데도 여행 중에는 늦은 밤이나 새벽에도 혼자 돌아다니기 일쑤였다(물론 그래서 갖가지 사고를 일으켰지만). 왜 그랬을까? 아마도 '운명을 따른다'는 소신을 여행지에서라도 이루고 싶은 내 잠재의식이 그렇게 만들었는지도 모르겠다. 남들보다 비교우위에 있으려 하고, 바쁘지 않으면 뭔가 불안한 한국에서의 내 모습이 떠올랐다. 물질적으로는 더 가지려 하지 않지만 정신적으로는 늘 허기져 있었다. 또 욕심내며 살지는 않겠다고 말은 하지만 욕망과 미련을 끌어안고 살고 있다는 것도 알고 있다. 이런 나 자신을 여행지에서는 잊게 되는 것 같다. 현지 사람들의 표정을 닮게 되는 것 같고, 또 아주 조금은 욕심도 내려놓게 되는 것 같다. 사고가 나면 이것이 나의 운명이려니 하고, 일어날 일은 어디에 있든 일어나고야 만다는 내 나름의 운명론을 믿게 된다. 그만큼 여행이란 알게 모르게 지쳐 있던 자신을 조금은 풀어놓아 주는 역할을 하는 것 같다.

　지인 중에 중소기업 회장님이 한 분 있다. 이분은 젊었을 때 세계 각지를 여행하고 60세가 넘은 다음부터는 오지만을 여행하신다. 여행 중에는 항상 3000달러를 품속에 넣고 다니는데 영어로 써놓은 유언장도 함께 지니고 다닌다. 유언장의 내용은 이렇다. "혹 이 시체를 발견했다면, 품속에 있는 3000달러 중 일부를 사용해 한국에 있는 내 가족에게 연락하고 시신을 보관하는 데 써주고 나머지는 다 가지면 된다." 아무리 재산이 많아도 갑작스러운 사망은 막을 수 없다. 그럼에도 불구하고 그분은 오지를 여행한다. 자신이 좋아하는 것을 하면서 살고 싶다는 그분의 인생관에 공감한다. 가진 것이 많아 잃을까 봐 전전긍긍하는 삶이 아니라, 언제 어떻게 될지 모르는 인생이라면 하고 싶은 것을 하면서 살아가는 삶이 훨씬 재미있지 않겠는가.

바지선 안쪽에는 차량들이 먼저 빼곡하게 자리를 잡고 있었다. 승객들은 차량 주변 바지선 테두리에 위태롭게 서서 이동했다. 만약 사고가 발생해 배가 침몰한다면 사망자가 몇 명인지는 고사하고, 사고 자체가 뉴스로 나올 것 같지 않았다. 강을 건너는 데 20여 분이 소요되었는데 배 위로 내리쬐는 정오의 햇빛을 피할 차양막 하나 없어 바지선 위에서 일광욕을 했다. 고요한 치리비히나 강을 거슬러 이름을 알 수 없는 작은 선착장에 도착하자 이번에는 사람들이 먼저 내리고 차량들이 내렸다. 리자가 지프를 몰고 오는 것을 기다리려고 선착장 위로 올라섰는데 소 두 마리가 끌고 오는 달구지가 위태롭게 하천 주변을 따라 올라오고 있었다. 그런데 아무리 봐도 달구지의 가로폭은 좁은 길의 폭보다 넓어 보였다. 과연 무사히 올 수 있을까? 아니나 다를까, 검은 소는 빠지기 일보 직전이라는 자신의 위험을 감지했는지 '허벌나게' 잰 발걸음으로 진흙을 튀기며 올라오고 있었다. 검은 소는 오늘 강에 빠질 운명은 아니었나 보다. 조만간 스테이크가 될 운명일지라도.

강을 건너 도착한 곳은 작은 어촌 마을인 벨로. 이 지역은 모론다바와 마다가스카르의 대표적인 관광 지역 중 하나인 칭기 국립공원을 잇는 중간 지역이고, 치리비히나 강을 이용해 오가는 수많은 물자와 사람의 중간 거점 지역으로 성장한 소도시다. 우선 선착장 인근에 있는 레스토랑 겸 호텔에서 점심을 먹기로 했다. 볶음밥을 주문한 뒤 잠시 식당 밖으로 나가봤다. 이렇게까지 파랄 수 있을까 싶은 하늘에 대충 찢어놓은 솜뭉치 같은 하얀 구름이 두둥실 떠 있었다. 언뜻 보면 해변에서 일광욕을 하고 있는 것처럼 보이는 여인들이 파라솔 아래에 앉아 있었다. 여인들 앞에는 그녀들이 오늘 팔아

야 할 과일, 채소, 곡물 따위가 놓여 있었다. 식당 앞 도로를 중심으로 커다란 시장이 형성되어 있었던 것이다.

벨로는 칭기 지역 일대의 여행이 끝나고 모론다바로 돌아갈 때 다시 들러 하룻밤을 잘 예정이었으므로 일단 오늘은 이곳에서 점심만 해결하고 시장 구경은 다음에 제대로 하기로 했다. 식당의 담벼락을 끼고 오른쪽으로 돌아가자 주택가로 이어지는 길이 나왔다. 칭기에서 돌아와 벨로에서 일박을 할 때 구경해야 할 곳들이 점점 늘어나고 있었다. 바로 옆에는 정미소가 있어, 방금 작업을 끝낸 쌀과 곡물이 포대에 담겨 주인을 기다리고 있었다. 그

벨로의 여인들
새파란 하늘 아래에서 신공을 펼치는 여인들.

앞에는 펼쳐놓은 비닐 위에 쌀을 말리고 있었다. 때마침 지나가는 맨발의 세 여인은 내게 묘기라도 보여주려는 듯 머리에 짐을 얹고도 양손을 자유롭게 흔들며 지나갔다. 다시 벨로를 찾았을 때 과연 이들을 또 만날 수 있을까. 만 난다면 알아볼 수는 있을까. 내 눈엔 다 똑같은 얼굴로 보였다. 다만 특이한 얼굴을 한 나를 그들이 알아봐주길 바랐다.

점심을 먹고 12시에 다시 베코파카를 향해 출발했다. 이제는 좀 편한 길 이 나오나 하는 기대는 하지 말았어야 했다. 또다시 몸의 모든 관절을 재조 립하는 도로가 시작되었다. 이 도로 같지 않은 도로는 아마 덩굴 숲을 차들

이 억지로 들어가 뚫어놓은 길이었을 것이다. 양 옆에는 잔가지가 자란 나무
들이 빽빽하게 들어차 있었다. 길의 폭은 딱 차 한 대가 지나갈 수 있을 만큼
이었다. 나무 색깔은 도로의 흙 색깔과 닮아 있었고 먼지를 하도 뒤집어써서
광합성 따위는 불가능할 것 같았다. 한쪽 바퀴는 툭 튀어나온 곳에, 다른 쪽
바퀴는 움푹 들어간 곳에 둔 채 몸은 70도 정도 기울어져 있었다. 지프가 전
복되지는 않을까 걱정스러웠음에도 고집스럽게 안전벨트를 매지 않고 있는
나도 어지간하다. 앞에서 달리는 일행의 지프가 가까워지면 붉은 흙먼지가
날려 마치 어렸을 때 여름날 소독차가 소독약을 뿌리는 것처럼 보였다. 마취

제처럼 그것을 따라가고 싶은 생각도 들었지만 그러기엔 색깔이 너무 불손했다. 에어컨이 나오지 않아 창문을 활짝 열고 있었는데, 흙먼지를 마시고 싶지 않다면 창문을 닫아야 했다. 하지만 열대의 한낮에 창문을 모두 닫은 차에서 과연 몇 분이나 버틸 수 있을까. 나는 리자가 이해할 수 있도록 "슬로우리, 슬로우리"를 반복하며 앞차와의 거리를 좀 두자고 했다. 친절하고 상냥한 리자는 순진한 미소로 "오케이"라고 말하며 속도를 조금 줄여줬다. 잠시 먼지가 사라지면 창문을 열고 참았던 숨을 한꺼번에 몰아쉬며 폐에 신선한 공기를 집어넣어주는 일이 반복되었다. 하지만 곧 앞차와 또 가까워지면 나는 다시 "슬로우리, 슬로우리"를 반복해야 했다. 차가 속도를 줄이면 창문을 열고 숨을 몰아쉬고, 다시 가까워지면 "슬로우리"를 연발하고.

급기야 나중에는 잠시 쉬어가는 곳에서 일행 모두 하나같이 불편함을 호소했다. 차들끼리 좀 떨어져서 가면 되지 왜 먼지 나는 도로를 바싹 달라붙어 줄지어 달리냐는 것이었다. 현지 가이드의 말에 의하면 이곳에서는 휴대전화가 잘 연결되지 않아 앞이나 뒤에 있는 차가 안 보이면 사고가 난 것은 아닐까 걱정되어 시야에서 멀어지지 않도록 바싹 붙어서 이동한다고 했다. 충분히 이해는 되었지만 화생방 공습에 대비한 훈련도 아니고 참으로 견디기 힘든 이동이었다. 다시 출발할 때는 다들 자기네 지프가 가장 먼저 가겠다고 주장했지만 현지 인솔자가 가장 먼저 가야 한다는 데 이의를 다는 사람은 없었다. 리자의 지프는 가장 나중에 출발했다. 다른 지프의 기사들은 아무리 천천히 가자고 부탁해도 들어주지 않았다고 한다. 하지만 리자는 내 고충을 충분히 이해하고 있다고 생각했기 때문에 아무래도 상관없었다. 그렇게 리자와 나의 신뢰는 쌓여갔다.

베코파카 가는 길
맨발로 다니는 사람들을 위해 유리병을 버려서는 안 된다.

빈 페트병이 필요한 아이들

또다시 도로 아닌 도로의 질주가 이어지면서도 가끔씩은 아주 작은 마을을 만나기도 했는데 아마 다섯 개도 안 되었던 것 같다. 근처에 농사짓는 모습은 보이지도 않는데 도대체 무엇을 먹고 사는지, 또 마을과 마을 사이의 거리는 너무 멀고 시내버스가 다니는 것도 아닌데 필요한 물건은 어디서 사오는 것인지 이해가 되지 않았다. 더 이상한 것은 마을이 전혀 보이지 않는데도 어디선가 갑자기 아이들이 튀어나온다는 것이었다. 녀석들은 '소머즈'

나 '600만 불의 사나이'처럼 대단한 청력을 가져서 자동차가 지나가는 소리를 멀리서도 들을 수 있는 걸까. 몇 시간 만에 만나는 아이들이 너무 반가워서 사탕이라도 주고 싶었는데 차를 멈춰 세울 수는 없었다. 아까 잠시 쉬었을 때 인솔자가 아직도 가야 할 길이 100km는 된다며 서두르자고 요청했기 때문이다. 따라서 여기에 싣는 사진들은 지프 안에서 달리면서 찍은 것들이라 초점이 제대로 맞지 않은 사진도 많다.

그런데 이상한 것은 지나가면서 만나는 아이들의 손동작과 표정이었다. 나는 반가워 웃으며 손을 흔들었는데 일부 아이들은 손을 흔들긴 했지만 어떤 아이들은 뭔가를 요구하는 표정으로 손을 내미는 것이었다. 당연히 뭔가 먹을 것을 요구한다고 생각해서 사탕이며 과자를 손에 쥐어줘도 여전히 표정이 밝지 않았다. 궁금했지만 그 이유를 리자에게 물을 수는 없었다. 리자는 내 질문을 이해할 수 없을 것이기 때문이다. 나중에 인솔자를 만나서 물어보니 그들이 원하는 것은 페트병이라고 했다. 빈 페트병을 원하는 아이들도 있다니. 건조한 기후인 이 지역에서는 물을 담을 용기가 귀하다고 한다. 보통은 쓰레기로 생각하는 빈 페트병을 원하는 아이들이 있을 줄은 몰랐다. 더구나 페트병에서 나오는 환경호르몬이 내분비계에 혼란을 주고 이로 인해 균형 잡힌 성장을 방해해 병을 유발한다고 하지 않는가. 물론 수도인 타나나 모론다바 등과 같은 대도시에서는 그렇지 않겠지만 내륙 깊숙이 위치한 이 이름도 모르는 작은 마을에서 살고 있는 아이들의 현실은 그랬다.

아, 과연 신은 존재하는가. 이 아이들에게 생명을 준 부모는 무엇을 믿고 살아왔을까. 마다가스카르의 종교 현황은 토착 종교인 원시 종교가 50%를 조금 넘고 기독교가 40% 정도라고 한다. 과거 프랑스 식민 지배의 영향으로 기독교 중에서도 가톨릭 신자가 많을 것이므로 낙태는 금기로 여기고 있을 것이다. 늘어나는 것은 아이들이고, 이 아이들이 먹을 수 있는 식량은 늘 부족할 수밖에 없다. 마다가스카르는 세계에서 네 번째로 큰 섬나라지만 전체 면적 중 경작이 가능한 농지는 5%밖에 안 되기 때문이다. 마다가스카르 최대 수출 품목은 커피다. 국가 수출 총액의 45%를 차지한다고 하니 세계화의 부정적 영향에 대한 대안으로 떠오른 공정 무역의 중요성을 논하지 않더라도 부디 마다가스카르의 커피가 제 값에, 아니 비싼 가격으로 팔려 이 이름도 없는 작은 마을의 아이들이 더 이상 빈 페트병을 달라며 손을 내밀지 않게 되었으면 좋겠다. 오지 시골 마을의 때 묻지 않은 순수함을 만나기 위해 여행을 떠났는데 오히려 더 마음이 아파왔다. 부디 이 나라의 경제가 국민 구성원 한 사람도 빠짐없이, 적어도 먹고살아갈 수는 있는 수준까지 올라갔으면 좋겠다. 그래야만 아이들이 배고파 찡그리거나 슬픔이 묻어나는 미소를 짓는 일이 없을 테니까.

드디어 치리비히나 강의 지류를 건너는 곳까지 도착했다. 강폭이 워낙 좁아서 자동차 세 대밖에 못 싣는 작은 바지선 하나가 전부였다. 그나마 있던 강의 양쪽을 연결해주는 줄이 끊어져서 노를 저어 건너야 해서 강을 건너는 데 꽤 시간이 걸릴 수밖에 없었다. 우리보다 먼저 도착한 서양 관광객의 지프들도 줄지어 도하渡河를 기다리고 있었다. 주유소에 딸린 자동 세차장에서 순서를 기다리듯 일렬로 늘어선 자동차들을 대상으로 강물을 직접 퍼서 세차해주는 아이가 있었다. 세제를 쓰지 않는 자연친화적인 세차법이라 아이는 힘이야 좀 들겠지만, 물값도 세제값도 들지 않으니 제법 똑똑한 방법이었다.

한참을 기다린 끝에 리자의 지프가 다른 차량들보다 앞서 바지선을 타게 되어 나는 다른 일행보다 먼저 강을 건널 수 있었다. 강을 건너는 데는 고

베코파카 가는 길에서 만난 아이들
아이들이 원하는 것은 빈 페트병이었다. 아이들은 둘만 낳아서 잘 기르면 될텐데, 이 많은 아이를 어찌 다 먹여 살릴지.

작 5분밖에 걸리지 않았다. 선착장에 다다르자 신나는 음악 소리가 들려 그 곳을 바라보니 대형 CD 플레이어를 어깨에 메고 있는 청년과 세 살에서 일곱 살쯤 되었을 것 같은 남자아이들이 춤을 추고 있었다. 마다가스카르에 도착해서 처음으로 본 현지 사람들의 춤추는 모습이었다. 특이한 것은 주로 허리와 엉덩이를 많이 쓴다는 것인데, 팔 동작은 비교적 단순해서 양손을 머리 위로 올리고 있는 것이 다였지만 허리와 엉덩이는 어찌나 바쁘게 움직이는지 보고 있는 나도 절로 몸이 흔들거렸다. 특히 세 살쯤 되었을까 싶은 가장 어린 남자아이는 반바지가 엉덩이 반쯤에 걸쳐 있는 모양새로 형들의 춤을

베코파카 입구
물값도, 가겟세도 내지 않는 친환경 세차장이다.

따라하며 원을 그리며 춤추고 있었지만 전혀 뒤지지 않는 리듬감이었다. 그 작은 엉덩이를 흔들고 있는 모습이 너무 귀여웠다. 딱히 뭘 바라고 춤을 추는 것 같지는 않고 그저 자신들의 마을을 방문해준 것에 대한 환영의 의미였던 것 같다.

오후 6시. 드디어 베코파카에 도착했다. 이곳에는 호텔 세 개가 있는데 선착장 근처에 두 개가 있고 선착장에서 좀 더 올라가 마을을 지나면 숲 속에 별 세 개짜리 호텔이 하나 더 있다. 오늘과 내일의 숙소는 바로 그 호텔이었다. 호텔 이름은 르 그랜드 Le Grand 호텔이었는데 아마 다른 나라의 다른

베코파카에서 만난 세 번째 맨발의 어린 왕자
녀석의 눈은 호기심과 장난기로 가득하다.

도시를 여행하다가 별 세 개짜리 호텔을 봤으면 당연히 아무것도 기대하지
않았을 것이다. 그러나 호텔을 본 내 느낌은 '기대 이상'이라기보다는 '어처
구니없음'이 맞을 것이다.

　오늘 지나온 이름도 없는 작은 마을들, 도로 아닌 도로, 페트병을 달라
는 아이들의 눈빛과 손, 신발을 신지 않은 사람들, 방금 전 지나온 작은 마
을, 시키지도 않은 세차를 하는 아이들……. 그런데 숲속에 이렇게 멋지고
넓은 호텔이 있을 것이라고 상상이나 했을까. 정문에 들어서자마자 수영장
이 보였다. 방갈로로 된 모든 객실은 하나씩 떨어져 있었고 객실마다 발코니

도 딸려 있었다. 웰컴 드링크로 딸기 주스가 나왔다. 이것만으로도 오늘 겪은 마다가스카르와는 너무나 어울리지 않는 최고급 호텔이었다(실내의 비품과 가구는 조악했지만). 물론 나는 봉사활동 차원에서 이곳에 온 것이 아니고 관광을 하러 온 것이므로 요금에 대한 대가를 받는다고 생각하면 그만이다. 모든 것을 너무 무겁게 생각하는 것도 내 단점이기는 하지만 그래도 어쩔 수 없이 떠오르는 이질감을 떨칠 수 없었다.

하지만 그것도 금세 잊혔다. 달려드는 모기떼가 생각을 방해했기 때문이다. 이곳에 도착하기 전까지는 모기에 많이 물리지 않아서 준비해간 모기 퇴치 약품들을 그대로 갖고 돌아가겠다 싶었는데, 밤이 되자 모기들이 간만에 포식을 하자고 단체로 덤벼들었다. 긴바지를 입었음에도 어떻게 뚫고 들어왔는지 순식간에 스무 방 정도나 물려버렸다. 급하게 모기 퇴치용 스프레이를 뿌리고 전자 모기향을 꽂고 모기가 싫어한다는 향이 나오는 팔찌까지 차고 아주 '생쇼'를 했다. 부디 말라리아 모기가 아니기를 바랄 수밖에. 밤이 되자 별 세 개짜리 호텔의 전기도 수시로 나가, 밖으로 나가봤더니 하늘에 무수히 많은 별이 떠 있었다. 마음 같아서는 발코니에 앉아 별을 세어보고 싶었지만 또다시 달려드는 모기를 상대로 싸울 수는 없어서 서둘러 이불 속으로 들어갔다.

여행 넷째 날. 아침 6시에 알람을 예약해뒀지만 또 새벽 4시에 잠이 깨버렸다. 이번에는 시차 때문이 아니라 다리에 쥐가 났기 때문이다. 평소에 운동을 열심히 하지 않은 결과다. 주로 발바닥이나 종아리에 쥐가 나는데 혼자 끙끙거리며 다리를 풀자니 잠이 다 깨버렸다. 이왕 일어난 김에 아침을 일찍 먹고 어제 지나왔던 마을의 아침 풍경을 보러 나가기로 했다. 오늘의 일정은 칭기 국립공원 트레킹이었기 때문에 사람들이 살고 있는 마을에 들를 수 있을지 알 수가 없었기 때문이다. 6시 전에 먼저 아침을 먹고 밖으로 나갔다. 이제 막 해가 뜨고 있는 이른 아침이라 망원줌렌즈는 필요 없을 것 같아서(사실은 너무 무거워서) 16-35mm 광각렌즈만 카메라에 장착하고 혼자 길을 나섰다. 학생들에게 내 여행관을 이야기해줄 기회가 있으면 항상 나는 가급적 호텔에서 잠자는 시간을 줄이라고 말한다. 호텔에서 자고 수영하기 위해 비행기로 20시간이 넘게 고생하며 다른 나라까지 갈 이유는 없기 때문이다. 해가 뜰 때 그 지역 사람들이 어떻게 아침을 맞이하는지, 해가 질 때 저녁 풍경은 또 어떤지를 눈으로 직접 봐야 하지 않을까. 즉, 적어도 하루 정도는 현지 사람들의 사는 모습을 봐야 그 지역에 다녀왔다고 할 수 있을 것 같기 때문이다. 아침에 만날 아이들에게 줄 사탕을 바지 주머니에 챙긴 뒤 길을 잃어버리지 않도록 잘 기억해두며 마을로 향했다.

마을로 향하는 길은 당연하겠지만 포장이 안 된 푸석푸석한 모래 같은 먼지가 나는 흙길이었다. 호텔을 벗어나 얼마 후 맞은편에서 다가오는 아이들을 만날 수 있었다. 사람 찍는 것을 좋아하기에 그저 반가운 마음에 나는 함박웃음을 지었는데 아이들은 내가 너무 무서웠나 보다. '이 커다란 여자는 여기서 뭐하는 거지?' 그런 표정으로 나를 바라봤다. 어차피 말이 통할 리가 없었으므로 한국어로 인사를 하고 사진 몇 장을 찍었지만 아직 해도 제대로 뜨지 않아 노출이 많이 부족해서 죄다 흔들리고 말았다. 남자 아이들은 닭을 몇 마리씩 메거나 들고 있었는데 호텔에 가져가서 팔 것들이라고 한다. 이날 저녁에 내가 먹어치운 닭은, 자신이 아침에 만난 외국인의 배로 들어갈 줄은 몰랐을 것이다.

아이들과 헤어지고 10분을 더 걷자 마을 초입이 나왔다. 그곳에서부터

이른 아침 닭을 팔러 가는 아이들
분명 효자가 될 것이다.

좌우로 집들이 이어져 있었는데 6시 40분밖에 안 된 이른 아침이라 그런지
사람이 그리 많이 보이지는 않았다. 칭기 국립공원 출발 시각이 7시 30분이
어서 그 전에 돌아가 양치하고 준비하려면 7시까지는 호텔로 돌아가야 했
다. 초입에 있는 마을만 잠깐 구경할 수밖에 없었는데, 좀 더 걷자 집이 한
채 나왔다. 집 앞에는 작은 나무 한 그루를 심어 두고 물을 준 흔적이 보였
다. 내가 웃으며 "샤람마" 하고 인사를 하며 마당에 들어서니 다들 놀란 눈
으로 "샤람마" 하고 화답해줬다. 말라가시어로 '안녕하세요'라는 뜻이다. 그
나저나 어지간히 놀란 눈들이었다. 왜 아니겠는가. 덩치 커다란 동양인 여자

가 이른 아침에 마당에 들어섰으니. 그래도 아이들은 모두 너무 귀여웠다. 가뜩이나 눈이 큰 아이들이라 놀란 눈이 더 커 보였다. 그중 한 여자아이는 주황색 천을 쓰고 줄넘기를 하고 있었는데 줄넘기의 줄이 몇 번이나 끊어졌었는지 대여섯 군데는 묶여 있었다. 그런 끈으로 계속 걸리면서도 재미있는지 깔깔거리며 뛰고 있었다. 누군가 마다가스카르의 베코파카 마을에서 이 아이를 만나게 되면 절대 끊어지지 않는 튼튼한 줄넘기를 선물해주길 바란다.

호텔로 돌아와 아침 7시 30분 칭기 국립공원을 향해 출발했다. 이 글의 서두에서 마다가스카르에서 가장 무서운 것은 에볼라나 말라리아가 아니라 칭기를 걷는 것이라고 했다. 그 무시무시한 이야기를 지금부터 쓰고자 한다.

사실 전날 밤 저녁 식사를 하면서 인솔자에게 칭기 트레킹을 하지 않고 그 아래에 있는 마을에 남아서 마을 구경을 하든가 사진을 찍거나 하면 안 되겠느냐고 물었다. 마다가스카르 여행 준비로 정보를 검색하며 '칭기'라는 말이 말라가시어로 '발끝으로 걷다'라는 뜻이고, 그렇게 이름이 붙게 된 이유가 뾰족한 카르스트 karst 지형이기 때문이라는 것을 알게 되었다. 나는 지리를 전공한 사람이라 카르스트 지형의 형성 원리에 대해 알고 있었다. 게다가 2005년에는 부모님을 모시고 카르스트 지형으로 유명한 중국 계림에 다녀왔다. 나는 산을 오르기에는 지나치게 무거운 몸을 하고 있었고, 다른 무엇보다 지형 사진을 찍는 것은 내 관심 밖이었다. 그러나 인솔자는 칭기가 국립공원 안에 있어서 주변에 마을은 전혀 없는데 혼자 남아 어떻게 4시간을 보낼 것이냐고 했다. 그랬다. 국립공원 안에서는 사람이 살 수 없게 되어 있었다. 별 수 없이 "그럼 함께 올라갈게요"라고 너무 쉽게 답한 나를 탓해야 했다. 대화할 사람이 없어 지나가는 개미하고 대화를 하더라도, 또 개미의 숫자를 세더라도, 빼곡한 열대림만 찍는 네 시간이라고 하더라도 칭기에는 오르지 말았어야 했다. 이 글을 쓰는 지금도 그 순간이 떠올라 눈물이 날 것 같다.

에볼라바이러스보다 무서운 칭기

호텔을 출발해 40분 넘게 달려 칭기 국립공원에 도착했다. 세계 어느 나라의 국립공원 간판이 이리도 초라할 수 있을까. 트레킹의 시작은 안전 교육을 받는 것이었다. 칭기 전문 담당 가이드인 티브이(왠지 TV를 봐야 할 것 같은 이름이다)는 킥복싱 헤비급 챔피언 같은 몸매와 얼굴을 가진 30대 후반으로 보이는 남자였다. 암벽을 등반할 때 쓰는 하네스(이름조차 처음 들어본 장비였다)를 차는 법과 고리를 채우는 법 등에 대해 일장 연설을 했다. 그러면서 하네스 차는 법을 시범하겠다며 나를 콕 찍어 앞으로 나오라고 했다. 왜 하필 나였을까? 모든 일의 시작은 여기서부터였던 것 같다. 어쨌든 모델이 되어 허벅지와 허리가 연결된 하네스를 찼더니 모양이 우스운 것은 둘째 치고 여간 불편한 것이 아니었다. 게다가 하필 이날은 반바지를 입어 맨살에 하네스가 닿았는데, 그 느낌도 그리 좋았다고는 말 못 하겠다.

세상에서 가장 싫어하는 운동이 등산인 나는 양손이 자유로워야 뭐라도 잡고 오를 수 있을 것이라고 생각해 카메라 가방은 호텔 방에 두고 나왔다. 캐논 28-300mm 렌즈와 물, 수건 등을 넣은 빨간 배낭만 메고 목에는 광각렌즈만 장착한 카메라를 걸고 트레킹을 시작했다. 시작 후 몇십 분은 열대림이 우거진 숲을 헤쳐 점점 깊숙이 들어가는 느낌만 있을 뿐 고도가 높아진

누군가 베코파카에 가게 된다면 튼튼한 줄넘기와 빨랫비누와 꼬맹이의 하얀 콧물을 닦아 줄 손수건을 가져다줬으면 좋겠다.

다는 생각은 전혀 없어서 허리에 찬 이 거추장스러운 장비는 왜 필요한 걸
까 싶었다. 그러다 잠시 후 드디어 카르스트 지형의 바위, 즉 카렌 karren 이 보
이기 시작했다. 카르스트 지형은 석회암 지대에 발달한 독특한 지형으로 우
리나라에서는 강원 남부 지역에서 돌리네 Doline, 우발라 Uvala 등이 잘 발견된
다. 석회암이 용식되어 울퉁불퉁해진 후 토양이 제거되면 원추형의 암석 기
둥이 만들어지는데 이를 카렌 또는 라피에 Lapiés 라고 부른다. 칭기는 카렌이
어마어마한 군락지를 이룬 곳으로, 마다가스카르에서 맨 처음 유네스코 세
계유산(자연유산)에 등록된 지형이다.

올려다보니 어느새 뾰족한 카렌으로 둘러싸인 협곡에 들어와 있었고, 그 사이를 걸으니 마치 영화 〈인디애나 존스 Raiders of the Lost Ark〉에 나오는 모험가처럼 스릴이 있고 뭔가 앞에서 튀어나올 것 같은 흥미진진함도 있었다. 바위의 귀퉁이를 조금씩 밟아가며 한발 한발 내딛었다. 고도가 높아지기 시작해 평소 운동이 부족했던 탓에 숨이 조금 가빠졌지만, '이 정도야 뭐!' 하는 마음이었다. 이른 아침에 출발했던 이유를 충분히 알 수 있었다. 10시쯤 되자 급격히 뜨거워져 목이 마르기 시작했기 때문이다. 만약 한낮에 출발했다면 오르기 전에 이미 탈진했을지도 모른다(그러므로 가능하다면 더 이른 시각에 오를 것을 추천한다. 그래야 덜 목이 마를 테니까). 얼마나 올랐을까. 이제 거의 다 왔다는 말을 듣자 안도감을 살짝 느꼈다. 눈앞에 보이는 암벽만 오르면 정상이라는 말에 '별것 아니었네' 하는 생각마저 들었다. 가이드인 티브이가 가장 먼저 오르고 뒤를 이어 일행 네 명 정도가 먼저 올라갔다. 이제 내가 올라갈 차례였다. 그러나 암벽에 매달려 열 발자국 정도 올랐을 때 문득 내 시야에 협곡이 들어왔다. 발 디딜 곳을 보다가 그만 100m쯤 아래에 있는 낭떠러지가 눈에 들어온 것이다. 지금까지 전혀 의식하지 못했을 뿐 나는 이미 엄청난 높이에 있는 암벽을 오르고 있었던 것이다. 순간 머릿속 어딘가에서 '핑' 하는 소리가 났던 것 같았다. 뾰족한 카르스트 지형을 한 수많은 카렌 중 하나에 내가 매달려 있었다. 팔과 다리는 의지와는 상관없이 덜덜 떨리기 시작했다. 내가 어느새 이렇게 높은 곳까지 올라왔단 말인가! 상상도 못한 일이었다.

2001년 캄보디아를 방문했을 때 어느 사원의 가파른 계단을 오르다가 절대로 아래를 보지 말라는 인솔자의 말을 무시하고 아래를 봤다가 그 자리에서 석고상이 되어버렸던 끔찍한 기억이 떠올랐다. 결국, 먼저 올라갔던 현지인 캄보디아 가이드가 거꾸로 내려와서 내 손목을 끌고 올라가줬다. 그때 내게 고소공포증이 있다는 것을 알았어야 했다. 아니, 알았어야 하는 정도가 아니라 내가 끔찍이 겁이 많은 사람이라는 것을 주변 사람들에게 미리 말했어야 했다. 무슨 슬픈 영화를 보고 있는 것도 아닌데 갑자기 예고도 없이 눈물이 주르륵 흘러내렸다. 아래에서 지켜보던 인솔자가 외쳤다. "남경우 씨! 못 올라가겠어요?" 대답할 정신도 없이 내 눈에서는 사정없이 눈물이 흘러내렸다. 인솔자는 칭기의 보조 가이드인 브라운(그의 이름이 브라운이었다는 것은 하산 후에야 알게 되었다. 티브이와 브라운(관). 절묘한 조합이었다)에게 올라가서 나를 끌어올리라고 지시하는 것 같았다. 나보다 훨씬 약해 보이는 몸을 하고 있는 브라운이 어느새 내 옆에 다가왔다. 그가 한 발 위에서 "Relax, Relax"라는 말을 반복하며 무거운 나를 끌어올리기 시작했다. 결벽증이 있는 나였지만, 까맣고 손때 많은 브라운의 손을 거절할 수 없었다. 내가 무슨 정신으로 정상까지 올라갔는지 기억에 없다. 눈물범벅이 된 얼굴로 꼭대기에 오르자 다리가 휘청거렸다. 위아래에서 일행 모두가 박수를 치며 애썼다고 위로해줬지만 공포와 창피함 때문에 제대로 인사를 할 여유도 없었다.

나는 놀이공원에서 바이킹을 타고 너무 무서워 토한 적도 있는 겁쟁이다. 어쩔 수 없이 놀이공원에 가게 되면 그나마 타는 것이 회전목마였다. 그런 내가 칭기에 오르다니. 나머지 일행이 모두 도착하고 인솔자에게 너무 미안한 마음이 들었지만 내 입에서는 오히려 볼멘소리로 "그러게 내가 안 온다고 했잖아요! 이제 끝난 거죠, 이제 내려가면 되는 거죠?"라고 쏘아붙였다. 인솔자는 씩 웃으며 이제 정상이니까 내려갈 때는 위만 보고 내려가면 괜찮다고 말했다. 아……. 그 말을 믿은 내가 바보였다. 칭기 정상에는 우리 일행 열 명 정도가 올라가면 꽉 찰 정도로 비좁은 직사각형 나무판자 둘레에

칭기
절대로 이 모습이 무서운 것이 아니다. 사진에 보이지 않는 더 깊은 바닥까지 이런 모습이라는 것이 무서운 것이다.

나무로 만든 펜스가 쳐져 있는 것이 전부였다. 다들 정상에서 아래를 내려다
보는 기쁨을 만끽하며 기념사진을 찍느라 바빴지만 다리에 힘이 풀린 나는
귀퉁이에서 여전히 덜덜 떨고 있을 뿐이었다. 단체 사진을 찍는다고 한다.
그런데 이들을 다 담으려면 내 카메라로 찍는 수밖에 없어서 할 수 없이 내
가 찍어주려고 목을 더듬었다. 어라? 카메라가 없다. 아, 그랬다. 펑펑 울고
있을 때 내 카메라를 브라운에게 넘겨줬다.

    조금 정신을 차리고 단체 사진을 찍고 나니 한결 기분이 나아졌다. 이제
내려가기만 하면 된다니까……. 겨우 한두 컷 전경 사진을 찍으면서도 칭기

는 하늘에서 찍는 것이 멋있을 것 같다는 생각이 들었다. 하지만 역시 내게
는 사람의 미소만큼 아름다운 사진은 없을 것 같다는 생각은 여전했다. 이제
하산하기로 했다. 우리 팀이 빠져줘야 뒤따르고 있는 서양 관광객들이 이곳
에 설 수 있다. 일행을 따라 2~3분 정도 내려갔을까? 눈앞에 구름다리가 나
타났다. 분명 이건 환상일 것이라고 생각했다. 내려가기만 하면 된다고 했는
데 왜 구름다리가 눈앞에 있는 것인가. 이쪽과 저쪽의 카렌 군락지를 잇고
있는 구름다리의 길이는 50m. 티브이는 이곳이 매우 위험하기 때문에 구름
다리에 매어 있는 줄에 하네스의 연결고리를 걸고 한 사람씩 이동해야 한다
고 말했다. 무겁고 거추장스러운 하네스는 바로 이럴 때 필요한 것이었다.

　　이때 내 표정은 어땠을까. 내 귀에는 티브이의 설명은 그저 외계어로 들
렸다. 일행 몇이 벌써 건넜다. 나는 '그렇구나. 건너갔구나……' 하고 마치
나와는 전혀 상관이 없는 일처럼 허공에 시선을 고정한 채 멍하니 서 있었
다. 티브이가 이제 내 차례라고 말하며 내게 물었다. "Are you OK?" 내 입
에서는 전화기의 자동응답기처럼 "오케이"라는 말이 튀어나왔다. 아니, 그
랬던 것 같다. 하지만 티브이는 내 얼굴을 보고는 "No, No, No" 하더니 내
양손을 잡고 구름다리 앞에 섰다. 내 상태가 너무 위험하니 자기와 함께 건
너야 한다고 했다. 나 혼자로도 충분히 무거워 구름다리가 버틸까 싶은데 킥
복싱 헤비급 챔피언의 몸매를 한 남자와 함께 다리를 건너다니. 하지만 그
의 명령을 거부할 힘이 내겐 남아 있지 않았다. 아니, 뭔가를 생각한다는 사
고력이 남아 있지 않았다. 티브이는 다리 앞에서 갑자기 돌아서더니 나를 마
주보고는 뒤로 한 발자국씩 구름다리를 건너기 시작했다. 그에게 양 손목이
붙잡힌 나는 졸지에 끌려가는 꼴이 되었다. 내 하네스의 연결고리도 그가 걸
었다 풀었다 반복하며 천천히 걷기 시작했다. 나는 다리를 건너지 못하면 이

뾰족한 바위만 있는 곳에서 살아야 한다는 생각에 티브이를 따라 한 걸음씩 내딛었다. 절대로 아래를 내려다보지 않겠다는 굳은 마음을 하고.

그러나 다리의 중간쯤에 이르렀을 때 우리의 무게 때문에 구름다리가 아래로 확 휘어져 내 시야에는 저절로 까마득한 협곡이 들어왔다. 여기서 떨어지면 내 시체는 둘 중 하나의 모습이 될 것이라는 끔찍한 상상을 하기 시작했다. 깊이를 알 수 없는 카렌과 카렌 사이 좁은 협곡에 끼이거나, 뾰족한 카렌에 등이 찔려 배 위로 바위가 튀어나오거나. 눈을 질끈 감았다. 순간 몸이 휘청거렸다. 위험했다. 기절하기 일보 직전이었다. 갑자기 티브이가 소리쳤다. "Look at my eyes!" 그러나 그의 나머지 말은 귀에 들어오지 않았다. 내 입에서 통곡 소리가 나왔기 때문이다. 엉엉거리는 소리가 마다가스카르 칭기의 협곡과 카렌 위로 가득 찼다. 티브이는 계속 자기 눈만 쳐다보라고 외쳤다. 순간, 한 대 맞은 사람처럼 눈이 번쩍 떠져 그의 눈을 봤다. 그런데 그게 더 무서웠다. 까만 얼굴에 하얀 흰자위만 보이는 커다란 눈을 한 티브이가 무서운 저승사자로 보였기 때문이다. 하지만 이제는 그의 얼굴을 보고 싶어도 볼 수가 없었다. '눈물이 앞을 가린다'는 말을 실행으로 옮기고 있었기 때문이다. 티브이는 이런 상황이 꽤 익숙했는지, 아니면 자신이 매우 무섭게 생긴 사람이라는 것을 이제야 깨달았는지 내게 눈을 감으라고 했다. 나는 눈을 꼭 감고 티브이가 이끄는 대로 반걸음씩 앞으로 다리를 옮겼다. 아무것도 보이지 않는 상태에서 '괜찮아, 괜찮아, 괜찮을 거야'라고 내 의식을 세뇌시키자 차츰 진정이 되는가 싶더니 어느새 다리를 다 건너와 있었다. 이미 도착한 일행들과 뒤에서 건너기를 기다리는 일행들이 박수를 쳐줬다. 정말 미안하고 고마운 일행들에게, 그리고 티브이와 브라운에게 이 자리를 빌려 고마움을 표하고 싶다. 구름다리와 양쪽 카렌 군락지를 찍은 사진이 있다면 좀 더 실감나는 설명을 할 수 있을 테지만, 당시의 나로서는 사진을 찍는 일은 상상조차 할 수 없는 일이었다.

내가 살아 있는 동안 두 번 다시 칭기에 갈 일은 없을 것이다. 이번 '칭기행'은, 이제 높은 곳에는 절대 올라가지 않겠다는 굳은 다짐을 한 계기가 되었다. 정상에서 바라본 칭기는 360도 전 방위에 뾰족한 바위가 가득해, 아름답다기보다는 경이로운 자연의 신비를 느낄 수 있는 곳이다. 희귀 동물, 수많은 화석, 수많은 동굴, 바닥의 수분을 흡수하기 위해 바위를 따라 길게 뿌리를 늘어뜨리고 있는 나무들. 이 모든 것이 유네스코 세계유산(자연유산)

에 등재된 지역답다. 하지만 고소공포증이 있는 사람에게는 그냥 사진으로 감상하라고 조언해주고 싶다. 거의 하산이 끝날 때쯤에는 다시 열대림 속을 걷게 되었다. 나무 꼭대기에 여우원숭잇과 중 하나인 시파카 Sifaka 가 새끼를 안고 있는 모습이 포착되었다. 몽구스 Mongoose, 브라운 리머 Brown Lemur 등 마다가스카르에서만 서식하는 희귀 동물들을 보는 것도 큰 즐거움이다. 녀석들의 귀여운 모습을 보고 그나마 위안을 얻어 다행이었다. 하네스를 벗고 티브이와 브라운에게 각각 4만 아리아리를 줬다. 내 목숨값에 비하면 턱없이 부족한 액수였지만 그들은 환하게 웃어줬다. 두 번 다시 만나고 싶지 않은

'티브이브라운(관)'이었다.

베코파카 사람들

오후 2시 다시 호텔에 돌아왔다. 햇살이 너무 뜨거워 점심을 먹고 잠시 쉬었다가 오후 3시 30분쯤 모여 프티 칭기 Petits Tsingy 에 간다고 한다. 칭기 국립공원은 오전에 들렀던 거대한 칭기 지역을 '그랑 칭기 Grands Tsingy', 그보다 훨씬 작은 규모인 또 다른 칭기 지역을 '프티 칭기'라고 부른다. 오전에 고생을 많이 했으니까 쉬는 겸 해서 다녀온다는데 나는 완전히 멘탈이 붕괴되어 이 상태로는 갈 수 없다고 했다. 몸이 힘든 것이 아니라 정신적으로 극도의 피곤함을 느꼈기 때문이다. 또 아침에 제대로 못 본 마을 사람들과 시장의 모습도 여유 있게 구경하고 싶었다. 점심을 대충 먹고 맥주를 마시며 가져간 책을 좀 읽다 보니 시간이 빨리도 지나갔다. 강렬한 한낮의 햇살이 좀 수그러들어 마을 구경을 나섰다. 오전의 충격을 잊기 위해서는 뭔가 내게 웃을 거리를 만들어줘야 했다. 고소공포증이라는 것이 쉽게 극복할 수 있는 정신질환도 아니고, 그렇다고 그것을 내 무능력함이라고 탓할 수도 없으니 굳이 우울감에 빠져 있을 필요는 없었다. 그럼에도 불구하고 나는 그저 기운이 없고 의기소침해져 있었다.

오후 5시경 부드러운 저녁 햇살이 들자 마음도 조금씩 따뜻해져가는 것 같았다. 맨발로, 혹은 쪼리를 신고 다니는 현지 사람들처럼 나도 남인도에서 산 낙타가죽 쪼리를 신고 터벅터벅 걷던 중 나무해 땔감을 머리에 이고 오는 여인들을 만났다. 이제야 내 얼굴에 미소가 번져 나왔다. 역시 나는 사람들을 만나고 그들의 모습을 찍고 있어야 비로소 웃는 것 같다.

인간은 자기 자신에 대한 평가를 정확히 내릴 수 있는가. 스스로를 객관적으로 분석해봤을 때 나는 병적인 완벽주의자, '외인ㅉㅅ 조리 음식 결벽증' 환자, 지나친 감성주의자 등 지극히 비정상적인 사람이라는 것은 알겠다. 그런데 어떤 지인이 나를 두고 '사람을 너무 좋아하는 사람'이라고 평해준 것이 좀 의외였다. 어떻게 '비정상적인' 내가 사람을 좋아하겠는가. 비정상적인 내 기준에서의 '정상'은 나뿐인데. 새벽 출근길에 폐지를 잔뜩 실은 리어카를 힘들게 끌고 가는 사람들을 보면 눈물이 나고, 가난한 집시 부모를 둔 허름한 옷차림에 코를 흘리는 아이를 보면 눈물이 나는 것은 사람을 좋아해서 눈물이 나는 것이 아니라, 대체 무엇이 사람들이 살아가는 모습을 이렇게 다르게, 이렇게 고통스럽게 만들어놓는 것인지 그 이유를 몰라서 화가 나기 때문이다. 모두가 웃으며 살아갈 수 있다면, 비록 작은 것을 가졌어도 모두 힘들지 않고 웃고 있다면 나는 아마도 모르는 사람들을 보며 울지는 않을 것 같다. 화가 날 이유가 없기 때문이다. 내가 웃고 있는 사람들의 사진에 집착하는 이유는 아마 이런 것 때문이지 않을까 싶다.

"샤람마"하고 웃으며 인사하는 내게 땔감을 지고 오는 여인들이 하얀 이빨을 드러내며 웃어줬다. 사진을 찍어도 되냐고 물으니까 자기들끼리 웃으며 무어라 말을 했다. 그것은 허락의 의미다. 여인들은 손을 내밀더니 대뜸 내 얼굴을 만졌다. 외국 여행을 하다 보면 가끔 당하는(?) 일이긴 한데 처음에는 소름이 돋았지만 이제는 좀 익숙해졌다. 결코 예쁜 얼굴이 아닌데, 피부도 하얗고 깨끗한 편도 아닌데 왜 내 얼굴을 만지는 것일까? 피부가 얼마나 탄력감이 있는지 느껴보려는 것일까? 이유는 모르겠지만 '화장을 한 내 얼굴이 예뻐 보였나 보다'라고 생각해, 갖고 있던 파우치에서 빨간 립스틱을 꺼내 그녀들의 입술에 발라주고 거울을 보여줬다. 그런데 거울을 본 그녀들은 웃을 줄 알았는데 조금 슬퍼 보였다. 그녀의 제스처를 봤을 때, 아마도 자신의 검은 입술과 검은 피부에 빨간 립스틱은 전혀 어울리지 않다고 말하는 것 같았다. 내가 봐도 립스틱을 바른지 모를 만큼 티도 나지 않았다. 그래도 그녀들은 내 성의가 기특했는지 자기들의 집으로 가지 않겠느냐고 내게 물었다. 이럴 때는 겁도 없이 따라나서는 것이 나다. 나는 사람에 대해서만큼은 큰 두려움이 없다. 여기서 잠시 그 계기가 된 사건을 하나 소개할까 한다. 하지만 지금 생각해보면 매우 무모하고 위험한 행동이었다.

대학교 2학년 때 친구와 함께 강촌에 놀러갔던 적이 있는데, 웬 잘생긴 젊은 남자 두 명이 다가와 함께 놀자고 했다. 나보다 더 키도 크고 날씬하고 예쁜 내 친구 덕분이었을 것이다. 우리는 그 남자들이 타고 온 봉고차에 아무런 의심 없이 들어갔고 내 친구는 조수석에, 나와 한 남자는 뒷자리에 앉아 대화를 나눴다. 무슨 이야기를 하며 수다를 떨었는지는 기억나지 않는다. 다만 나와 대화를 했던 남자가 내게 해준 말은 기억이 난다. "사실 너희 둘을 납치해 팔아넘길 생각으로 꼬신 거였는데 네 눈을 보니 도저히 그렇게 할 수 없겠네. 조용히 보내줄 테니까 앞으로는 모르는 남자 차에는 타지 말아라." 나와 내 친구는 봉고차에서 내려 무사히 집으로 돌아왔다. 그런데 참 멍청하게도 그런 일을 끔찍한 기억으로 갖고 있는 것이 아니라, 그때 이후로 '아! 사람들이 나를 보면 나쁜 생각을 안 하는구나!'라고 생각해버렸다는 것이다. 참으로 어처구니없는 자만심이다. 하지만 이런 잠재의식이 시골 여행지에서는 효과가 아주 큰 것 같다. 현지인 대다수가 나를 보고 항상 웃어주는 것을 보면 말이다.

어쨌든 그녀들이 이끄는 대로 따라가다 보니 마을로 가는 길에서 벗어

베코파카의 여인들
빨간 립스틱이 어울리지 않을 만큼 '쌩얼'이 예쁜 여인들이다.

나 점차 숲속으로 들어가고 있었다. 돌아갈 때 길을 잃어버리지 않기 위해서
자꾸 뒤를 돌아보며 길을 익혔다. 그런데 반대편에서 오던 한 아저씨가 내
게 말을 걸었다. 아저씨의 짧은 영어에 의하면, 자신은 이 마을에서 가이드
로 일하는 사람인데 이 여자들을 따라가봤자 볼 것도 없고 목적지도 꽤 멀다
는 것이었다. 잠시 고민하고 시계를 보니 벌써 오후 5시 30분이 되어가고 있
었고 해가 지면 시장 풍경 등을 사진에 담을 수 없을 것 같아, 아저씨를 따라
다시 마을로 돌아가기로 결정했다. 두 여인의 표정은 매우 서운해 보였지만,
그보다 더 섭섭한 표정을 짓는 나를 보고는 그냥 씩 웃어줬다. 만약 이 여인

들을 따라갔다면 내게 무슨 일이 생겼을까? 어쩌면 베코파카에서 겪은 공포의 칭기 사건 다음으로 큰 사건이 일어났을지도 모르겠다. 부디 여인들이 사랑을 많이 받고 행복하게 살아가기를 바란다.

　아저씨는 나를 자기 집에 데려가 부인과 아이들을 소개시켜줬다. 그런데 기대했던 것과는 달리 그게 전부였다. 그래도 아저씨 덕분에 늦지 않게 마을에 도착해 우물가며 시장 사람들의 모습을 찍을 수 있었다. 순식간에 해가 떨어지고 있었다. 마을의 유일한 식수인 우물가 주변은 저녁 식사를 준비하는 사람들의 움직임으로 분주했다. 그런데 주로 어린아이들이 물을 긷고 있어 조금 안쓰러웠다. 한국에서는 학원에 가기 바쁠 아이들일 텐데……. 이렇게 친구들과 수다를 떨며 우물물을 긷고 밤이 되어 잠이 오면 자는, 공부에 대한 스트레스 없이 살아가는 것이 훨씬 행복할 테니 안쓰럽기보다는 다행이라고 생각했다.

　마을은 제법 넓은 길을 가운데 두고 양쪽으로 집들이 이어져 있었다. 아침에 줄넘기를 하던 꼬마는 초저녁부터 잠을 자는지 보이지 않았다. 물론 다시 만났다고 해도 아이를 알아보지 못했을 것이다. 넓은 공터에서는 남녀 아이들이 모여 맨발로 축구를 하고 있었다. 통통 튀어야 할 축구공은 바람이 3분의 1은 빠져 있어서 공을 차면 제법 발이 아플 것 같은데도 아이들은 공을 쫓아 열심히 뛰고 있었다. 이 가난한 마다가스카르에서 아이들이 가장 좋아하는 운동은 축구일 수밖에 없겠다는 생각이 처음으로 들었다. 개인 장비가 많이 필요한 다른 종목에 비해 축구는 바람 빠진 공이라도 하나 있으면 수많은 아이의 욕구를 충족시킬 수 있을 테니. 축구장을 지나 좀 더 걷자 마을의 중심 광장이 나왔다. 선착장으로 향하는 길 양쪽으로는 상점들이 있었다. 매대를 펼쳐놓은 상인들, 상인과 흥정하는 손님들, 산 물건을 들고 서둘러 집

베코파카
하나밖에 없는 우물에서 물을 길어 나르는 것은 아이들의 몫이다.

으로 가는 사람들로 가득했다. 고기, 생선, 곡물, 간식, 살아 있는 닭, 담뱃잎 등 없는 게 없는 시장이었다. 그리고 사람이 먹을 것엔 어김없이 파리 떼가 항상 붙어 있었다. 어지간히 먹을 것을 밝히는 녀석들이다.

그래도 모론다바의 시장보다는 사람들의 얼굴이 훨씬 밝아 보여서 나도 절로 편안한 웃음이 배어 나왔다. 도시의 시장에서 만난 상인들의 얼굴이 반드시 뭔가를 팔아야 하는 표정을 짓고 있었다면, 시골의 시장은 파는 사람이나 사는 사람 모두 여자가 대다수라 그런지 도시 시장의 치열함이 느껴지지 않고 그 자리가 곧 '수다방'이 되었다. 조그마한 마을이니 모두 알고 지내는

먹을 것에는 사람보다 파리가 먼저 모인다.

사이가 아니겠는가. 엄마를 따라서 나온, 또는 엄마 대신 좌판을 벌이고 있
는 아이들도 여기저기에서 꽤 많이 볼 수 있었다. 자기 키 만한 나무를 머리
에 이고 가는 아이들에게 과자를 쥐어주고, 알아듣지는 못하겠지만 건강하
고 행복하게 자라라고 말해줬다. 그런데 그 말은 정작 스스로에게 해주고 싶
었던 말은 아니었을까.

　　한참을 기웃대며 시장구경도 하고 사진도 찍고 있는데 어디선가 한국
말이 들렸다. 프티 칭기를 보러 갔던 일행들이었다. 프티 칭기는 어땠느냐
는 내 질문에 그들은 매우 현명한 답을 해줬다. "볼 것 하나도 없었어요. 안

내다 팔 것은 파리 꼬인 생선이 전부다.

가는 게 훨씬 좋았어요!" 그곳에 가보지 못한 나를 배려하기 위해 그런 말을
했을 것이다. 하지만 나는 프티 칭기가 그랑 칭기보다 더 멋지다는 것을 알
았다고 해도, 절대 가지 않았을 것이 확실하기에 미련 따위는 없었다. 가로
등도 제대로 없는 마을이다 보니 일몰이 시작되자 빠른 속도로 어두워지기
시작했다. 이제 그만 호텔로 돌아가야 했다. 마을은 집 안에서 새어 나오는
불빛을 제외하곤 빛 하나 없이 깜깜해, 왔던 길을 더듬어 호텔로 돌아왔다.
여행 중에는 반드시 잠들기 전 하루의 감상을 기록해놓는데, 이날은 현지에
대한 감상이 아니라 나 자신에 대한 반성으로 가득 찬 일기가 되고 말았다.

베코파카의 시장
여인들을 웃게 해주는 나는 '걸크러시' 다.

　　여행 다섯째 날. 밤새 뾰족한 바늘이 눈앞으로 달려드는 악몽을 꿨다.
새벽에 저절로 눈이 떠졌다. 청기의 악몽이었다. 주섬주섬 일어나 이틀 밤을
보냈던 베코파카를 떠날 준비를 했다. 아직 깜깜한 밤하늘엔 여전히 별들만
부지런히 마지막 불을 밝히고 있었다. 식당에서 바게트와 커피로 아침을 때
운 뒤 출발 준비를 마치고, 잠시 아침 산책을 할 겸 다시 마을로 향했다. 우
물가에서 여전히 사람들이 물을 긷고 있었다. 검게 그은 양은 냄비에선 국
물 요리가 익어가고 있었다. 아침 일찍 잠을 깬 아이들은 또 축구를 하고 있

었고, 부지런한 여인들은 보따리를 이고 갓난아기를 업고서 더 깊숙한 곳에 있는 마을에 물건을 팔러 길을 떠나고 있었다. 그들의 뒷모습을 보며 생각했다. 이런 게 사는 거지, 뭐 별것 있겠는가. 다른 나라, 다른 환경에 살면서 자기에게 익숙한 일, 이미 삶의 대부분을 차지하고 있는 일을 하며 숨 쉬고 먹고 자고……. 나와 가까운 사람들과 기쁨과 슬픔을 함께 하고 때로는 닿지도 못할 곳에 있는 사람들을 욕하고, 또 때로는 세상의 모든 고민을 혼자 감당하고 있는 것처럼 힘들어 하다가 또 숨 쉬고 먹고 자고. 다들 그렇게 사소한 것에 의미를 부여하며 살아가는 것 아니겠는가.

호텔 주변을 맨발로 다니는 인솔자에게 왜 신발을 안 신느냐고 물었다. 그는 아프리카에서 꽤 오래 거주했던 사람인데, 신발을 벗고 다니면 무척 편하다고 했다. 이곳 사람들 대다수가 맨발로 다니는 것은 물론 신발이 없어서일 수도 있겠지만, 그저 편하기 때문이라는 그의 말에 공감한다. 그래서 호텔로 돌아가는 길에 나도 그들처럼 슬리퍼를 벗고 맨발로 걸어봤다. 부드러운 흙이 발가락 사이로 비집고 들어와 간질거리는 느낌이 나를 저절로 웃게 만들었다. 겨우 맨발로 걸은 10여 분이 칭기의 공포를 잊게 해줬으니, 이처럼 아주 사소한 계기가 삶을 이어가게 해주는 것 같다.

아침 7시 30분쯤 호텔을 출발해 8시쯤 치리비하나 강 지류에 도착했다. 여기서 다시 작은 바지선을 타고 강을 건너야 하는데, 선착장에는 어디에서 자고 나타났는지 모를 수많은 외국인이 탄 지프가 스무 대도 넘게 줄을 서 있었다. 선착장 바로 옆에는 내가 어제 못 간 프티 칭기가 있었다. 이렇게 선착장 주변에 있을 정도니 규모는 충분히 상상할 수 있었다. 프티 칭기를 둘러보는 코스는 총 1시간 30분 정도가 걸린다고 하는데 제법 위험한 곳도 있어서 일행 중에는 바지가 찢어지거나 무릎에 상처를 입은 사람도 있었다. 물

먼 길을 떠나는 사람들
이른 아침 맨발로 먼 마을까지 장사를 떠난다. 가지고 간 물건을 다 팔고 돌아왔으면 좋겠다.

론 나는 전혀 궁금하지 않았다. 미리 와서 기다리는 차량들 때문에 아무래도 강을 건너려면 제법 오랜 시간을 기다려야 할 것 같았다. 그래서 타고 온 지프는 선착장에 두고 바오바브 나무로 만든 카약처럼 생긴 작은 보트를 타고 먼저 강을 건너기로 했다. 건너편에 닿자, 꼬맹이들이 눌어붙고 그은 양은 냄비를 흙으로 문질러 강물에 씻고 있었다. 조만간에 구멍이 날 것 같은 냄비는 아이들이 태어나기 전부터 사용해왔을 소중한 조리 도구일 것이다. 부디 이 아이들이 시집을 가고 장가를 갈 때는 번쩍번쩍 빛나는 세라믹 냄비를 혼수로 가져갈 수 있으면 좋겠다.

치리비히나 강
고사리같은 손으로 닦기에는 냄비가 너무 많이 그을었다.

    선착장 주변에는 캠프촌이 있고 그 앞에는 바 bar 도 있었다. 이 가게를
굳이 바라고 부르는 이유는, 가게 아주머니가 잘생긴 얼굴에(왠지 예쁘다는
표현보다는 잘생겼다는 표현이 생각나는 얼굴이었다) 술집 마담의 농염한 미소
를 짓고 있었기 때문이다. 간단한 과자나 커피와 함께 마다가스카르산 밀주
도 팔고 있었다. 나는 커피를 마셨는데 술을 마셔본 일행의 말에 의하면 매
우 독하고 특이한 향이 난다고 했다. 마다가스카르에 와서 가장 세련된 여인
을 만난 것 같았다. 그런데 순수 혈통 마다가스카르 사람은 아닌 것 같았다.
나는 젊었을 때부터 나중에 돈을 모으면 술집을 하고 싶다는 생각을 가끔 했

다. 이유는 술을 마시러 오는 사람들의 이야기를 듣고, 가능하다면 위로하고 다독여줄 수 있을 것 같았기 때문이다. 이런 내 꿈 이야기를 하면 듣는 사람들은 모두 난색을 표하며 반대한다. 심지어 어떤 학생은 화를 내기도 했다. 그래서 이유를 물으니 나와는 어울리지 않고 '격'이 떨어진단다. '직업의 격'이란 자신이 그 일을 좋아하느냐, 억지로 하느냐의 문제이지 다른 사람이 어떻게 생각하는지를 기준으로 삼아서는 안 된다고 항변해도 아무도 내 말을 들어주지 않는다. 아직도 나는 그 꿈을 버리지 못하고 있지만 베코파카의 이 아주머니처럼 기품이 묻어나는 바의 여주인이라면 해봐도 괜찮지 않을까 싶다.

결국 리자의 지프는 10시 30분이 다 되어서야 강을 건너왔다. 사진 찍기에 좋은 아침 햇살 속에서 그저 바의 아주머니밖에 찍은 것이 없어 좀 아쉽다는 생각이 들었지만, 이런 생각 자체가 여행을 제대로 즐기고 있지 않다는 뜻이기도 하다. 그까짓 사진 좀 못 찍으면 어떤가. 따뜻한 햇살이 있고, 구수한 마다가스카르의 커피가 있고, 장난감 하나 없어도 해맑은 아이들이 있고, 나의 든든하고 착한 기사 리자가 나를 태우러 왔으니 그것으로 족했다.

사실 아침에 출발할 때 현지 가이드 썬은 내게 다른 지프를 타는 것이 어떻겠느냐고 물었다. 그가 그 지프의 일행들과 사소한 트러블이 있었다는 것은 나중에 알게 되었다. 하지만 나는 리자의 지프에 탈 것을 주장했고 내 요구 사항은 모론다바를 떠날 때까지 관철되었다. 내가 리자를 고집하는 것은 그에게 살짝 건네준 팁이 아까워서가 아니었다. 그의 투철한 서비스 정신과 나를 바라보는 따뜻한 시선을 알고 있었기 때문이다. 그렇다고 리자와 내가 특별한 연애 감정을 나눴다는 것은 물론 아니다. 그의 나이는 35세였고 세 아이의 아버지였다. 나와 리자는 대화는 잘 통하지 않았지만, 서로를 향

치리비히나 강 근처 바의 주인
여성미와 남성미를 동시에 갖춘 잘생긴 아주머니.

해 '참 선한 사람이구나' 하는 마음이 오갔을 뿐이다. 다시 만난 리자는 내가
지프에 오르려고 하자, 썬이 잠깐 앉았던 조수석의 바닥 깔판을 들어내더니
모래를 탁탁 털고는 내게 이제 타도 좋다고 말했다. 이런 센스를 가진 리자
를 배신하고 어찌 다른 지프에 탈 수 있겠는가. 리자와 나의 썸은 모론다바
공항의 에피소드에서 말하고자 한다.

　벨로까지 되돌아가는 길은 이틀 전에 이미 지나왔던 길이기에 마음의
준비는 충분히 해뒀다. 언제 끝날지 모르는 도로 아닌 도로를 조바심을 내
며 달렸던 그때와는 달리, 이제는 적절히 몸을 흔들면서 리자의 운전에 나

벨로 가는 길
누런 흙탕물에서 아이를 씻기고, 빨래를 하고, 젖을 물린다. 그녀들의 집에 어서 수도가 생겼으면 좋겠다.

를 완전히 맡겼다. 벨로까지 가면서 커다란 마을 두 개를 지나갔다. 첫 번째 마을에서 잠시 쉬고 간다기에 차에서 내리려는데 아이들 서너 명이 다가와 "봉봉! 봉봉!"을 외쳤다. '봉봉'은 사탕을 의미한다는 것을 알고 있었지만 이미 모론다바, 베코파카에서 사탕을 다 나눠 준 뒤라 남은 것이 없었다. 가져 간 스티커라도 꺼내 아이들의 까맣고 먼지 많은 고사리 같은 손등에 붙여줬 다. 그런데 서너 명이었던 아이들의 손등은 분신술이라도 부렸는지 순식간 에 열 배는 늘어나 손등 수십 개가 내 스티커를 기다리고 있었다. 아……. 이 스티커는 씻고 나면 금세 접착력이 약해져 손등에서 떨어져버릴 텐데. 아이들의 상실감이 또 얼마나 클까 싶어 마음이 짠해졌다. 하지만 그렇다고 누구는 붙여주고 누구는 안 붙여주면 그 차별은 더 큰 상처가 될 것 같아 결국 모든 아이의 손등에 하나씩 붙여줬다. 어떤 녀석은 오른쪽 손등에 붙이고 잠시 후 왼쪽 손등을 내미는 욕심도 부렸다. 하지만 다들 손 모양이 똑같아서 이 손이 붙여줬던 손인지 저 손이 붙여줬던 손인지 구별할 수는 없었다. 이런 나의 곤란함을 눈치챈 제법 나이가 있어 보이는 한 여자아이가 아이들을 줄 세웠다. 이제 좀 침착하게 한 아이씩 스티커를 붙여줄 수 있었다. 참으로 미안하고, 착잡하고, 안쓰럽기도 한 복잡한 마음이 드는 순간이었다. 스티커는 순식간에 동이 나고 말았다. 스티커는 금방 떨어져버리겠지만, 스티커가 반짝이는 만큼 아이들의 인생도 반짝반짝 빛나는 순간이 있기를 기원한다.

11시 30분쯤 도로 상태가 조금은 좋아졌다. '좋아졌다'는 의미는 한쪽 바퀴만 위로 올라간 상태에서의 질주가 이제 끝났다는 뜻이다. 그 대신 리자는 엄청난 먼지를 일으키며 달리기 시작했다. 리자에게 'Slowly'의 말라가시 말이 무엇이냐고 물으니 '무라무으라'라고 했다. 정확하게 들은 것인지는 모르겠지만 리자가 좀 과속한다 싶을 때 "무라무으라"라고 하면 리자는 나를 보고 씩 웃으며 속도를 늦춰줬다. 가끔 웃기는 말을 하면 내 팔을 툭 치기도 하고, 내가 물을 권하면 병뚜껑을 따 달라고 하기도 했다. 영락없이 외국인 여자 친구를 태우고 드라이브를 하는 모습이었다. 그와 나는 띠동갑 정도가 될 테니 한참 어린 녀석이라고 봐야 할 텐데도 이상하게 불쾌하지 않았다. 나는 기꺼이 그의 나이 많은 여자 친구 역할을 충실히 해줬다.

한참을 달리다 제법 큰 또 다른 마을에 들렀다. 베코파카에서 벨로까지 가는 길은 몇 개가 있나 보다. 이틀 전에 지나갔던 길이 아니었다. 그때는 이렇게 큰 마을은 구경도 못 했으니까. 아마 거칠지만 지름길로 달렸던 것 같다. 마다가스카르 여행의 인솔자는 공항에서 커다란 박스를 세 개나 부쳤는데, 이동할 때도 그 짐들을 지프에 싣고 가기에 도대체 저 박스 안에는 무엇이 있을지 궁금했다. 그런데 그 세 박스를 이 마을에서 풀었다. 거기에는 ○○ 유치원, ○○ 학원 등 학원 이름이 적힌 새 배낭이 비닐봉지에 하나씩 싸여 있었다. 왜 다른 마을이 아니라 이 마을에 이것들을 갖고 왔느냐고 인솔자에게 물으니 이 마을에는 학교가 있기 때문이라고 했다. 이 여행사는 인도에 '사랑의 학교 짓기 사업'이라는 것을 하고 있는데, 마다가스카르에서는 그런 사업까지는 못하지만 학교가 있는 마을에 아이들의 책가방을 기증하기 위해 가져왔다고 한다. 꽤 괜찮은 여행사를 통해 마다가스카르를 여행하고 있다는 생각이 들었다. 그런 따뜻한 마음을 가진 여행사라면 분명 공정한 세상을 위한 여행 프로그램을 만드는 여행사일 것이라는 믿음이 생겼다. 아쉽게도, 우리가 간 날은 학교가 신축 공사를 하고 있어서 학교에 있는 아이들은 볼 수 없었다. 다행히 선생님이 계셔서 고마운 마음으로 가방을 받아주셨다.

원하면 다 얻을 수 있는 벨로

오후 2시 30분쯤 벨로에 도착했다. 오늘의 일정은 치리비하나 강변에 위치한 벨로의 어촌을 배를 타고 구경하는 것이었지만, 그동안 이동하느라, 또 칭기를 다녀오느라 사람들의 생활 모습이나 얼굴을 찍을 기회가 별로 없어서 나는 남아서 시장 구경을 하기로 했다. 숙소는 며칠 전 벨로에 도착해서 점심을 먹었던 그 레스토랑이었다. 식사 시간을 훌쩍 넘겨 배가 너무 고팠다. 사실 마다가스카르에서는 첫날을 제외하고는 제대로 식사를 거의 못했다. 첫날 저녁에 랍스터를 먹고 그 후에는 계속 오믈렛만 먹었다. 파리가 달라붙은 생고기들을 본 후로는 고기를 입에 못 댔기 때문이다. 콜라 두 병을 마시고 흰 밥에 고추장과 김자반을 넣고 비벼 먹은 것이 이날의 점심이었다. 그래도 이제 마을과 시장을 볼 생각을 하니 마음이 한결 가벼워지고 여유가 느껴졌다. 나는 어쩔 수 없는 사진쟁이다.

카메라를 챙기고 호텔을 나서자, 빨간 파라솔 아래에서 한 여자가 다른 여자의 머리를 손질해주고 있었다. 아프리카 사람들의 머리카락은 축모^{縮毛} 중에서도 나선모^{螺旋毛}로, 머리카락이 나선상으로 오그라들어 콩알만 한 크기로 조금씩 모여서 나 있다. 머리카락이 굵고 매우 강한 것이 특징이다. 아프리카 어린아이들의 머리 모양을 보면 마치 까만 바둑알이 군데군데 박힌 것처럼 보이는데, 그 이유가 이런 나선모 때문이다. 아무래도 여자들은 긴 머리카락을 원하기 때문에 머리를 길러 주기적으로 빗으며 관리를 해줘야 하지만 워낙 곱슬해 혼자 힘으로 손질하기가 쉽지 않을 것 같다. 가까이 다가가서 보니, 머리카락을 조금씩 잡아서 잔빗으로 여러 번 빗질을 하고 거기에 기름을 살짝 바른 후 꼬아주니 신기하게도 동글동글 머리에 착 하고 달라붙었다. 마치 원숭이들이 서로의 털을 골라주는 것처럼 다정스레 앉아 머리를 손질해주는 그녀들은 분명 매우 친한 사이일 것이다. 서로에게 등을 보여준다는 것은 자신을 맡긴다는 의미이므로. 그래서 백허그가 더 낭만적이고 사랑스러워 보이는 것일지도 모르겠다.

시장 골목 안으로 들어서니 여느 시골 장터처럼 한가운데 콘크리트와 나무로 만들어진 건물이 있었고, 그 안에 다양한 가게들이 들어서 있었다. 바깥쪽으로는 파라솔을 쳐놓은 노점상들이 있었다. 이제 귀국할 날이 얼마

남지 않았는데, 만약 마다가스카르에서 무언가를 산다면 이곳 시장에서 다 해결해야 했다. 귀국할 때 꼭 사가려고 했던 것은 커피와 바오바브 나무 공예품, THB 캔맥주, 커다란 천, 슬리퍼였다. 여행을 다니기 시작하면서 적어도 이런 물건들은 그곳에 다녀왔다는 흔적으로 모아둔다. 이번 여행에서는 슬리퍼를 빼고는 빠짐없이 샀다. 부지런히 발품을 들인 노력의 결과였다. 다만, 마다가스카르 커피를 더 많이 사오지 못한 것이 유감이다. 현지에서 마실 때는 그다지 맛있다는 느낌이 없었는데, 한국에 돌아와서 마시니 맛이 달랐다. 더 이상 구할 수 없다는 아쉬움이 그렇게 만든 걸까? 부드러우면서도 강하지 않은 맛이 내 입맛에 딱 맞았다. 캔맥주 두 개는 아껴뒀지만 결국 귀국 후 일주일 만에 다 마셔버리고 말았다. 커피와는 달리 캔맥주는 여행 중에 마신 맥주가 더 맛있었다.

멀리서 세 여인이 걸어오고 있었다. 그녀들 등 뒤로 비친 햇살과 북적이는 시장 골목을 카메라에 담았는데, 세 여인이 모두 눈을 뜨고 있는 사진은 한 장도 찍지 못했다. 외모가 다르니 눈 깜빡이는 속도도 다른 것인가 싶었다. 그녀들과 헤어져 골목을 계속 누비며 구경을 하는데 어디선가 매우 흥겨운 음악이 흘러나오고 있었다. 몸치인 나조차도 몸을 흔들게 만드는 이 음악 CD를 구하고 싶어서, 음악이 흘러나오는 잡화점 주인에게 음악의 정체를 물으니 현재 마다가스카르에서 매우 유명한 '다마마'라는 가수의 노래라고 했다. 그리고 잘생긴 젊은 남자가 오더니 가격은 5000아리아리고, CD를 원하면 5분만 기다리라고 했다. 그런데 5분을 기다려도 가져다주지 않기에 왜 안 오냐고 물으니 자기를 따라오란다. CD를 파는 곳은 10m 정도 떨어진 도로 건너편의 가게였다. 기다려도 물건이 오지 않았던 것은 다른 이유가 있었다. 바로 CD를 직접 굽고 있는 것이었다. 대단한 기대를 한 것은 아니지만,

벨로의 여인들
나를 보고 한눈에 동지임을 알아본 아줌마들. 그렇지 않고서야 이리 편한 미소를 보여줄 수는 없다.

설마 고객이 원하는 가수의 CD를 직접 구워주는 서비스를 하고 있는 가게가 있으리라고는 생각도 못했다. 이 나라에서는 아마 이런 상행위가 불법이 아닌 것 같다. 그렇지 않다면 대로변에서 이렇게 버젓이 가게를 차리고 영업을 하지는 않을 것이다. 여기서 구입한 다마마의 노래는 내가 마다가스카르를 떠날 때까지 리자의 지프에서, 모론다바에서, TV에서 계속 흘러나왔다. 정말 유명한 가수의 CD를 구입한 것이 분명했다.

지나가던 한 아주머니가 아들인지 손자인지 알 수 없는 아기를 안고서는 사진을 찍어 달라고 했다. 줄 수도 없는 사진이라고 아무리 설명을 해도

울고 있는 아이를 왜 자꾸 찍으라는 건지. 아이는 더 크게 울고, 엄마의 입은 더 크게 벌어진다.

계속 찍어 달라고 해서 카메라를 들이대자 아기는 울음을 터트렸다. 난감한 얼굴로 망설이고 있는데도, 그녀는 옆에서 울고 있는 아기는 아랑곳하지 않고 환하게 웃고 있었다. 여인의 집착이라고 해야 할까. 그런데 지나가던 소년이 얼굴을 들이밀어 졸지에 사진은 주인공이 없는 사진이 되어버렸다. 주요 피사체는 울고 있는데 주변의 피사체는 웃고 있고 아무 상관없는 행인이 끼어드는 인생의 축소판 같았다. 세상의 중심인 내가 울고 있어도 주변은 무심하거나 여전히 행복하거나.

한 가게 앞에 젊은이들이 앉아 있었다. 그 가게는 커튼처럼 천으로 문을

벨로에서 만난 가장 예쁜 아가씨
그녀는 이미 자신의 가치를 알고 있다.

만들어놓고 손님을 받고 있었다. 가게에서는 흥겨운 음악 소리가 흘러나오고 있었다. 도대체 무엇을 하는 가게일지 궁금해 기웃거리자 주인은 커튼 겸 문을 살짝 열어 안을 보여줬다. 그곳은 우리나라식으로 표현하자면 비디오방이었다. 안에서는 남녀 젊은이들이 나무로 만든 의자에 앉아 컴퓨터 모니터만 한 TV를 보며 몸을 들썩이고 있었다. TV에서는 뮤직비디오가 나오고 있었다. 집집마다 TV가 있는 것이 아니므로, 이렇게 모여서 유명한 가수의 뮤직비디오를 보며 춤을 익히고 노래를 듣는 것이다. 일을 하고 있어야 할 젊은이들이, 평일 낮에 비디오방에 몰려 있는 것을 어떻게 설명해야 할까.

앞니 하나가 없어도 아주머니는 아주 행복한 사람임이 분명하다.

그만큼 이들에겐 일거리가 없다는 뜻일 게다. 문맹률 20%, 실업률 70%, 1인당 GDP 1000달러밖에 되지 않는 이 나라에서 할 일이 없어 놀고 있는 젊은 이들을 탓할 수는 없어 보였다. 1년 중 절반이 건기인 황량한 기후와 지구 온난화, 그리고 무능한 정부와 세계화를 탓해야 할 것 같다. 벨로의 젊은이들에게는 너무 벅찬 상대들이다.

　　시장 풍경은 아무리 봐도 질리지 않는다. 판에 박은 것처럼 똑같은 우리나라 도시의 시장 모습과는 많이 다르고, 다른 무엇보다 햇살이 있다는 것이 좋다. 이곳도 언젠가는 콘크리트 건물들이 들어서고 좌판은 사라지고 도로는 포장이 되겠지만, 그렇게 변하려면 시간이 아주 많이 흘러야 할 것 같다. 파란 벽에 빨간 페인트를 칠한 철문 앞에 아주머니들이 앉아 있었다. 딱히 무얼 팔고 있는 것 같지는 않아 보였다. 그늘에 앉아서도 얼굴 피부를 보호하기 위해 따나카 비슷한 것을 칠하고 아기들과 수다를 떨고 있었다. 나는 그녀들을 보자 저절로 웃음이 나오고 친근감이 느껴졌다.

방울토마토보다는 조금 큰 토마토를 작은 소쿠리에 달랑 여섯 개 담아 놓고 팔고 있는 귀여운 여자아이가 있어 좀 팔아주고 싶은 마음에 얼마냐고 물으니 100아리아리라고 했다. 1000아리아리를 주니 비닐에 다섯 바구니를 담아주고 500아리아리를 거슬러줬다. 1000아리아리어치를 다 달라는 의미였는데, 아이는 내 쫙 편 손바닥을 보곤 손가락 다섯 개로 해석한 것 같다. 결국 500아리아리를 다시 주고 거기에 있는 토마토를 다 사버렸다. 아이는 나를 보고 씩 웃어줬지만 옆 가게 아주머니는 부러운 눈으로 아이를 쳐다봤다. 아주머니의 토마토도 만만치 않게 많이 남아 있었지만 그것까지 다 사주기에는 내가 든 짐이 너무 많았다. 어쩌겠는가. 젊음도, 미모도 끌리는 것은 아이 쪽인 걸. 결국, 시장을 돌아다니다 다시 만나 나를 알아본 사람들에게 하나씩 나눠 주다 보니 남은 토마토는 열 개 남짓이었다. 이날 저녁 식사는 맥주와 컵라면과 토마토였다.

시장을 다 돌고 호텔 뒤쪽 주택가로 향했다. 마지막으로 그쪽을 둘러보고 촬영을 끝내려고 했다. 호텔 옆에 있던 정미소에는 여전히 아주머니들이 앉아 수다를 떨고 있었다. 멋진 모자를 쓴 아주머니를 찍고 골목으로 들어가자 과연 주택가다운 냄새가 진동했다. 똥 냄새가 가득 차 있었던 것이다. 내가 서 있는 곳이 분명 화장실 옆은 아닌 것 같은데 출처를 알 수 없는 지린내와 똥 냄새는 나를 더 이상 앞으로 가지 못하게 만들었다. 비스듬하게 경사

아주머니가 팔고 있는 것은 쌀과 숯, 그리고 유혹이다.

진 곳에 나무로 지은 집들이 다닥다닥 붙어 있는 모습은 1960~1970년대 우리나라 산동네의 모습과 그리 달라 보이지 않았다. 1950년대 청계천이 복개 공사를 하기 전의 사진을 본 적이 있다. 청계천 주변에는 쓰레기가 가득하고 그 위 제방에는 천막을 짓고 사는 사람들이 빼곡했다. 복개공사를 통해 청계 천이 하천에서 도로로 바뀌고, 복원사업으로 지금의 아름다운 청계천이 된 것처럼 벨로가, 베코파카가, 마다가스카르가 변하겠지만 이 사람들의 아름 다운 미소는 변하지 않았으면 좋겠다. 그리고 실업률이 낮아지고, 젊은이들 에게 일거리가 생기고, 그들이 판매하는 커피가 비싼 값에 팔렸으면 좋겠다.

벨로의 아이들
손수레에는 짐을 실어야 하는데 어린 동생들을 태웠다. 형에게는 분명 짐이 될 아이들일 것이다.

컴컴해지기 시작한 오후 6시에 호텔로 돌아와 컵라면과 토마토로 저녁을 대충 해결하고 맥주를 마시며 레스토랑에 앉아 일기를 쓰다 보니 모기가 사정없이 달려들었다. 종일 흘린 땀이 묻은 포동포동한 팔다리는 녀석들의 군침을 자극하기에 충분했다. 이제 샤워를 해야겠다 싶었는데, 아! 호텔에 온수는 나오지 않는다고 했다. 방마다 하나씩 양동이에 따뜻한 물을 줄 테니 그걸로 머리를 감고 샤워를 하라고 했지만, 머리카락이 긴 내게는 무리였다. 결국 머리 감는 것은 포기하고 샤워만 했다. 물론 방에 비치된 타월에서는 절대로 빨았다고 할 수 없는 냄새가 났기에 가져간 수건을 사용해야 했다.

『아시아 시골 여행』라오스 편에서 썼듯 깨끗하지 못한 타월을 썼다가 얼굴에 온통 빨간 염증이 오른 경험이 있어 오지를 여행할 때는 반드시 여분 타월을 두세 개 준비해간다.

썻고 누워서 책을 보려는데 백열등 하나로는 방 전체가 충분히 밝혀지지 않아 글씨가 제대로 보이지 않았다. 또 주변은 어찌나 시끄러운지, 레스토랑이 딸린 호텔이라 식당에서 나는 소음과 내 방 옆에 있는 계단으로 2층을 오르내리는 사람들 소리, 내 방 뒤의 골목에서 사람들이 오가는 소리, 게다가 모기 두세 마리가 번갈아 가며 앵앵거리는 소리로 정신이 하나도 없었다. 결국 옥상에 올라가 별이라도 보기로 했다. 깜깜한 밤하늘에 하얗게 반짝이는 별들, 어딘가에 있을 남극성, 하얗게 흘러가는 은하수가 소음을 잊게 해줬다. 별 구경을 하고 내 방에 내려가려는데 뒤쪽 작은 방에서 낯익은 남자가 나왔다. 리자였다. '짜식, 내 걱정에 멀리 떨어지지 않은 곳에서 지켜주고 있군'이라고 내 멋대로 생각했다. 리자는 "Good night"이라고 말하며 썩 웃어줬다. 이런 내 도발적인 상상을 그는 모를 것이다.

키린디 자연보호 구역 가는 길

여행 여섯째 날. 오늘은 키린디Kirindy 자연보호 구역에 들렀다가 모론다바에 다시 돌아가는 일정이다. 6박 8일 일정이 벌써 끝나가고 있었다. 워낙 먼 거리다 보니 이동하는 데만 하루가 걸리고, 시차 적응하느라 또 며칠을 고생하니 아시아 여행보다 시간이 훨씬 빨리 지나가는 느낌이다. 밤새 근처 어느 방에서 코골이 소리가 진동을 해서 아마 호텔의 모든 투숙객이 이 사

키린디 가는 길
숨겨야 할 것이 별로 없는 이 아이들도 곧 숨길 것이 많은 어른이 된다.

람의 코골이 소리를 록 음악처럼 들으며 잤을 것이다. 게다가 스콜이 쏟아져 가수 부활의 「비처럼 음악처럼」의 전주곡처럼 들렸다. 새벽 5시에 일어나 짐을 다 싸놓고 6시쯤 호텔 밖으로 나가봤다. 이제 곧 마다가스카르를 떠난다고 생각하니 마음이 조급해졌다. 아직 깜깜한 새벽인데도 부지런한 상인들은 장사를 준비하고 있었다. 자는 것을 깨웠는지 달구지를 끄는 소들의 눈은 더 많이 꿈뻑거렸다. 포대들을 달구지에 싣자 녀석들의 어깨가 많이 무거워 보였다. 손수레에 어린 동생 둘을 태우고 달리는 아이가 기특했다. 이렇게 이른 아침에 어딜 그리 바쁘게 가는 것일까. 여전히 뜨거울 것 같은 하루

키린디 자연보호 구역
키린디에 사는 브라운 리머에게 사람은 별것 아니다.

가 다시 시작되고 있었다.

　아침을 먹고 8시쯤 바지선을 타고 치리비히나 강을 다시 건너 키린디를
향해 출발했다. 모론다바에서 벨로까지 이어졌던 험한 길을 예상했지만 그
리 심하지는 않았다. 아마 비포장도로에 몸이 익숙해졌기 때문일지도 모르
겠다. 편안한 길에서 잠깐 졸았다. 그런데 내 몸 위로 무언가가 스친다고 생
각해 눈을 떴더니 리자가 잠자고 있는 내게 안전벨트를 해주고 있었다. 드라
마의 한 장면 같다고 생각했다. 드라마에서라면 살짝 키스를 하는 장면이 나
올 법도 하건만 현실은 전혀 그렇지 않았다. 리자는 잠이 깬 내게 "Sorry"라

고 말하며 미안해했다. 그가 미안하게 여길 일은 잠을 깨운 게 아닐 텐데. 순수한 리자는 여자의 마음을 잘 모른다. 키린디로 가는 길에는 작은 개울들도 있어 목욕을 하거나 빨래를 하는 사람들도 제법 눈에 띄었다. 여인들은 서둘러 옷으로 가슴을 가리기 바빴지만 어린아이들은 반갑게 손을 흔들며 제 알몸을 보여줬다. 어른이 되어간다는 것은 숨겨야 할 것이 많아지는 것이기도 하다.

　1시간 30분 정도 달리자 키린디 자연보호 구역의 표지판이 보였다. 아직 건기라 좁은 길 양쪽에는 이파리가 다 떨어진 키가 크고 앙상한 나무들이 빽빽하게 자라 있었다. 나무 그림자들이 붉은 길에 드리워져 도로가 마치 얼룩말 같다는 생각이 들었다. 오전 10시부터 2시간가량 천천히 키린디 자연보호 구역을 삼림욕도 할 겸 산책했다. 현지 가이드를 따라 이동했는데, 숨어 있는 동물들을 발견해 우리에게 알려주는 것도 중요했지만 무엇보다 열대림에서 길을 잃어버리면 큰일이기 때문이었다. 브라운 리머가 깜짝 놀란 눈으로 나를 바라보더니 다른 나무로 훌쩍 넘어가버렸다. 해코지하기에는 내가 너무 멀리 떨어져 있다고 생각했나 보다. 나무에 구멍을 뚫고 들어가 앉아 졸고 있는 부엉이도 봤는데, 많은 희귀 동물을 보기는 어려웠다. 아마 관광객이 잘 다니지 않는 더 깊은 숲에서 살고 있을 것이다. 마다가스카르는 지각운동으로 인해 아프리카 대륙에서 분리된 섬이다. 가장 가까운 나라 모잠비크와도 400km나 떨어져 있으며, 세계에 서식하는 생물 20만 종 중 약 75%가 이 나라에서만 볼 수 있다고 한다. 하지만 최근 과다 경작으로 인한 삼림 황폐화, 토양 침식, 사막화 등으로 희귀 동물의 개체 수가 급격히 줄어들고 있다고 한다. 인구의 50% 이상이 절대 빈곤층이라고 하니 사람도 동물도 모두 살기 어려워진 것이다. 어떻게 해야 모두가 공존하는 행복한 나라가 될 수 있을까. 숙제로 안고 돌아가야 할 것 같다.

또다시 바오바브 애비뉴

아침에 호텔에서 챙겨온 샌드위치로 대충 점심을 먹고 모론다바로 향했
다. 모론다바에 가까워지자 바오바브 나무가 이따금 보이기 시작했다. 도로
는 지난 '도로 아닌 도로'에 비하면 무척 편했다. 비포장도로가 고속도로로
느껴질 정도랄까. 오후 1시경 1500살이나 되었다는 바오바브 나무 앞에 도
착했다. 나무 아래쪽은 썩었는지 움푹 파여 있었지만 가지만큼은 아직 살아
있었다. 주위에는 작은 나무 여러 그루가 자라고 있었는데, 마치 이 나무들
이 다 자라면 1500살 나무의 가지를 받쳐줄 것만 같았다. 그래서 만약 1500
살 나무가 죽는다고 해도 쓰러지지는 않겠구나 하는 생각이 들었다. 과연 할
아버지 나무도 그것을 좋아할지는 모르겠다. 조금 더 가자 이번엔 바오바브
연리지連理枝가 나타났다. 두 나무는 붙어 있다 못해 꼬여 있어 '트위스트 바
오바브 나무'라고 불린다. '연리지'는 화목한 부부나 남녀 사이를 비유적으
로 이르는 말이다. 그러나 이 트위스트 바오바브 나무를 본 내 시각은 좀 달
랐다. 곧게 뻗어 있는 바오바브 나무를 다른 나무가 도망치지 못하게 구속하
고 있는 것처럼 보였기 때문이다. 내 사고방식이 좀 꼬여 있는 게 분명하다.
나무를 좋아하는 사진가라면 이 나무를 어떻게 찍을까? 하지만 역시 나는 나
무만 찍는 것보다는 사람이 지나갈 때 찍는 것이 더 좋다.
　오후 2시 30분쯤 트위스트 바오바브 나무와 10분 거리에 있는 바오바브
애비뉴에 도착했다. 인솔자는 우리에게 호텔에 가서 쉬다가 해변에서 일몰

트위스트 바오바브 나무
사랑이 아니라 구속 같다.

을 볼 것인지, 여기서 조금 기다렸다가 일몰을 볼 것인지 선택하라고 했다.
나를 제외한 사람들은 피곤하다고 말하며 모두 호텔을 선택했다. 하지만 나
는 남는 것을 택했다. 마침 평일이라 관광객이 거의 없는 바오바브 애비뉴에
서 좀 더 여유 있게 일몰을 보고 싶었다. 먼저 호젓하게 주변이 뻥 뚫린 카페

(여기에 달랑 하나 있는 카페다)에 앉아 갈증도 풀 겸 콜라를 마시고 고생한 몸도 좀 쉬게 해줬다. 뜨겁지만 습하지 않은 열기는 콜라 한 병으로도 충분히 가라앉힐 수 있었다. 한낮의 강한 햇살을 받고 있는 커다란 호수는 오리 떼의 놀이터가 되어 있었다. 그늘에 앉아 지나가는 사람, 달구지 따위를 간간이 찍으며 그저 무심히 나도 이들의 일부인 것처럼 조용히 저녁이 되기를 기다렸다.

차츰 햇살이 부드러워지는가 싶더니 어느새 나무가, 사람들의 얼굴이, 도로가 붉게 물들기 시작했다. 수다를 떨며 웃으며 지나가는 사람들을 찍고 있는데 프랑스 남자가 다가오더니 내가 찍은 사진을 보여달란다. 그는 내가 사진을 찍는 각도나 위치가 다른 사진가들과는 좀 다르다고 말했다. 그에게 LCD 화면을 보여줬더니 엄지손가락을 올리고서는 내 옆에 섰다. 자기도 그렇게 찍어보겠단다. 그에게 내 자리를 내어주고, 노출과 화각을 알려줬다. 아……. 그러나 역시 사람을 찍는 것은 어렵다. 아무리 기다려도 사람들이 지나가지를 않았다. 결국 프랑스 남자는 포기하고 이별을 고했다. 카메라를 든 사람 중 대다수가 도로 가운데 서서 바오바브 애비뉴를 찍었다. 나도 물론 그렇게 사진을 찍었다. 하지만 이번에는 도로 한쪽 끄트머리에서 바오바브 나무들과 그 사이로 지나가는 사람들의 그림자를 찍고 싶었다. 그저 사람과 사람의 그림자, 그리고 바오바브 나무와 그 그림자를 찍고 싶었을 뿐이다. 좋은 사진인지는 전문가가 아닌 나로서는 잘 모르겠다. 그저 내겐 애잔한 느낌이 드는 특별한 사진이다.

시계를 보니 벌써 5시였다. 곧 해가 질 것 같았다. 갑자기 누군가 내 어깨를 툭툭 쳤다. 이곳에 내가 아는 사람이라도 있었던가. 뒤를 돌아보니 리자와 다른 운전기사였다. 나를 데리러 지프 한 대를 보내준다는 것은 알았지

바오바브 애비뉴 사람들
그림자는 공평하다. 무엇을 입었는지, 슬픈지 행복한지 아무것도 묻지 않는다.

만 리자가 올 줄은 몰랐다. 그런데 나중에 호텔로 돌아가는 차를 타려고 보
니 리자의 지프가 아니었다. 리자는 그저 내 친구로서 나를 마중 나온 것이
라고 했다. 작은 배낭과 카메라 가방을 메고 있는 내가 안쓰러웠는지 가방을
달라고 했다. 정말 여자를 기쁘게 할 줄 아는 사람이다. 리자는 내가 사람들
사진 찍는 것을 좋아한다는 것을 금세 눈치챘다. 나무로 만든 손수레를 갖고
장난치는 아이들이 지나가자 천천히 지나가라고 이야기해주는 센스까지 보
여줬다. 일몰이 시작되었다. 다시 볼 수 없을 것 같은 바오바브 나무와도, 그
나무들 뒤로 떨어지는 붉은 태양과도, 이곳에 살고 있는 맨발 어린 왕자들과

그저 행복한 아이들
장난감 하나 없어도 재미있는 것이 지천이다.

도 이별했다. 그리고 나는 아직 몰랐다. 리자와 헤어지는 순간에 내 감정이
어떨지.

　오후 6시 30분 호텔에 도착했다. 호텔의 이름은 바오바브 카페였는데
모론다바에서 가장 좋은 호텔이었다. 어제 베코파카, 벨로에 있는 마을들을
보고 온 뒤라, 지금 내가 묵을 숙소가 이렇게 고급스러워도 되나 싶은 약간
불편한 마음도 들었다. 호텔 밖에 가난한 사람들이 살고 있는데 이렇게 우아
하고 아름답고 깨끗한 방에서 자도 되는 건가 싶었지만, 그래도 좋은 것은
좋은 것이었다. 종일 먼지와 땀으로 범벅이 된 몸을 씻고 저녁을 먹으러 나

바오바브 애비뉴의 석양
하루치 날이 저물어 간다. 내가 살아낸 흔적은 남아 있을까.

가니 거리에는 가로등 하나 없어 군데군데 있는 가게에서 나오는 불빛 외에
는 빛이라곤 하나도 없었다. 가게 앞에는 땅바닥에 주민들이 앉아서 지나가
는 사람들을 쳐다보며 눈을 맞추고 있었다. 이들은 왜 여기 앉아 있는 걸까?
또 모기에는 안 물리는지도 궁금했다. 관광객을 상대로 하는 레스토랑과 현
지인을 상대로 하는 노점상의 외관은 극명하게 다르다. 브랜드숍과 가판대
가 다르듯.

그나마 조금 조용해 보이는 식당을 찾았다. 메모도 정리하고 생각도
정리하고 싶어서 혼자 조용히 먹을 수 있는 곳에서 식사를 하고 싶었다.

'Renala'라는 호텔 레스토랑이 보였다. 며칠간 제대로 된 식사를 못 했기에 THB 맥주 한 병과 특별 소스를 발라 구웠다는 슈림프 빅사이즈를 시켰더니, 구운 커다란 새우와 어마어마한 양의 감자튀김이 나왔다. 값은 1만 8000 아리아리. 우리나라 돈으로 1만 원 정도에 사먹은 셈이었다. 그런데 좀 이상한 느낌이 들었다. 식당 앞의 해변이 낯이 익었다. 식당 분위기 역시 익숙했다. 나중에 일행을 만나, 너무 좋은 호텔 레스토랑에서 저녁을 먹었다고 이야기했더니, 맙소사 그 호텔이 우리가 모론다바에 처음 도착했을 때 묵었던 호텔이라고 했다. 게다가 그 식당에서 저녁으로 랍스터를 먹었다는 것이었다. 나는 내 둔감함에 질려버렸다. 그리고 내가 지독한 길치라는 사실을 다시 한 번 깨달았다.

이런 기억력과 관련한 에피소드를 하나 더 말하자면, 예전에 중국 작가 위화余華가 쓴 『살아간다는 것活着』을 펑펑 울면서 읽었던 적이 있다. 그리고 4년 정도 후, 같은 작가의 『인생活着』이라는 책이 있기에 『살아간다는 것』의 감동을 떠올리며 구입해서 다 읽었다. 그런데 책을 다 읽은 뒤 책 표지 안쪽을 보니 이렇게 적혀 있었다. "『인생』은 『살아간다는 것』의 개정판입니다." '살아간다는 것'이 곧 '인생'이라는 것을 아는 나이임에도 불구하고 나는 어찌 두 책을 서로 다른 책이라고 생각했을까. 어떻게 책을 다 읽고 나서야 두 책이 같은 책이었음을 깨달았을까.

Give for you, 리자

여행 일곱째 날. 오늘은 마다가스카르를 떠나는 날이다. 여행을 마치고 떠나는 날이 되면 늘 마음이 뒤죽박죽이 된다. 빨리 돌아가고 싶은 마음도 들고, 그냥 이대로 머물고 싶은 마음도 든다. 돌아가고 싶은 마음이 드는 것은 익숙한 내 집이 그립기 때문일 것이고, 더 남고 싶은 마음이 드는 것은 약간이나마 착하고 순수해진 내 모습을 좀 더 오래 보고 싶은 마음이 들기 때문일 것이다. 새벽 5시 40분, 어제 저녁을 먹었으며 여행 첫날 모론다바에 와서 머물렀던 그 호텔의 해변에 다시 나가봤다. 매일 똑같은 일상일 텐데도 해변의 모습은 또 달랐다. 다만, 언제나 같은 것이 있다면 정해진 시간에 몸에서 보내는 배출 신호이리라. 여전히 바닷가에는 자신의 분비물을 잘 치워줄 명당자리를 찾는 사람들이 있었다. 나머지 풍경은 사뭇 달랐다. 오늘은 달도 구름에 가려져 있고 일전에 만났던 청년들도 만날 수가 없었다. 그런 것이다. 인생의 기회란 그리 자주 찾아오는 것이 아니다. 살아 있지만 만나고 싶어도 만날 수 없는 사람도 있는 것이다. 그러니까 겨우 서로를 알아봤을 때 다시 없을 것처럼 사랑해야 하는 것이다.

오전 9시. 모론다바의 화려했던 호텔을 뒤로 하고 공항으로 향했다. 이제 리자와의 마지막 에피소드를 써야 할 것 같다. 리자는 공항으로 가는 지프 안에서 갑자기 책을 한 권 내게 줬다. 그 책은 영어와 프랑스어와 말라가시어의 일상 생활회화를 담은 책이었다. 그는 짧은 영어로 "Give for you"라고 말했다. 순간 머릿속에서는 '이 선물의 의미는 뭐지? 내게 열심히 공부해서 다시 마다가스카르에 오라는 뜻인가? 와서 이 남자와 함께 한국 식당이라도 차려야 하나? 그의 두 번째 부인이 되어야 하나?' 따위의 생각이 떠올랐지만 진지하면서도 슬퍼 보이는 그의 눈을 보자, 나 역시 안쪽에서 감정의 소용돌이가 일었다. 물론 책은 제본을 한 책이었지만 리자의 손때가 묻은 귀한 책이었다. 리자는 오늘 나를 공항까지만 데려다주고 거기에서 또 새로운

5박 6일간 운전기사이자 애인이었던 리자
무모하리만치 순수한 남자다.

관광객을 맞아 영업을 하게 된다. 그런 그에게도 이 책은 꼭 필요한 책이었
을 것이다. 그런데 그걸 내게 준다는 것이었다.

　나는 기쁨과 슬픔의 표현을 바로 말로 표현하지 못하는 습관이 있다. 좋
게 말하면 생각이 깊은 것이고, 나쁘게 말하면 좀 둔한 것이다. 고맙다고 말
하면서도 나는 정작 리자에게 줄 것을 아무것도 준비하지 않았다는 생각에
죄책감마저 느꼈다. 졸지에 공항까지 가는 길은 나의 침묵으로 무거워졌다.
그 침묵은 서서히 내 감정을 돌아보게 했다. 그 감정은 말은 통하지 않았지
만 항상 따뜻한 미소로 나를 배려해준 리자와 이제 헤어지게 된다는 사실에

바오바브 나무 그림자와 나
바오바브 애비뉴의 기억에 갇혀버렸다.

서 오는 절박함이었다. 급하게 가방을 뒤졌지만 손수건 하나 들어 있지 않
았다. 이윽고 공항에 도착했다. 리자와 헤어짐의 악수를 하며 서로의 얼굴을
보는데 갑자기 눈물이 쏟아졌다. 이 눈물의 의미를 지금도 잘 모르겠다. 분
명 이 남자를 내가 사랑했을 리는 없다. 단지 내게 따뜻하게 대해준 리자의
손길 하나하나가 고마웠을 뿐이다. 그런데 왜 눈물이 나는 것인지 모르겠다.
리자는 울고 있는 나를 따뜻하게 안아줬다. 아마 내 삶에서 처음이자 마지막
으로 마다가스카르 남자와 포옹을 한 것이리라.
　　그렇게 리자와 헤어지고 공항에서 출발 로비에 앉아 일기를 쓰고 있는

데 인솔자가 와서 리자가 계속 나를 쳐다보고 있다고 알려줬다. 이게 무슨 일인가. 아까 공항 입구에서 눈물 가득한 포옹을 하며 헤어졌는데 어떻게 리자가 나를 보고 있을 수 있는가. 고개를 들어보니 리자는 도착 대기실(모론다바 공항은 규모가 너무 작아서 출국 대기실과 입국 대기실이 밖에서도 훤히 보인다는 사실을 나는 몰랐다)에서 나를 보며 슬픈 눈을 한 채 손을 흔들고 있었다. 그러더니 손 키스를 보내왔다. 아……. 떠나는 나를 끝까지 지켜보고 있던 리자에게 나는 뭘 해줬어야 했을까. 비행기 활주로로 걸어가다 나는 뒤로 돌아 뛰기 시작했다. 경비원이 제지하며 돌아갈 수 없다고 막았고 그 모습을 리자가 안타까운 눈으로 지켜보고 있었다. 영화의 한 장면을 연출하고 있는 듯 했다. 나는 내가 입고 있던 얇은 겉옷을 벗어서 말도 통하지 않는 경비원에게 "이것을 저 남자에게 주세요!"라고 말했다. 그는 내가 가리키는 손끝에서 여전히 손을 흔들고 있는 리자를 확인하고는 고개를 끄덕였다. 경비원은 내 옷을 리자에게 건네줬고 리자는 슬프게 웃으며 옷을 흔들었다.

그렇게 리자와 나는 이별했다. 어쩌면 그는 타나에 있는 그의 부인에게 내 옷을 줬을지도 모르겠다. 하지만 나는 믿는다. 내 옷이 모론다바의 한낮 강한 햇살과 새벽과 밤의 서늘한 공기로부터 리자를 보호해주고 있을 것이라고. 내 책상에 그의 책이 놓여 있듯이. 그리고 이 글에서 그가 살아 있듯, 그의 마음속에 띠동갑 한국인 연상녀가 살아 있었으면 좋겠다.

1000개의 마을, 안타나나리보

10시 25분 타나행 비행기가 이륙하고 11시 15분 처음 마다가스카르에 발을 디뎠던 그 안타나나리보 공항에 도착했다. 처음 공항에 왔을 때는 깜깜한 밤이라 아무것도 보이지 않았는데, 지금은 수도 안타나나리보의 전경이 보였다. 해발고도 1400m에 위치한 도시라 다른 나라의 수도 풍경과는 좀 달랐다. 군데군데 붉은 흙이 드러난 언덕과 그곳을 깎아 만든 땅에 다닥다닥 집들이 들어차 있었다. 하늘에서 내려다보면 아무리 가난한 나라라고 하더라도 다 아름다워 보일 것이다. 타나의 전경도 그랬다. 한 나라의 수도이자 대도시임에도 불구하고 높은 빌딩 하나 없이 형형색색을 한 지붕들이 붉은 흙과 어우러져 모여 있었다. 마치 거친 붓으로 그린 유럽의 마을 같은 느낌이었다. 안타나나리보는 말라가시어로 '마을 1000개로 이루어진 도시'라는 뜻이다.

오늘은 오후 4시 50분 비행기로 마다가스카르를 떠나야 하기 때문에 타나를 천천히 둘러볼 시간은 없었다. 하지만 타나 시내 전경은 꼭 보고 싶었기에 시내를 볼 수 있는 암보히망가 Ambohimanga 왕실 언덕에 올랐다. 이곳 전망대에서는 타나의 시내가 한눈에 보이기도 하지만 주변의 왕실과 무덤과 기독교의 성지로서 유네스코 세계유산(문화유산)으로 지정된 곳이기도 하다. 전망대 난간에는 빨래가 빼곡히 널려 있었다. 이곳은 분명 왕실이자 성지였으나, 그런 것과는 상관없이 아이들의 놀이터이자 옥상인 셈이었다. 렌즈를 당겨 확대해서 보니 그저 아름답게만 보이는 주택들의 가난함이 드러났다. 사실 렌즈에 보이는 모습으로 그들이 가난하다고 단정하는 것은 무리일 수 있다. 하지만 첫날 시내를 지나가며 아노시 인공 호수 주변의 천막촌을 이미 보았기에, 보이는 것이 전부일 수도 있겠다는 생각이 들었다.

모론다바에서 비행기를 타고 타나로 오는 50여 분 동안 내 옆자리에는 마다가스카르에서 관광 가이드 일을 하고 있는 조제린이라는 남자가 앉아

암보히망가 왕실 언덕 전망대
유네스코 세계유산임과 동시에 아이들의 옥상 놀이터이기도 하다.

있었다. 통로 옆자리에 앉아 있는 일본 남자의 가이드라고 자신을 소개한 조제린은 지금 마다가스카르 대통령인 헤리 바오바오 Hery vaovao 의 머리가 나쁘다고 말했다. 바오바오가 대통령으로 당선된 선거가 부정선거였으며, 앞으로 마다가스카르가 프랑스의 영향력에서 벗어나지 않는 한 나라의 발전은 없을 것이라고 단언했다. 따라서 대통령 선거가 다시 치러질 때까지 5년 간 이 나라에서 발전을 기대하기는 어렵다고 주장했다. 또 마다가스카르에 지금 가장 필요한 것은 교육과 경제, 그리고 사막화를 막는 일이라고 말했다. 그의 말을 정리하면 다음과 같다.

암보히망가 왕실 언덕에서 본 안타나나리보의 전경
아름답게 보이는 것이 다는 아니다.

마다가스카르는 현재 실업률이 72%인데 국민의 80%가 빈곤층이고 그중 50%는 극
빈층입니다. 젊은이들은 놀고 싶어서 노는 것이 아니라 일자리가 없는 거예요. 종합대학
은 안타나나리보에 마다가스카르 대학이 한 개 있고, 여섯 개 주에 분교가 하나씩 있을 뿐
이에요. 나는 마다가스카르 대학 경제학과를 나왔지만 영어가 꼭 필요하다고 생각해서 공
부를 했고, 관광 가이드가 되었어요. 그런데 좀 더 일찍 영어를 배워야 한다고 생각해요. 하
지만 제1외국어로 영어를 배워야 한다는 정책은 결국 프랑스의 반대로 무산되었고 그나마
학교를 다니는 아이들은 말라가시어와 프랑스어만 배워요. 프랑스는 우리나라의 석유를
개발해 우리나라에 다시 역수출을 하고 있어요. 식민지는 벗어났지만 이것은 진정한 독립

이라고 할 수 없어요. 프랑스의 입김에 좌우되는 대통령이 존재하는 한 이 나라의 발전은 더 먼 미래의 얘기일 거예요.

열변을 토하는 조제린의 말에 충분히 공감을 표했다. 영어 가이드만 해서는 먹고살기 어려워 일본어 학원을 다니며 일본어를 익혔고 이제 한국어도 공부하고 싶다는 그의 열정적인 삶이 대단했다. 이 나라에서 그 정도로 치열하지 않으면 일자리를 구하기 어렵다는 뜻이리라. 공항으로 다시 이동하면서 철로 변에 쌓인 쓰레기와 텐트촌, 아나시 호수 주변에 형성된 가난한 사람들의 삶이 조제린의 이야기와 오버랩되었다. 마다가스카르는 그동안 내가 다녔던 아시아의 나라들과는 조금은 다른 나라였다. 희귀 동물이 있는 나라, 바오바브 나무가 있는 나라, 사람들의 미소가 아름다운 나라……. 물론 이것도 분명한 사실이다. 하지만 너무 가난한 나라, 찢어지게 가난한 나라였다. 여행객들의 눈에 그저 평온하고 아름다워 보이는 풍경은 그들이 가질 수 없는 그저 '풍경'뿐일지도 모르겠다. 비록 이들이 물질적으로 풍요롭지는 않겠지만, 그들의 전통과 자존심만큼은 잃지 않았으면 좋겠다. 하지만 이런 바람조차 사치일지도 모르겠다. 여행자의 교만일지도 모르겠다. 공터에 빨래만 가득한 마을 저 뒤로 별 다섯 개짜리 최고급 호텔이 주변 풍경과는 너무도 어울리지 않는 모습으로 서 있었다.

여행 마지막 날 밤 11시, 마다가스카르를 떠나 방콕을 경유해 한국에 도착했다. 기내식을 절대로 좋아하지는 않지만 돌아오는 타이 항공의 비행기 기내식이 너무 맛있게 느껴져 맥주와 함께 급히 먹었다. 결국 식은땀과 설사, 오한으로 일요일을 끙끙 앓고 지내다가 병원을 찾았더니 장염이란다. 그만큼 마다가스카르를 다녀오는 길은 너무 멀었고, 육체적으로는 힘든 여정이었다. 집으로 돌아오는 길에 탔던 택시 기사님은 대뜸 오늘 교황께서 출국하셨다고 했다(로마가톨릭교회 제266대 교황 프란치스코는 2014년 8월 14일 한국에 방문해 18일 떠났다). 그리고 교황께서 방문하시고 우리나라 사람들의 마음속에 화해와 용서가 들어왔다고 말했다. 가톨릭 신자냐는 내 질문에 기사님은 자신은 무교지만 종교를 떠나 진정한 지도자의 모습을 교황에게서 봤다고 말했다.

그 뒤 아직 마다가스카르 여행의 여운이 남아 있던 8월 30일, 안타나나리보에 메뚜기 떼 수십 억 마리가 출몰해 대재앙을 일으켰다는 뉴스가 날아들었다. 인구의 60%가 벼농사를 하고 있는 지역에 1957년 이후 최대 규모의 메뚜기 떼가 출몰해 식량을 먹어치우는 모습과 메뚜기들이 하늘을 새까맣게 물들인 모습이 TV에 등장했다. 가난한 나라에서 더 이상 가져갈 것이 뭐가 남았다고 메뚜기 떼까지 달려드는 것인지, 하늘이 무심하다는 생각이 들었다. 6박 8일이라는 너무 짧은 여행 동안 너무 많은 일이 일어났고 너무 많이 울었는데도 그 정도의 눈물로는 부족했나 보다. 또다시 내 눈에서는 눈물이 흘러내렸다. 의사가 처방한 주사와 약을 먹고 서서히 몸이 회복된 것처럼, 교황께서 종교가 없는 택시 기사님에게 용서하는 마음을 주신 것처럼 가난한 마다가스카르가 행복하고 아름다운 나라가 될 수 있도록 누군가 강력한 처방전을 내려줬으면 좋겠다. 그래서 맨발의 어린 왕자들이 미래를 꿈꿀 수 있고, 까맣고 작은 맨발로도 부른 배를 통통 두드리며 신나게 뛰어놀 수 있는 나라를 만들어줬으면 좋겠다. 『어린 왕자』에 이런 말이 나온다. 어린 왕자와 여우가 나누는 대화다.

안타나나리보
단 하나밖에 없는 높은 빌딩은 이곳에서 유일한 고급 호텔이다.
어느 나라의 수도가 이렇게 가난할까.

누구나 슬픔에 잠기면 석양을 좋아하게 된다.

가끔 퇴근길에 석양을 바라보면 바오바브 애비뉴가 기억난다. 아무리 바오바브 나무의 석양이 아름답다고 하더라도, 마다가스카르 아이들이 더 이상 슬픔에 잠기지는 말았으면 좋겠다.

3
야누스의 나라,
인도네시아

잠시 후 경기가 시작되자 소들이 몰려왔다. 그런데 넓은 결승선 중에서도 마침 내가 앉아 있는 쪽으로 소들이 달려왔다. 이미 카메라에는 줌렌즈를 끼워뒀다. 나는 재빨리 렌즈를 조절해가며 정신없이 황소들을 찍기 시작했다. 엄청난 먼지와 함께 빠른 속도로 소들이 돌진해왔다. 몽둥이로 소의 엉덩이를 때리는 선수의 얼굴도 또렷이 보였다. 잔뜩 흥분한 채 달려오는 소들을 보자 나도 덩달아 흥분했고 카메라의 파인더에 비친 황소의 덩치는 점점 더 커졌다. '바로 이때다!' 라고 느낀 순간 내 몸이 붕 날았다. 나는 내게 무슨 일이 벌어졌는지 몰랐다.

Introduction

—

태평양과 인도양 사이에 있고, 환태평양조산대와 알프스·히말라야 조산대가 만나는 지점에 있어 화산과 지진이 많은 나라. 그만큼 석유를 비롯한 자원이 풍부한 나라. 동·서 교통의 요지라는 지리적 조건 때문에 불교·힌두교·이슬람교가 들어왔으며, 네덜란드와 일본의 식민 지배를 거쳐 지금에 이른 나라. 바로 인도네시아Indonesia다. 인도네시아는 세계에서 다섯 번째로 인구가 많으며 국토는 수많은 섬으로 이루어져 있다. 이 거대한 땅에서는 수많은 종족과 종교가 교류하고 있으며, 그 수많은 취향과 목소리를 적절히 통합하는 것이 가장 큰 과제다.

그러나 2억 5000만 명이 넘는 인구가 하나의 뜻으로 뭉치는 것이 어디 그리 쉽겠는가. 아직 반군 활동이 계속되고 있는 만큼 불안 요소는 남아 있지만, 인도네시아의 국기인 홍백기가 의미하는 빨간색의 '용기'와 하얀색의 '고귀함'을 믿고 싶다. 여행을 마친 지금, 인도네시아의 중심인 자바Java 섬 자카르타Jakarta부터 동쪽에 있는 발리Bali 섬까지 이동하며 만났던 사람들을 떠올려본다. 세계 GDP 순위 16위, 아시아에서는 한국 다음인 5위의 나라 인도네시아가 한국도 해결하지 못한 빈부격차 문제를 해소하길 바란다. 적어도 인도네시아의 어린 아이들이 훗날 '신들의 섬'인 풍요로운 발리와 유황 노동자들이 거친 숨을 몰아쉬는 카와이젠 Kawah Ijen 산의 대비만큼은 경험하지 않았으면 좋겠다

N
4

자와 해

자카르타
반둥
자바 섬
새마랑
수라바야
보로부두르
파스루안
카와이젠 산
발리

인도네시아
보로부두르, 카와이젠 산, 발리

＊ ＊ ＊

  2011년 8월, 여행 첫째 날. 8박 9일 일정으로 인도네시아 여행을 떠났다. 이 일정이 브로모 Bromo, 보로부두르 Borobudur, 프람바난 Prambanan, 발리 등 유명 여행지만을 보는 것이었다면 동참하지 않았을 것이다. 2003년에 발리를 제외하고는 전부 다녀왔던 곳이고, 다른 무엇보다도 잘 보존된 유적지나 화산 지역의 일출 풍경 등은 내 여행 취향과는 맞지 않았기 때문이다. 그런 이유로 이번 여행에서 내 목적은 오로지 카와이젠 산 하나였다. 좀 더 구체적으로 말하자면, 카와이젠 산 분화구에서 노란 유황을 채취하는 사람들의 모습을 보기 위함이었다. 여행을 다녀온 지금은 과연 그 모습을 내 눈으로 꼭 확인했어야 했는지, 자책감인지 후회인지 모르는 의문이 남아 있다. 이번 여행은 지난 아시아 시골 여행 때 만난 사람들로부터 느꼈던 따뜻하고 아름다운 감정과는 다른 아픈 경험이었다. 그리고 한동안 그들을 잊지 못해 우울해지기도 한 여행이었다.

  오후 3시 40분 비행기 시각에 맞춰 12시에 집을 나섰다. 택시를 타고 인천 국제공항 공항철도가 놓인 역까지 가기로 했다. 내가 탄 택시의 기사님은 숱이 없는 긴 머리를 쪽 찐 50대 중반쯤 되어 보이는 아주머니였다. 둘이서 무거운 캐리어를 택시 트렁크에 낑낑대며 넣고 출발했는데, 아주머니에게는 예상치도 못한 버릇이 있었다. 손바닥에 침을 퉤 뱉고 비벼댄 후 핸들을 잡는 것이 아닌가. 그것도 거의 10초 간격으로 말이다. 참으로 이상하고도 지저분한 버릇이었다. 게다가 어젯밤에는 같은 동네에 사는 젊은 남자가 택시에 칼로 줄을 그어놨다며, 역까지 가는 20여 분간 온갖 욕을 섞어가며 그 사건의 전말을 낱낱이 내게 설명했다. 기사님은 방금 범죄 현장을 찍은 CCTV 메모리 카드를 경찰에게 건네주고 오는 길이라고 했다. 나는 귀로는 욕설을, 눈으로는 침 뱉는 모습을, 코로는 택시 안에 진동하는 아주머니의 침 냄새를 맡으며 안절부절 역으로 향했다. 내가 그토록 초조했던 이유는 택시에서 캐리어를 내릴 때 어쩔 수 없이 기사 아주머니의 도움을 받아야 하는데 아마도 백 번도 더 넘는 침 세례를 받은, 게다가 욕설이 밴 침이 묻어 있는 아주머니의 손이 내 캐리어 손잡이를 잡을 것이라는 생각 때문이었다. 서둘러 요금을 지불하고(거스름돈은 팁이라며 거절했다) 열차를 타기 전에 먼저 한 일은 화장실로 들어가 손잡이를 물로 깨끗이 닦아내는 일이었다. 이번 여행의 전조가 아무래도 심상치 않았다.

2003년 마두라의 카라판사피

오후 3시 45분에 대한항공 여객기를 타고 7시간여를 날아가 인도네시아 자카르타 공항에 도착했다. 현지 시각은 한국보다 두 시간 늦은 깜깜한 밤 8시 45분이었다. 희미한 기억 속에서 지난 2003년 인도네시아의 행복한 추억이 떠올랐다. 당시 보로부두르, 디엥Dieng 고원, 프람바난 사원, 브로모와 '카라판사피Karapansapi'라고 하는 황소 경주를 보러 마두라Madura 섬에 들렀다. 그때를 행복했다고 기억하는 이유는, 마두라에서 죽을 뻔했던 나를 살려줬던 잘생긴 경찰들과의 추억 때문이다. 여기서 먼저 그들과 관련된 이야기를 해두고자 한다.

마두라 섬은 인도네시아 자바 섬의 동쪽에 있는 작은 섬이다. 이 지역은 염전과 황소 경주, 유전 등으로 유명한 곳인데 2003년에 내가 이곳을 찾은 이유는 황소 경주인 카라판사피 때문이었다. 매년 추수가 끝난 후 7~10월 사이에만 열리는 이 경주는 황소 두 마리에 코뚜레를 뚫어 그 코뚜레에 끈과 널빤지를 연결해 사람이 탄 채 뒤에서 소의 엉덩이를 몽둥이로 때리며 달리는 시합이다.

경기장에 도착해보니 길이 200m, 폭 100m 정도 되는 넓고 긴 운동장 안에 군중 수천 명이 가득 차 있었다. 나는 그 규모에 압도당해 잠시 멍하게 서 있었다. 이렇게 많은 사람이 모여 있을 것이라고는 생각하지 못했다. 게다가 외국인이라고는 우리 일행밖에 없었기 때문에 관중의 시선은 우리 쪽으로 쏠렸다. 당시 가장 나이가 어리고 예뻤던(그때는 그랬다) 나를 쳐다보는 수많은 남자의 눈길 때문에 발걸음조차도 부자연스러웠다. 커다란 경기장에 'ㄷ'자로 로프를 설치해뒀고, 결승선에는 사고를 방지하기 위해 경찰들이 배치되어 있었다. 나는 결승선으로 힘차게 달려오는 소들과 선수들을 찍기 위해 결승선 오른쪽 구석에 쪼그리고 앉았다. 그러자 수많은 남자가 내 주변에 몰려와, 어떤 남자는 내 머리 냄새를 맡기도 하고 어떤 이는 나를 슬쩍 치기도 했다. 아무리 남자가 좋다고 해도 수십 명이 한꺼번에 몰려들자 겁이 났다. 그런데 근처에 있던 잘생긴 경찰 여섯 명이 남자들을 물리치고, 어찌할 바를 몰라 허둥대던 내 주변에 서는 것이었다. 어쩌면 이들은 자신들만이 내 주위에 서 있을 자격이 있다고 생각했을지도 모르겠다.

잠시 후 경기가 시작되자 소들이 몰려왔다. 그런데 넓은 결승선 중에서도 마침 내가 앉아 있는 쪽으로 소들이 달려왔다. 이미 카메라에는 줌렌즈를 끼워뒀다. 나는 재빨리 렌즈를 조절해가며 정신없이 황소들을 찍기 시작했다. 엄청난 먼지와 함께 빠른 속도로 소들이 돌진해왔다. 몽둥이로 소의 엉

마두라 섬의 카라판사피
소들은 달리고 싶어 달린 것이 아니다
이 사진은 2003년에 찍은 필름을 스캔한 것이다.

덩이를 때리는 선수의 얼굴도 또렷이 보였다. 잔뜩 흥분한 채 달려오는 소들을 보자 나도 덩달아 흥분했고 카메라의 파인더에 비친 황소의 덩치는 점점 더 커졌다. '바로 이때다!'라고 느낀 순간 내 몸이 붕 날았다. 나는 내게 무슨 일이 벌어졌는지 몰랐다. 정신을 차리고 보니 나는 결승선 뒤쪽에 누워 있었고, 카메라는 바닥에 뒹굴고 있었고, 옆에는 뿌연 먼지 속에서 흥분한 소들이 숨을 헐떡이고 있었다. 쓰러진 나를 경찰들이 일으켜 세워줬다. 알고 보니, 소가 코앞까지 왔는데도 일어날 생각도 하지 않고 사진을 찍고 있던 나를 다급해진 경찰들이 뒤로 던져버린 것이었다. 아마 이들이 아니었다면 나

경기가 끝난 후 물을 먹는 황소
황소가 급하게 물을 마시다 체할까 봐 주인이 입으로 소의 귀에 물을 부어주고 있다
이 사진은 2003년에 찍은 필름을 스캔한 것이다.

는 객사한 영혼이 되어 마두라 섬 어딘가를 떠돌고 있을지도 모를 일이다.
그들은 내 곁에 서 있을 자격이 충분했다.

　그 후 경기를 마친 소들의 엉덩이를 보니 인간이 얼마나 잔인한지 새삼
깨달았다. 그리고 적어도 마두라의 황소로 환생을 해서는 안 되겠다고 느꼈
다. 커다란 소의 눈에서는 눈물이 흐르고 있었고 소의 엉덩이에서는 피가 뿜
어져 나오고 있었다. 황소를 모는 남자들이 손에 들고 있던 것은 단순한 몽
둥이가 아니었던 것이다. 그들은 긴 못이 빽빽이 박힌 몽둥이를 들고 있었
다. 소 엉덩이에는 몽둥이 자국이 아닌, 못으로 찍힌 작은 구멍이 수십 개나

있었고, 구멍에서는 붉은 피가 줄줄 흐르고 있었다. 소들은 달리고 싶어서 달린 것이 아니라 너무 아파 흥분해서 날뛰었을 뿐인 것이다. 재미를 위해 죄 없는 소에게 이렇게 가혹한 상처를 주는 인간이 너무 잔인하게 느껴졌다. 그나마 조금 다행이라고 느낀 것은 거친 숨을 몰아쉬는 소에게 물을 주는 주인의 모습 때문이었다. 주인은 소의 입에 바로 물을 부어주는 것이 아니라, 자신의 입에 물을 머금고 소의 귀에다가 물을 조금씩 흘려줬다. 소는 물이 코를 통해 흘러나오면 혀로 핥아 마셨다. 급하게 물을 마셔 체하는 것을 막으려는 것이었다. 소에 대한 미안함을 전하려는 주인의 마음도 있었을 것이다. 이날 카라판사피와 나를 지켜준 경찰들의 이야기, 이것이 지난 2003년 인도네시아에 대한 나의 행복한 기억이다.

여행 둘째 날. 새벽 4시에 일어나 대충 식사를 하고 공항으로 향했다. 국내선을 타고 욕야카르타 Yogyakarta 로 이동하는 일정이었다. 새벽 거리는 연한 스모그와 멀리서 들리는 아잔(이슬람교에서 신도에게 예배 시간을 알리는 소리) 소리로 '좀비'가 나올 것 같은 분위기였다. 그 속에서 부지런히 아침 장사를 준비하는 노점상의 어깨는 더 없이 무거워 보였다. 가루다(힌두교에서 세계의 질서를 유지하는 신 비슈누가 타고 다녔다는 독수리) 항공을 타고 하늘에 오르니 사화산과 휴화산이 구름을 뚫고 우뚝 솟아 있었다. 2010년에 폭발한 메라피 Merapi 화산에는 나무 한 그루 남아 있지 않았다.

환태평양조산대의 핵심에 위치한 인도네시아는 2010년에 수마트라 Sumatra 섬의 쓰나미와 자바 섬의 메라피 화산 폭발로 엄청난 인명·재산 피해를 당했다. 게다가 40km나 떨어진, 인도네시아가 자랑하는 최고의 유적지 보로부두르 사원까지 고농도의 산성 성분을 머금은 화산재가 날아가 사원이 무너질 가능성이 있다고 한다. 자연재해만큼은 인간의 능력으로 막을 수 없다. 베르나르 베르베르 Bernard Werber의 소설 『신 Nous les Dieux』에서처럼 어쩌면 재해는 신들의 전쟁놀이 수단일지도 모르겠다. 그 거대한 장난 안에서 살아가고 있는 우리 인간은 그만큼 약하고 한 치 앞을 내다볼 수 없는 생을 보내면서도, 싸우고 화내고 울고 또 사랑하며 살아가고 있는 것이다.

쓸쓸한 유적지 프람바난 사원

아침 8시 45분경 곧이어 욕야카르타에 도착한다는 기내 방송이 흘러나왔다. 아래를 내려다보니 거대한 밀림 속에 흐르는 자유곡류천이 보였다. 인도네시아 지역 대부분은 열대우림 기후에 속하는 밀림 지역이다. 많은 사람이 지구의 자정 역할을 하는 열대 밀림으로 아마존을 거론하지만, 인도네시아의 밀림도 아마존만큼이나 거대하다. 그 안에서 살아가는 소수민족들의 모습이 다큐멘터리 프로그램을 통해 소개되기도 했다. 언젠가 꼭 만나고 싶은 사람들이다.

드디어 여행의 출발 지점인 욕야카르타에 도착했다. 욕야카르타는 고요하고 아늑한 곳이라는 뜻을 지닌 'yogya'와 발전된 곳이라는 뜻을 지닌 'karta'가 합쳐진 단어다. 인도네시아에는 총 세 곳의 특별시가 있는데 수도인 자카르타, 그리고 아체 aceh와 욕야카르타이다. 이곳에는 인도네시아가 자랑하는 보로부두르 사원과 프람바난 사원이 있다. 인도네시아는 인구 2억 5000만 명이 거주하는, 말레이 제도 대부분을 차지하는 엄청난 면적의 섬나라다. 그만큼 섬의 개수도 어마어마하게 많은데 정확하지는 않지만 약 1만

2010년 폭발한 메라피 화산
신들의 장난은 종종 불바다를 만들기도 한다.

3000개가 넘는다고 한다. 하지만 바닷물이 빠지면 1만 8000개가 넘는 섬이 모습을 드러낸다. 공항에서 40여 분을 달리자 유네스코 세계유산(문화유산)인 힌두교 유적지 프람바난 사원에 도착했다.

　인도네시아의 중부 지역인 자바에는 6세기 말부터 10세기까지 마타람Mataram 왕조가 집권했는데 왕조 초기에 두 형제에 의해 북쪽에 사일렌드라스Sailendras 왕조가, 남쪽에는 산자야Sanjaya 왕조가 세워졌다. 사일렌드라스 왕조는 불교를 믿었기에 보로부두르 사원을 건설했고, 산자야 왕조는 힌두교 사원인 프람바난 사원을 세웠다고 한다. 프람바난 사원은 하늘에서 보지 않는 한 사원 전체를 한눈에 볼 수 없다. 사원 입구에 있는 유리 상자 안에는 사원을 축소한 작은 조형물이 들어 있다. 사원의 전체 모습은 '만다라'의 모양을 하고 있고 그 한가운데에는 비슈누, 시바, 브라만의 신전이 세워져 있다. 만다라란, 밀교密敎에서 발달한 상징의 형식을 그림으로 나타낸 불화佛畵를 말한다. 주로 권선징악과 깨달음에 이르는 과정 등을 시각적으로 구현한다. '만다'는 본질, '라'는 소유를 뜻한다. 그러나 신전 가운데에 위치한 47m에 이른다는 시바 신전을 비롯해 각종 탑의 부조물이며 장식 등이 왠지 내게는 큰 감흥을 불러오지 못했다. 물론 이것들은 1000년도 넘은 건축물로서 유네스코 세계유산(문화유산)에 등록되어 있다는 것만으로도 충분히 사료적 가치가 있는 것들이지만 내가 느끼는 감성으로는 차가운 돌에 불과했다.

왜냐하면 사람 냄새를 맡기 어려웠기 때문이다. 그곳에는 오로지 신을 위해 만들어놓은 고대의 건축물만 덩그러니 남아 있었다. 현재 인도네시아 사람들은 대다수가 이슬람교를 믿고 있으므로 이곳으로 기도를 하러 오는 사람은 거의 없었다. 제사를 지내는 일도 없어서 관광객들이 바글거리고 있었다. 모름지기 종교란 사람과 동떨어져서는 의미가 없는 것임에도, 이곳 사람들은 과거의 건축물을 이용해 돈을 벌고 있었다. 나는 누구에게랄 것도 없지만 좀 억울한 느낌이 들었다. 인도네시아의 첫 번째 코스부터 이런 부정적인 생각을 가지면 안 될 텐데. 나는 마치 사원 주변에 뒹굴고 있는 미처 다 맞추지 못한 석재들처럼 외로웠다.

어차피 이번 일정은 카와이젠 산의 화산을 보는 것을 목표로 삼고 왔기 때문에 다른 일정에서는 관광객으로서의 역할만 충실히 하기로 마음을 고쳐먹었다. 인도네시아에서는 인사를 나눌 때 아침(빠기), 점심(씨앙), 저녁

프람바난 사원
사원 주변에는 아직 다 맞춰지지 못한 돌들이 널브러져 있다.

(소레)을 뜻하는 단어 앞에 '슬라맛 good, well'을 붙인다. "슬라맛빠기." 이런 식이다. 하지만 이번 여행에서 내가 가장 많이 쓴 말은 '몽고'였다. 몽고라는 단어가 가장 외우기 쉽기도 했지만, 그 쓰임이 매우 다양했기 때문이다. 헤어질 때나 만날 때, 감사를 전할 때 등등 매우 유용했다. 하지만 몽고는 자바에서만 통하는 인사말이다. 사투리 같은 것이었을까? 실제로 상인들에게 몽고라고 인사를 하면 '몽고몽고'라고 화답해준다.

　인도네시아가 원산지인, 세계적으로 유명한 몇 가지 상품이 있다. 먼저 '바틱 Batik'이라는 것이 있다. 인도네시아의 전통 천인데 만드는 방식이 특이

프람바난 사원을 만든 사람들은 이 사원이 언젠가는 버려질 것을 알고 있었을까.

하다. 우선 끝이 가늘게 뚫린 금속 용기에 촛농을 담아 천의 앞뒤 양면에 가는 선으로 문양을 그린다. 그 위에 염료를 발라 염색하면 촛농을 따라 화려한 색이 나타난다. 기하학적인 문양이 일품인데 이 천을 사다가 유리창에 걸어놓으면 제법 멋진 커튼이 된다. 또 와양 Wayang 이라는 그림자 인형극도 유명하다. 양가죽에 채색을 한 인형을 이용하는데, 시장 곳곳에 이런 인형이 판매되고 있다. 그리고 마셔본 사람만 그 맛을 알 수 있다는 빈탕 Bintang 맥주가 있다. 국민의 87%가 음주를 금하는 이슬람교도인 나라에서 맥주가 세계적으로 유명하다니 참 신기하다. 나머지 3200만 명이 모조리 맥주를 마시지 않고서야 어찌 이렇게 유명해질 수 있겠는가. 아마도 많은 관광객이 휴양지 발리에서 일몰을 보며 마셨을 빈탕 맥주의 추억을 그리워하기에 그렇게 되지 않았을까 싶다.

여행지에서는 그 나라의 대표 맥주를 마셔봐야만 한다는 의무감을 갖고 있는 나 역시 빈탕 맥주에 대한 어처구니없는 추억이 하나 있다. 2003년 처음 인도네시아를 찾았을 때 자바의 야시장에서 양고기 꼬치와 빈탕 맥주를 주문한 적이 있었다. 나는 음식에 대해 선입견이 강한데, 그럼에도 불구하고 처음 먹어본 양고기 꼬치는 독특한 향신료 냄새도 그리 나쁘지 않았고 그럭저럭 먹을 만했다. 그런데 주인장에게 빈탕 맥주를 시켰더니 맥주가 없단다. 세상에나. 양고기 꼬치를 어찌 술 없이 먹을 수가 있단 말인가. 이것은 양 꼬치에 대한 예의가 아니다. 주변을 보니 야시장에 있는 사람 모두 이슬람 신자들인지 주스나 탄산음료와 함께 양고기 꼬치를 먹고 있었다. 나는 주인에게 빈탕 맥주를 사다 달라고 부탁했더니 잠깐 기다리란다. 주인은 근처에 있는 슈퍼까지 뛰어가서 맥주를 사왔다. 만져보니 뜨듯한 맥주였다. 맙소사. 결국 얼음을 부탁해 맥주에 얼음을 넣은 채로 마셨다. 맥주 본연의 쌉쌀한 맛은 전혀 느낄 수 없어 맥주 향기가 나는 차가운 음료수를 마신 셈 쳤다. 그러나 어처구니없는 일은 그 뒤에 일어났다. 입안에 남아 있던 양고기의 기름이 차가운 빈탕 맥주와 만나 그만 응고가 되고 말았던 것이다. 이빨 전체에 마치 촛농을 들이부은 것처럼 하얀 기름띠가 덮였고, 결국 이쑤시개로 그 하얀 기름띠를 긁어내야만 했다. 이 일로 결국 양고기는 그날 이후 두 번 다시 먹지 않게 되었다. 하지만 빈탕 맥주에 대한 기억은 인도네시아의 맛있는 추억으로 남아 있다.

점심을 먹고 바론 비치 Baron Beach 에 가보기로 했다. 1시간을 넘게 달려가고 있는데 갑자기 잿빛의 티크 나무 숲이 나타났다. 티크 나무는 팽창과 수축이 적어 고급 가구재로도 많이 쓰이는데 인도네시아의 자바는 세계적으로 유명한 티크의 생산지이기도 하다. 숲으로 들어서면서 고도가 점점 높아졌다. 작은 산 하나를 넘나 싶더니 갑자기 바다가 나타났다. 출발한 지 거의 2시간 만에 도착한 해변이었으나 실망스럽기 그지없었다. 사실 바론 비치를 탓할 수도 없었다. 베트남의 무이 네 Mui Ne 해변을 기대했던 내 잘못이었다. 항구를 가득 메운 수많은 배 위에서 그물을 걷어 올리며 생선을 손질하는 사람들로 정신이 없는 활기 넘치는 해변을 상상했던 것이다. 바론 비치에는 파도가 심해 출항하지 못한 배 몇 척만 해변에 묶여 있었고 가족 단위로 보이는 몇몇 관광객 무리만이 해변을 거닐고 있었다. 주름이 깊은 이름 모를 할아버지는 오늘 하루 장사는 공쳤다는 듯이 그런 풍경을 멍하게 바라보고 있었다.

보로부두르의 얼굴 작은 가족

여행 셋째 날. 새벽 5시에 부드러운 아침 햇살 속의 보로부두르를 찍기 위해 출발했다. 천막으로 지은 포장마차에 백열등 하나를 켜둔 부지런한 상인들이 어둠 속에서 눈에 들어왔다. GDP 순위 세계 16위인 이 나라에도, 가난한 노동자를 상대로 새벽 밥장사를 하는 더 가난한 노점상이 있다. 바로 앞 15위인 한국 역시 동대문 시장 어딘가에서 비슷한 노점상들이 밤을 털고 일어나 새벽을 맞고 있을 것이다. 이런 생각을 하자 8시 출근에 툴툴대며 일어나는 내 일상이 부끄러워졌다.

바론 비치의 할아버지
오늘도 공쳤다는 할아버지의 깊은 시름이 주름에 가득하다.

1시간쯤 달리자 멀리 메라피 화산이 보였다. 2010년 11월에 폭발한 화산으로, 분출된 화산재가 빗물과 섞여 산 밑으로 흘러내려가며 산과 그 부근을 뒤덮어버렸다. 이를 화산이류火山泥流라고 하는데, 내가 서 있는 땅 역시 화산이류가 굳은 곳이라서 그 두께가 대략 3m는 되는 것 같았다. 화산이류는 매우 빠른 속도로 흐르기 때문에 화산에 의한 자연재해 중 가장 많은 인명 피해와 이재민을 발생시킨다. 이 굳은 화산이류가 이제는 새로운 관광 상품이 되어버렸으니, 이것을 자연과 인간의 공존이라고 봐야 할지 의문이 들었다.

6시. 보로부두르 사원에 도착했다. 이른 시간인데도 제법 관광객이 많았다. 보로부두르 사원은 캄보디아의 앙코르 와트 Angkor Wat, 미얀마의 바간 Bagan과 함께 세계 3대 불교 유적군에 속한다. 유네스코 세계유산(문화유산)에 등재되어 있고 동남아시아의 문명과 종교 건축의 정수를 보여주는 유적이다. 단일 건축물로는 세계에서 가장 규모가 큰 불교 건축물로서 지리 교과서에도 등장하는 건축물이다. 하늘에서 내려다보면 이 거대한 사원이 만다라의 모습을 하고 있다고 한다. 사암砂巖을 쌓아올려 기단을 만들고 그 위에 종 모양을 한 스투파(탑)를 만들었으며, 기단에 부처님의 일생과 인간의 삶 등을 조각해놓은 사원이다. 9세기 사일렌드라스 왕조 때 만들어졌으나 1세기도 지나지 않아 불교 왕조의 몰락과 함께 화산재 속에 묻혀 있다가 1814년에 발견되었다고 한다.

원래 계획은 사원 꼭대기에서 일출을 찍는 것이었다. 하지만 메라피 화산의 영향으로 건물 5층 기단부에 균열이 생겨 출입을 통제하고 있어 더 이상 올라갈 수는 없었다. 한 바퀴 돌고 있는데 마침 예쁜 아이들이 있어서 허락을 얻어 사진 몇 장을 찍었다. 그런데 아이들의 부모와 일가친척으로 보이는 사람들이 우르르 몰려와 졸지에 가족사진이 되어버리고 말았다. 젊은 아가씨에게서 이메일 주소를 받아 나중에 보내주기로 약속하고 이제 그만 떠날까 하는데, 나와 함께 사진을 찍겠다고 하며 한두 명씩 다가서는 바람에 졸지에 모델이 되어버렸다. 그런데 그 사진을 보니 내 얼굴이 정확히 그들의 두 배는 되어 보였다. 더 이상 찍혀서는 안 될 것 같아 그만 가려고 해도 놓아주질 않았다. 아마도 자신들의 얼굴이 얼마나 작은지 끊임없이 확인하고 싶었나 보다. 결국 모든 사람과 사진을 찍어주고 나서야 그 자리를 떠날 수 있었다.

보로부두르에서 만난 얼굴 작은 가족
착한 가족이라고 얼굴에 써 있는 것 같다.

얼굴 작은 가족과 헤어져 한 단을 내려가 코너를 도니 부드러운 아침 햇
살을 받은 스투파의 그림자가 옆 벽면을 장식한 작은 탑들과 어우러져 있었
다. 제법 멋진 그림이 될 것 같아 한 컷 찍고 가려고 한참을 기다렸다. 무리
가 다 지나가고 한 커플만이 남았는데 뒤를 돌아보니 또 다른 무리 다섯 명
이 다가오고 있었다. 내 옆에는 젊은 서양 남자가 카메라를 들고 한숨을 쉬
고 있었다. 아마 그 남자도 나와 같은 생각을 하며 기다리고 있었으리라. 카
메라를 든 남자는 나를 한 번 쳐다보더니 고개를 설레설레 흔들고는 그만 포
기하고 가버렸다. 하지만 나는 끈기 있게 그 무리가 지나가기를 기다렸고 겨

아침 햇살 속 스루파
긴 기다림 끝에 찍은 사진인데도 어쩐지 밋밋하다.

우 한 컷을 찍을 수 있었다. 내려가 사원 앞에 있는 레스토랑에 들르니 그 남
자가 나를 보고 서글프게 씩 웃었다. 그의 웃음은 동병상련의 웃음이었겠지
만 그는 내가 기어코 사진을 찍었다는 것을 몰랐을 것이다. '기다리는 자에
게 복이 있다'라는 격언이 옳을 때가 가끔 있다.

　오후 1시. 점심을 먹고 자바의 동쪽 도시이자 인도네시아 제2의 도시인
수라바야 Surabaya 로 가기 위해 기차역에 갔다. 플랫폼에 들어서려는데 신문
과 잡지 등을 파는 얼굴이 비쩍 마른 한 상인이 의자에 앉아 입을 벌리고 숙
면을 취하고 있었다. 눈만 떴으면 딱 에르바르트 뭉크 Edvard Munch 의 〈절규〉

욕야카르타의 기차역
눈만 떴으면 뭉크의 〈절규〉 속 주인공을 빼닮았을 그의 숙면은 깊었다.

를 떠올리게 하는 모습이었다. 기차역의 소란스러움에도 불구하고 숙면을
취하는 이 아저씨는 얼마나 피곤했던 것일까. 재미있는 것은 그의 배 언저리
에 놓인 돈들이었다. 물건을 가져가고 손님들이 두고 간 돈이리라. 그의 숙
면에 경탄해야 할지, 양심껏 돈을 지불하고 간 사람들의 선함에 경탄해야 할
지 알 수 없었다.

정확히 오후 2시에 기차가 출발했다. 쉬지 않고 5시간을 달리는 중에 창
밖으로 자바 평원이 펼쳐져 있었다. 그런데 산 하나를 볼 수가 없었다. 새삼
세계에서 열다섯 번째로 커다란 땅덩어리를 가진 이 나라의 크기가 놀라웠

다. 2호 차량과 3호 차량 사이에 식당 칸인 작은 휴게소가 있어서 음료수라도 마실까 싶어 들어가려고 했더니 문이 열리지 않았다. 안에서 양파를 까던 남자가 내게 옆쪽이라는 의미로 수신호를 보냈다. 옆을 보니 화장실이었다. 난 화장실을 들어가려고 했던 것은 아니었던지라 포기하고 되돌아오는데 내 뒤를 따라오던 승무원이 문 옆의 빨간 버튼을 누르고 들어가는 것이 아닌가. 아……. 자동문이었던 것이다. 평소 나는 매우 머리 회전이 빠른 편이라고 생각했는데, 이런 상황이 되면 두뇌는 잠시 휴가를 갔다 오는 것 같다. 도대체 그 문에 손잡이는 왜 있었던 것일까.

오후 7시 정각에 인도네시아의 경제적 수도인 수라바야에 도착했다. 오전 일정이 보로부두르 사원을 돌아본 것 외에 아무것도 없었지만, 새벽에 일어나 기차를 5시간이나 탄 것이 몸에 무리였는지 급속히 피곤함이 밀려왔다. 내일은 브로모 화산 분화구 주변의 작은 숙소에서 자야 했다. 편안한 잠자리가 안 될 것임이 분명했으므로 빈탕 맥주 하나를 마시고 서둘러 잠을 청했다.

튼실한 팔뚝을 가진 짠뜩한 여자

여행 넷째 날. 아침 8시를 조금 넘어 여유롭게 출발했다. 9시를 지나자 모내기를 하는 풍경이 시야에 들어왔다. 동남아시아를 여행하다 보면 모내기하는 풍경을 흔히 볼 수 있다. 나는 그때마다 반바지를 입고 일하면 편할 텐데 왜 다들 옷을 그대로 입고 있는지 궁금했다. 진흙이 묻은 옷을 빨아야 하는 수고스러움을 마다 않고, 옷을 입고 일을 하는 것은 분명 이유가 있을

브로모 가는 길
반바지에 장화를 신고 일을 하면 훨씬 편할 텐데.
이슬람교를 탓해야 했다.

것이다. 어쩌면 내 궁금증은 농사를 지어본 적이 없는 도시인의 무식한 발상
일지도 모르겠다. 또는 이슬람교의 교리 때문에 몸을 드러낼 수 없었기 때문
일 수도 있다. 사족이지만, 여자로서 이슬람교에 대한 불만이 한 가지 있다.
아름답게 보이고 싶어 하는 여성의 본성을 억누르지 말았으면 하는 것이다.
일부다처제를 허용하는 이슬람교이지만 사실 이 전통은 정복 전쟁 중에 살
아남은 남자들이 죽은 남편을 대신해 남편을 잃은 미망인을 거두어준 것에
서 유래한 것이다. 그만큼 이슬람교는 꽤 따뜻한 면이 있다. 하지만 그렇다
고 해서 여자의 본성을 종교라는 이름으로 억압해서는 안 된다고 생각한다.

파사루안 시장
말린 생선은 맥주 안주로 그만인데, 이슬람교 교리는 술을 금하니 안타깝다.

오전 10시경 파사루안 Pasaruan 이라는 작은 도시에 들러 잠시 시장을 둘러보기로 했다. 천막으로 하늘이 막힌 재래시장이라 빛은 많지 않았지만, 갖가지 상품을 파는 시장 사람들의 많은 눈빛이 있어서 충분했다. 욕야카르타 시장에서 구입한 스카프를 히잡처럼 쓰고 들어섰더니 아줌마들이 지나가며 엄지손가락을 치켜세웠다. 어느 나라를 여행하던 그 나라 여자들이 하는 머리 장식을 따라하면 왠지 친밀감을 느끼는 것 같다. 사실 내 이런 습관은 예전에 인도의 라다크, 카슈미르를 여행하며 생긴 내 나름의 요령이다. 뭔가 좋다는 의미 같은데 나를 보며 시장 사람들이 '짠틱, 짠틱'이라고 말했다(나중

아주머니가 더 짠틱하다(예쁘다).

에 알아보니 '짠틱'의 철자는 'cantic'로, 정확한 발음은 '찬티츠'였으며 인도네시아어로 '예쁘다'라는 의미였다). 한 용기 있는 아줌마가 다가오더니 내 팔뚝을 주물럭거렸다. 그 치켜든 엄지손가락의 의미는 '일을 잘할 것 같은 튼실한 팔뚝을 가진 무슬림처럼 생긴 예쁜 외국인'이라는 뜻이었을 것이다.

다시 1시간쯤 달리다 잠시 주유를 하는 동안 화장실에 들르니 'Toilet'과 'VIP Toilet'이라고 적혀 있었다. 따로 요금을 받고 있었는데, 각각 1000루피아와 5000루피아였다. 무려 다섯 배나 차이가 나다니. 그 내용(?)이 궁금해 양쪽을 들여다보니 1000루피아를 받는 화장실은 쪼그려 앉는 변기였고 다른 쪽은 양변기에 뜨거운 물이 나왔다. 딱히 뜨거운 물이 필요했던 것은 아니지만 5000루피아짜리 화장실을 택해 소변을 보고 나왔다. 소변을 보는 것에도 시장 경제를 적용하는 곳은 처음 봤다. 결벽증이 있는 나로서는 오히려 쪼그려 앉는 변기가 더 좋았을 텐데 나는 더 비싼 곳을 택했다.

점심을 먹고 오후 2시경 스카푸라에 도착했다. 이곳부터는 대형 버스가 들어갈 수 없기 때문에 미니버스로 갈아타야 했다. 꼭 필요한 짐들만 작은 가방에 챙겨 버스를 옮겨 타고 30분 정도 산길을 올라 오늘의 숙소인 카페 라바Cafe Lava에 도착했다. 8년 전에는 브로모의 일출을 찍느라 브로모 인근 마을에서 숙박을 하고 새벽에 출발했지만 이번에는 숙소가 브로모 분화구 주변이기에 일출은 다음날 찍고 오늘은 분화구에 올라가기로 했다. 내 기억 속의 브로모는 잔주름이 가득 잡힌 넓은 치마 형상이었다. 하지만 2011년 1월에 있었던 화산 폭발로 화산재가 쌓여 그 주름은 완전히 사라졌다고 한다. 일단 가보고 나서 확인할 일이다.

텡게르족의 명산, 브로모 산

브로모 화산 주변에는 힌두교를 믿는 텡게르Tengger족이 살고 있다. 이들은 16세기경 힌두 왕조인 마자파힛Majapahit 제국이 이슬람 세력에 밀려 일부는 발리로, 일부는 브로모 화산 인근으로 몸을 피했을 때부터 이곳에 살았던 민족이다. 그들의 표현에 의하면 브로모는 '신의 산'이라고 한다. 브로모 화산은 폭발할 때는 엄청난 재해를 주지만, 화산재가 모두 내려앉아 굳은 다음에는 더할 나위 없는 비옥한 토양이 된다. 이것이 텡게르족이 브로모 화산을 '신의 산'이라고 부르는 이유인 것 같다. 텡게르족은 이 지역에서 양배추, 옥수수, 감자 등을 재배하거나 관광객을 상대로 장사를 하며 살아가고 있다. 숙소에서 곧장 분화구까지 걸어가는 것은 무리라서 말을 타고 가기로 했다. 40분 정도 이동했는데 나를 태운 말의 이름은 안톤이었고, 마부는 마잉이라고 했다. 마잉은 텡게르족이지만 내 눈에는 평범한 인도네시아 남자처럼 보였다. 아직 굳지 않은 화산재가 안톤의 말굽에 채일 때마다 회색의 먼지를 일으켜서 손수건으로 입을 가려야만 숨을 쉴 수 있었다. 잡풀만 듬성듬성 있는 회색 들판에는 가끔씩 텡게르족으로 보이는 사람이 몇 명 있었다. 겨우 도착한 브로모 화산 밑에는 분화구까지 이어진 계단이 있었다. 계단의 수는 모두 248개였다. 계단은 나무로 되어 있었는데 나무 두께의 두 배는 되어 보이는 화산재가 계단을 덮고 있었다.

계단 옆에는 분화구에 던지면 소원이 이루어진다는 작은 야생화 다발을 파는 아저씨가 있었다. 그는 내게 꽃을 사라고 했지만 내 몸 하나 건사하기 힘든 와중에 카메라에 꽃다발까지 들고 갈 여력은 안 되어 거절하고 계단을 올랐다. 운동 중에서도 가장 하기 싫어하는 운동이 등산이다. 역시나 계단 20개 정도를 오르고 헉헉거리며 쉬고 또 오르기를 반복하고 있는데, 꽃을 팔던 아저씨가 언제 나를 앞질렀는지 내 앞에서 손을 내밀어줬다. 아저씨가 내민 까만 손에는 손금 사이마다 진회색 먼지가 끼어 있어서 도저히 잡고 싶지 않았지만 그의 때 긴 손을 뿌리칠 힘조차 남아 있지 않았다. 겨우겨우 아저씨의 손에 이끌려 분화구까지 오르고 결국 아저씨의 꽃다발을 2만 5000루피아를 주고 사고야 말았다. 'VIP Toilet'을 다섯 번이나 다녀온 셈이다.

브로모의 화산은 아직 살아 있다는 것을 증명하듯 가끔씩 하얀 연기를 내뿜었고, 그럴 때마다 독한 유황 냄새가 코를 찔렀다. 해발고도 2393m나

브로모의 텡게르족
화산재 때문에 항상 장화를 신는다.

되는 활화산의 분화구에서 파도 소리가 들렸다. 말도 안 되는 일이겠지만, 분명 내 귀에는 그렇게 들렸다. 아직 거친 숨을 쉬고 있는 내 심장 소리를 파도 소리로 착각했을지도 모르겠다. 아저씨에게서 산 꽃다발을 화산 분화구에 던지며 마음속으로 소원을 빌었다. 내게 붙어 있는 살과 내가 갖고 있는 욕심을 가져가 달라고.

분화구 테두리는 두 사람이 서 있기에도 불안할 만큼 비좁았다. 나는 테두리에 잠시 앉아 분화구 안쪽에서 뿜어 나오는 하얀 수증기와 분화구 바깥의 풀 한 포기 없는 회색 벌판에 덩그러니 서 있는 힌두 사원을 바라봤다.

텡게르족 아이
이 아이의 직업은 이미 정해졌다. 마부다.

'신의 산'이라고 추앙하며 조금이라도 더 신 가까이에 사원을 세우려고 한 텡게르족은, 화산이 폭발하면 한순간에 사라질 수도 있는 이곳에 사원을 지으며 무슨 생각을 했을까. 심오한 생각을 좀 더 하려 했으나, 유황 가스가 독해서 더 이상은 무리였다. 마잉과 안톤이 내가 오는 것을 기다리고 있었다. 말을 타고 숙소에 도착해 'VIP Toilet'에 다섯 번 다녀올 수 있는 팁을 마잉에게 건넸다. 부디 마잉과 그의 가족이 적어도 힌두 사원에서 기도하다가 화산 폭발로 사망하는 일이 없기를 바란다.

　저녁을 먹고 통나무로 지은 숙소 롯지^{lodge}에 들어서니 하룻밤을 보낼

브로모 화산 분화구
내가 가진 렌즈로는 이렇게밖에 안 찍혔다. 분화구에 꽃다발을 던지며 렌즈를 바꿀 수 있게 해달라고 기도했다.
소원은 이루어졌다.

일이 암담했다. 적도이긴 했지만 해발고도가 2000m가 넘으니 밤이 되자 꽤 쌀쌀해졌기 때문이다. 서둘러 씻고 몸을 따뜻하게 하고 자야 했다. 얼굴에 세안 크림을 바르니 서걱서걱하는 소리가 났다. 더 문지르다가는 화산재가 피부 속으로 들어갈 것 같아 그만 씻기로 하고 따뜻한 물을 틀었다. 졸졸졸, 온수가 나왔다. 대충이라도 샤워를 하려는데 물이 닿자 꼬리뼈 부근이 따끔거리며 쓰라렸다. 손가락으로 만져보니 피부가 벗겨져 있다는 것이 느껴졌다. 말 타는 것이 익숙하지 않아서(아니 어쩌면 유난히 살이 많아서인지도 모르겠지만) 피부가 쓸린 것 같았다. 영광의 상처 하나가 하필이면 은밀한 부분

브로모에서 내려다본 지형
온통 화산이류로 덮여 있다. 멀리 힌두 사원이 무사히 있는 것을 보니 용케 재난을 피했나보다.

에 생겨버렸다. 다행히 피가 나지는 않았지만 제법 아팠다.

　풀 한 포기 제대로 자라지 않는 분화구 아래에 이런 숙소라도 있는 것
이 다행이었다. 언제 그칠지 모를 온수라 서둘러 대충 샤워를 하고 옷을 든
든히 입고 밖으로 나가봤다. 적도의 밤하늘을 보고 싶었다. 다행히 하늘에는
별이 가득했고 엷은 안개가 끼어 있어서 퍽 아름다운 밤 풍경이 펼쳐져 있었
다. 별들이 군림하는 세상이었다. 깨어 있는 대도시의 밤과는 다른, 모든 것
을 재워주는 그런 밤하늘이었다.

브로모에 오를 때는 회색 신발을 신자

여행 다섯째 날. 새벽 3시에 일어나 준비를 마치고 4시경에 지프를 타고 또 말을 타고, 내려서는 또 걷기를 40여 분. 브로모 화산의 일출이 보이는 프난자칸 Penanjakan 전망대에 올랐다. 엉덩이 상처 때문에 말을 안 타고 걸어가겠다고 고집을 부렸다. 그러나 몇 발자국이나 걸었을까. 너무 힘든 나머지, 엉덩이가 더 많이 까져 덧나더라도 그냥 말을 타기로 했다. 일출을 찍기 위해 올라선 곳은 오늘 봐야 할 화산들이 모두 내려다보이는 더 큰 분화구의 테두리였다. 컴컴한 새벽인데도 다들 어디에 있다가 나타났는지 국적을 알 수 없는 다양한 언어를 사용하는 사람들이 여기저기에 검은 나무처럼 서 있었다. 멀리 검은 산에서 하얀 수증기가 오르고 있었다. 브로모 산이 자신의 존재를 알려주고 있었다.

새벽 5시 드디어 일출이 시작되었다. 검은 산들은 위에서부터 점차 제 모습을 보여주기 시작하더니 어느새 붉게 물들기 시작했다. 바톡 Batok 산은 멋진 주름에 음영이 더해져 뚜렷해졌고, 멀리 불교와 힌두교의 성산인 수메르 Sumer 산이 시야 중심에 모습을 드러냈다. 새로운 화산재로 주름이 없어진 브로모가 하얀 수증기를 내뿜고 있었다. 브로모 화산은 인도네시아의 1000 루피아 지폐에도 나와 있을 정도로 유명한 산이다. 우리나라 화폐로 치면 100원쯤에 해당하는 금액이니, 힘들게 구경하러 온 가치를 급격히 떨어뜨린다. 하지만 인간이 만들어낼 수 없는 자연의 아름다운 풍광은 가치를 매길 수 없을 만큼 아름다웠다.

일출 촬영을 끝내고 내려오자 산 아래에서는 커피와 음료수를 파는 좌판이 벌어져 있었다. 어디를 가나 사람이 모이는 곳에는 사람들이 꼭 필요

로 하는 물건을 파는 상인이 있다. 진한 커피 한 잔을 마시며 일출의 감동을
다시 한 번 음미하고픈 사람들의 심리를 잘 이용하고 있는 것이리라. 커피를
주문하려고 봤더니 상인은 더러워 보이는 행주로 플라스틱 컵의 입 닿는 주
변을 닦고 있었다. 진한 커피의 여운은 진한 더러운 인상을 남기고 말았다.

　아침 6시 30분쯤 걸어서 내려와 지프를 타고 숙소로 가는데 빠르게 기
온이 오르고 있었다. 원래 더위를 별로 타지 않는 편인데도 유독 일행들보
다 더 덥다고 느꼈다. 그 이유는 숙소에 도착해 샤워를 하려고 옷을 벗을 때
알 수 있었다. 밤에 추워서 핫팩을 붙이고 잤는데 아침에 떼는 것을 잊고 있

었던 것이다. 나의 둔한 감각이라니. 또 갈색 신발은 회색 화산재에 뒤덮여 마치 새로운 가죽을 덧댄 것처럼 완전히 새로운 신발이 되어 있었다. 산을 내려올 때 미끄러져 엉덩방아를 찧었던 탓에 팬티 역시 회색으로 변해 있었다. 할 수 없이 어제 입었던 팬티를 다시 입는 '끔찍한 일'을 저지를 수밖에 없었다.

아침 8시쯤 식사를 하러 식당으로 들어서는데 마부들이 또 다른 손님을 맞으려고 대기하고 있었다. 갑자기 한 마부가 "안톤!" 하고 소리쳤다. 마잉이었다. '아, 나는 어제 나를 40분간이나 태워주고 내 엉덩이를 까지게 한 안톤과 마잉의 얼굴을 기억하지 못했구나.' 마잉은 내 얼굴을 기억하고서는 안톤의 이름을 부른 것이다. 내가 다가가 안톤을 부르자 안톤이 혀를 날름거리며 내게 얼굴을 들이밀었다. 쓰다듬어 주려는데 바로 옆으로 흙먼지를 일으키며 지나가는 자동차 때문에 제대로 작별 인사도 하지 못했다. 당근도 없었다. 멋진 이름의 안톤이 오늘은 부디 가벼운 사람을 태우길.

오늘의 목적지인 크타팡Ketapang으로 이동했다. 이곳에서 다음날 새벽 카와이젠 산에 올라가야 한다. 1시간쯤 지나 도로변에 서 있는 초등학교가 나왔다. 히잡을 두른 예쁜 여자아이들과 코피아(이슬람교에서 남자가 쓰는 둥근 모자)를 쓴 남자아이들이 운동장에서 놀고 있었다. 선생님들에게 양해를 구하고 학교로 들어서자 어떤 아이들은 용감하게 다가서고 어떤 아이들은 수줍은 듯 기둥 뒤에 숨어서 이방인들을 바라봤다. 가져간 반짝이는 스티커를 몇몇 아이의 손등에 붙여주자 동시에 40개도 넘는 손등이 나타났다. 스티커는 순식간에 동이 나고 말았다. 아이들의 까만 손등에서 며칠이나 붙어 있을지 모르겠지만 반짝이는 아이들의 눈빛처럼 아이들의 미래에도 빛나는 순간이 많았으면 좋겠다.

브로모의 일출
멀리서 수메르 산이, 브로모의 수증기가, 바톡 산의 치맛주름이 보인다.

학교를 뒤로 하고 또 1시간쯤 달려 도로변 과일 가게에서 멜론을 사먹고 가기로 했다. 멜론과 수박을 주렁주렁 매달아놓고 파는 모습도 신기했고 덩치 큰 내게 "You cantik, beautiful!"이라고 외치는 인도네시아의 미의 기준도 신기했다. 내 외모는 인도와 인도네시아 등에서 먹히는 외모인가 보다. 잘 익은 멜론의 맛은 한국에서 먹어본 멜론보다 훨씬 달고 과즙이 많아서 아주 맛있었다. 이 근처는 담뱃잎을 재배하는 지역이라고 했다. 지금은 건기라서 밭에 담배를 널어서 말리고 있었다. 버스를 타고 조금 더 이동하자 이번에는 담배 대신 사탕수수가 자라고 있는 밭이 보였다. 고도가 점점 낮아지고

크타팡으로 이동하다 들른 학교
어디에서든 예쁜 아이는 눈에 빨리 들어온다. 그리고 아이는 그것을 알고 있다.

있었다.

12시쯤 드디어 창밖에 파란 바다가 보이기 시작했고 멀리 마지막 일정인 발리 섬도 눈에 들어왔다. 오래된 드라마 〈발리에서 생긴 일〉의 명장면이 떠올랐다. 입으로 주먹을 물고 울음을 참는 드라마틱한 일이 내게도 일어나길 바라며 서서히 잠 속으로 빠져들었다. 깨어보니 발루란Baluran 국립공원에 도착해 있었다. 잠시 티크 나무 숲을 거닐었다. 이 지역은 자바 섬에서 가장 건조한 지역이라고 하는데 그래서인지 티크 나무의 이파리들이 사방에 떨어져 바스락거리고 있었다. 이번 여행은 다이어트를 목표로 하는 사람에

무슬림 여자 아이
이렇게 예쁜 아이가 커서도 짧은 치마를 못 입는다.

게는 매우 적합한, 혹독한 극기 훈련 코스였다. 브로모 산을 오르락내리락했고, 티크 나무 숲을 원 없이 걸었다. 내일은 드디어 카와이젠 산에 오르는 일정만 남아 있었다. 오후 5시경 해변에 있는 호텔에 도착해 저녁을 먹고 일찍 잤다. 내일은 새벽 2시에 일어나 하루를 시작해야 하는 어마어마한 일정이 기다리고 있기 때문이다. 그리고 그 일정은 이번 인도네시아 여행에 참가하게 된 단 하나의 목적이기도 했다. 그리고 내일은 바로 카와이젠 산에 오르는 날이다.

카와이젠 산에서 극한의 노동자들을 만나다

여행 여섯째 날. 새벽 2시에 모닝콜이 울렸다. 며칠간 계속된 이동과 산행으로 좀처럼 눈이 떠지지 않았고 몸은 물먹은 솜처럼 천근만근이었다. 커피포트로 물을 끓이고 일단 커피부터 마셨다. 조금 정신을 차리고 세수를 하고 3시에 지프를 타고 카와이젠 산으로 출발했다. 캄캄한 새벽 4시 30분, 카와이젠 산의 주차장에 도착해보니 제법 쌀쌀했다. 이마에는 랜턴을 달았지만 울퉁불퉁한 산길을 오르기에는 빛이 부족했다. 처음에는 일행과 함께 출발했지만 어느새 일행보다 뒤처져 고행을 하는 수행자처럼 홀로 묵묵히 산길을 올랐다. 캄캄한 산길에 가끔씩 깜짝 놀라기도 했는데, 그 이유는 거의 경보 선수 같은 빠른 걸음으로 노란 유황을 광주리에 담아 짊어지고 내려오는 사람들 때문이었다. 날이 어두워서 그들의 옷 색깔과 유황 덩어리의 노란색만 보고 지금 사람이 지나가고 있다는 것을 알 수 있었다(하지만 이때까지만 해도 아직 그들의 그 노란 유황 덩어리가 어떤 의미가 있는지 알지 못했다. 다만 알 수 없이 마음이 무겁고 기분이 가라앉았다). 카메라와 물 한 병만 갖고 올라가면서도 헉헉대는 나였다. 힘들다는 표현을 해서는 안 되었다. 도대체 얼마나 더 올라야 끝이 날까 싶던 차에 벌써 해가 떴다. 어느새 저 멀리에서 카와이젠 산의 정상이 보이기 시작했다.

아침 7시, 가장 늦게 도착한 나는 도시락으로 준비한 샌드위치와 삶은 계란 하나로 요기를 하고 나서야 주변을 돌아볼 여유가 생겼다. 눈부시게 파란 하늘과 노르스름한 수증기를 내뿜고 있는 분화구와 저 멀리 보이는 건너편 산. 그리고 계곡을 감싸고 있는 구름은 산 정상을 오른 자에게만 보여주는 선물 같은 풍광이었다. 잠시 숨을 고르며 아래를 내려다보니 분화구 안의 초록색 화구호가 보였다. 그 안에서 노란 유황 가스가 올라와 하얀 구름과 한데 어우러졌다. 그리고 그 안에 사람들이 보였다. 분화구에서부터 내가 앉아 있는 곳까지 가파른 돌산 사이에 나 있는 좁은 길로 노란 유황을 광주리에 담아 어깨에 메고 올라오는 사람들의 모습이. 그들을 보자 아침밥이 제대로 넘어가지 않았다. 유황을 캐는 화구호 주변까지 내려가기로 했다. 도대체 왜 그 아래까지 내려가겠다고 마음먹은 것일까. 초록빛 화구호를 가까이에서 보려고 한 것도 아니었고, 사람들이 유황을 어떻게 캐고 있는지 보려고 한 것도 아니었는데…… 아직도 그 이유를 잘 모르겠다. 누가 시킨 것도 아닌데. 그저 가서 봐야 할 것만 같았다.

일행과는 오후 1시에 주차장에서 만나는 것으로 약속하고, 가벼운 광각 렌즈만 카메라에 부착하고 내려갈 준비를 했다. 무거운 줌렌즈는 가방에 넣었다. 몇 년 전 이곳에 와봤다는 인솔자는 그때 독한 유황 가스를 마시고 질식해서 잠시 정신을 잃었다고 했다. 나는 일회용 마스크 두 개를 겹쳐서 쓰고 신발 끈도 단단히 동여맸다. 분화구로 내려가는 길은 내가 방금 2시간 30분이나 걸어 올라온 산길이 아니었다. 이건 길이라고 할 수조차 없었다. 화산 폭발 때 튕겨져 나온 크고 작은 암석들을 지지대 삼아 내려가야 했다. 그것마저 없는 곳은 밟으면 부서지는 흙뭉치라서 자칫 미끄러지면 경사 70도가 넘는 가파른 절벽 아래 분화구에 빠져버리는 그런 곳이었다. 과연 환태평양조산대의 핵심에 위치한 활화산 지역이었다.

카메라 가방을 뒤로 돌려 메고 양손으로 짚어가며 조심조심 내려갔다. 바람이 불어 독한 유황가스가 훅 날아들 때는 몸을 뒤로 돌려 잠시 숨을 참으며 한 발 한 발 내려갔다. 도중에 인부들을 계속 만났다. 빈 광주리를 들고 바삐 내려가는 인부들, 샛노란 유황을 잔뜩 담은 바구니를 메고 절벽을 오

카와이젠 산의 화구호와 유황 운반 노동자
풍경만으로는 죽기 전에 꼭 봐야 할 전경이다.
노란 유황 가스가 하얀 연기로 변하듯, 이들이 짊어진 짐의 색깔도 달라졌으면 좋겠다.

르는 인부들……. 그들이 들고 있는 광주리는 대나무로 만든 바구니 두 개를
다시 대나무로 연결한 것이었는데, 그 끝을 검고 넓은 고무줄로 엮어 만든
허술하기 짝이 없는 바구니였다.

　힘들게 산을 오르고 있는 그들의 표정은 일그러질 대로 일그러져 모두
화난 얼굴처럼 보였다. 어떻게 그런 표정이 나오지 않을 수 있단 말인가. 맨
몸으로도 올라가기 힘든 그 길을 80kg은 될 것 같은 유황을 어깨에 메고 올
라가니 그 얼굴이 어찌 멀쩡할 수 있을까. 중간중간 그들이 잠시라도 숨을
고를 수 있는 공간, 내려가는 사람과 올라오는 사람이 서로 피할 수 있는 공

카와이젠 산의 유황 운반 노동자
아저씨의 눈썹이 하얀 것은 나이가 들어서가 아니라 유황 가루가 묻었기 때문이다.

간이라도 있어서 다행이었다. 힘들게 올라오는 그들에게 방해라도 될까 봐
좁은 길을 비켜주며 잠시 쉬고 있는데 콧수염을 기른 30대 중반쯤으로 보이
는 남자가 가쁜 숨을 몰아쉬며 올라오고 있었다. 나를 지나쳐 올라간 남자가
잠시 쉬며 웃통을 벗었다. 멋진 복근을 가진 남자겠구나 싶어 위를 쳐다봤는
데, 산 정상을 바라보고 있는 남자의 등이 보였다. 아! 그의 역삼각형 등판과
어깨에는 검붉은 상처가 가득했다. 일순간 머리는 사고가 정지되었다. 말문
이 막혔다. 무거운 유황 덩어리를 나르는 일을 얼마나 오래 했기에 저런 상
처가 날 수 있단 말인가. 나는 전날 겨우 40분간 말을 타고 엉덩이가 까져서

쓰라리다고 엄살을 부렸는데, 그들의 어깨에는 상처가 까지고 피가 나고 덧나고 또 까지기를 반복해 만들어진 붉은 굳은살이 배겨 있었다.

그런데 이런 사람들을 사진 찍고 있는 나라는 사람은 도대체 무엇인가. 찍을 자격이라도 있는 것인가. 또 무엇을 위해서 찍고 있단 말인가. 남자가 출발하려다 뒤를 돌아보자 눈이 마주쳤다. 남자는 내게 씩 쓴웃음을 보여주곤 갈 길을 갔다. 이 남자의 웃음은 무엇을 의미하는 걸까. 그만 올라가고 싶었다. 이 길의 끝에서 그들의 시작을 볼 것 같아서 두려웠다. 하지만 생각과는 달리 내 다리는 멋대로 아래로 내딛고 있었다. 무엇을 확인하고 싶었던 것일까.

많이 쓰라릴 텐데도 웃통을 벗고 유황을 나르던 어떤 사람은 어깨에 혹처럼 근육이 튀어나와 있었다. 대부분 장화를 신었지만 쪼리를 신고 나르는 사람도 있었다. 그다음부터는 무슨 생각을 하며 내려갔는지 모르겠다. 겨우 바닥에 닿았고, 가장 먼저 눈에 띈 것은 초록색 호수였다. 유황이 물에 흘러들어가 에메랄드빛 녹색을 띠고 있었다. 호수의 최대 폭은 1.6km에 달하며 온도는 42도라고 한다. 이 아름다운 호수는 마이클 브라이트 Michael Bright 라는 사람이 쓴 책 『죽기 전에 꼭 봐야 할 자연 절경 1001 Natural wonders 』에 들어가 있다. 하지만 호수는 분화구 위에서 봤을 때가 가장 아름다웠을 것이다. 분화구 아래에서 유황을 캐고 그것을 나르는 사람들의 노동이 포함되지 않았을 때 말이다.

호수 바로 옆에는 노란 유황 가스의 발원지가 있었다. 내가 서 있는 곳과 그곳의 거리는 10m 정도. 갑자기 바람이 내 쪽으로 불어와 두 개나 덧댄 마스크를 뚫고 매캐한 냄새가 코와 입과 목으로 들이닥쳤다. 목이 타들어가는 것 같아 손수건을 입에 대고 뒤돌아섰다. 그런데 뒤에 있던 인부가 "Go!

아저씨 어깨에 난 상처는 벗겨지고 아물기를 반복한 삶의 훈장이다.

Go!" 하고 외치며 나를 재촉했다. 카메라를 든 여자가 이곳까지 온 것이 기특하다는 의미일까. 아니면 여기까지 왔으니 끝까지 가보라는 의미일까. 유황 가스 연기를 뚫고 달렸다. 그곳에는 노란 유황 가스가 커다란 파이프를 통해 뿜어져 나오고 있었다. 이 가스가 밖으로 배출되면서 빨간 액체가 흘러나온다. 그리고 그 액체가 굳어 유황석이 되면 이것을 깨 바구니에 담아 어깨에 메고 올라가는 것이다. 화생방 훈련 때 사용하는 방독면 같은 것을 쓴 인부도 있었지만 대다수 인부는 아무 장비도 없이 젖은 수건을 입에 물고 일하고 있었다. 젖은 수건을 물고 일을 하면 조금이나마 덜 힘들기 때문이라

1만 원을 벌고자 이 일을 하는 사람들이 있다. 어느 누구도 못 살아갈 이유가 없다.

는데 그들의 폐는 얼마나 버틸 수 있을까. 서둘러 사진 한두 장을 찍고는 돌아섰다. 사진의 예술성이나 메시지 따위는 생각할 수 없었다. 여기서 사진을 찍고 있는 나 자신이 싫었다.

못 살아갈 이유가 없다

사실 이곳에 오기 전까지, 내 사진 여행의 동기는 내가 사랑한 아시아

유황 캐는 남자
아저씨에게는 방독면을 사는 것보다 집에 돈을 갖다주는 것이 더 중요했다.

시골 사람들의 더없이 순수하고 소박한 미소를 만나기 위해서였다. 그들을 만나고 오면 조금은 그들을 닮은 미소를 지을 수 있었기 때문이다. 거친 자연환경에도 자신들의 종교 안에서 만족하며 늙어가는 사람, 비록 책상도 없이 시멘트 바닥에서 공부하지만 맑은 눈동자를 빛내는 아이들, 산을 깎아 농사지어 얻은 곡식을 시장에 내다 팔고 옷을 사 입으며 수줍게 웃어주는 사람들. 지난 10여 년간 내 사진 여행은 행복한 그들의 얼굴을 담아왔고, 가까이에서 그 모습을 담기 위해서라면 나는 거칠 것이 없었다. 그들이 나보다 훨씬 행복해 보였으니까.

너무 꽉 물어 해진 스카프를 빨아줄 여자를 위해서라도 돈을 벌어야 한다.

하지만 카와이젠 화산의 유황을 나르는 노동자들의 표정은 내가 보아 왔던 아시아 사람들의 얼굴이 아니었다. 나는 지금까지 이들보다 더 험한 노동을 하는 사람을 만난 적이 없다. 더 이상 그들을 찍을 수가 없었다. 이들이 캐는 유황은 1kg당 700루피아로 한 번에 60kg에서 최대 100kg까지 메고 나른다고 한다. 나이 든 사람은 하루에 한 번, 젊은이들은 두 번도 다녀온다고 한다. 그들이 버는 돈은 많으면 우리 돈으로 1만 원 정도다. 이곳의 기술자는 24명인데 유황을 나르는 인부는 하루에 300명 정도다. 이 험한 일을 대대손손 이어오고 있단다.

유황 가스의 발원지와 화구호를 뒤에 두고 다시 정상을 향해 오르기 시작했다. 물론, 올라가는 길이 내려가는 길보다 더 힘들었다. 아마 100번도 더 넘게 쉬었던 것 같다. 중간쯤 올라갔을까. 갑자기 위에서 웃음소리가 들렸다. 그 웃음은 유황을 한 번 나르고 온 젊은 인부들이 빈 바구니를 메고 뛰듯이 가볍게 내려오면서 내는 웃음소리였다. 자기들끼리 누가 더 빨리 내려가는지 내기라도 하는 것일까. 그들의 웃음소리가 내 옆을 지나가는데 예고도 없이 훅 눈물이 터져 나왔다. 나도 모르게 가슴을 치고 있었다. 왜였을까. 고통스럽게 일그러진 그들의 얼굴도 이미 봤는데, 하필 왜 그들의 웃는 모습에 눈물이 나왔을까.

아마 내 눈물은 이미 새벽부터 시작되고 있었던 것 같다. 깜깜한 새벽길을 오르는 내 옆으로 경보 선수만큼 빠르게 지나가던 인부들을 만났을 때부터 나는 이미 울고 싶었던 것 같다. 가진 것이라고는 몸뚱이밖에 없는 사람들이, 이 일밖에는 할 수 없는 사람들이 그 안에서도 행복을 느끼고 있었다. 그랬다. 이곳에서 일하는 사람들은 모두 남자로서 한 집안의 가장이거나 아들이었고, 이들의 고생스러운 노동이 가족을 부양하고 있었다. 이방인의 눈에는 그들의 고된 노동이 안쓰러워 보일 뿐이겠지만, 이조차 그들에게는 숭고한 직업이자 가족의 생계 수단이었다. 그저 그들의 생활이었다. 내가 울었던 이유는 그들이 웃을 수 있어서 다행이라는 안도감 때문이었을 것이다. 그들이 살아 있어서 고맙기 때문이었을 것이다. 가혹하지만 이 또한 삶의 일부이기 때문이었을 것이다.

한참을 울었더니 힘이 났다. 못 올라갈 이유가 없었다. 못 살아갈 이유가 없었다. 가파른 길에 힘차게 발을 내딛었다. 물론 얼마 안 가서 다시 가쁜 숨을 고르기 바빴지만 말이다. 겨우겨우 분화구의 정상까지 오르니 시간은 벌써 11시가 다 되었다. 이른 아침의 안개는 이제 구름바다로 변해, 높은 산봉우리들이 마치 섬처럼 둥둥 떠 있었다. 하산을 시작했다. 산을 오르는 관광객들과 유황을 나르는 남자들이 좁은 길에서 조우하고 있었다. 얼마 남지 않은 물을 조금씩 나눠 마시며 쉬었다. 인부들이 유황 냄새도 나지 않는데 헝겊이나 자신의 티셔츠 끝자락을 입에 물고 빠른 걸음으로 내달리고 있었다. 나중에 들어보니 천천히 가면 메고 있는 바구니가 더 무겁게 느껴져서 그렇게 달려가는 것이라고 했다. 또 빨리 걸으면 대나무가 출렁거려 덜 무겁단다. 입에 뭔가를 물고 있는 이유는 그렇게 하지 않으면 너무 힘들어 자신의 이를 꽉 물어 어금니가 부러질 수도 있기 때문이라고 했다. 인부들이 내 옆을 빠르게 지나갔다. 충분히 납득이 되었다. 구멍이 난 장화를 신은 사람, 바지 엉덩이 부분을 기워 입은 사람, 쪼리를 신은 사람…… 하지만 더 이상 사진을 찍을 수는 없었다. 부디 그들이 등산화를, 튼튼한 작업복을, 성능 좋은 방독면과 마우스피스를 가졌으면 좋겠다.

아시아의 오지를 여행하면서 그곳에 사는 사람들의 모습이 변하기를 바라지는 않았다. 내가 돌아갈 수 없는 순수함을 그들이라도 대신 지키며 살아가줬으면 싶었다. 하지만 이곳의 모습만큼은 바뀌었으면 했다. 사람이 이런 일까지 하며 살아가는 것은 너무 가혹하지 않은가. 공정 여행, 공정 무역이라는 용어가 공감대를 얻고 있다. 하지만 여전히 한쪽에선 고된 노동을 하는 현지인이 있다. 물론 기계화가 능사는 아닐 것이다. 고된 노동을 중단하기 위해 기계를 도입했다가 현지인의 일자리를 빼앗게 된다면 그것은 또 다른 착취가 될 것이다. 어디서부터 변해야 모두 정당한 대가를 받는 세상이 될 수 있는 걸까.

잠시 쉬고 있는데 빈 바구니 두 개를 겹쳐 들고 올라오는 사람들이 보였

카와이젠 산 오르는 길
구름보다 더 높은 산을 유황을 짊어지고 오른다.

다. 평소 산악자전거로 폐를 단련시켰을 리도 없는데 그들의 발걸음은 가벼
웠다. 가족들의 생활비를 더 벌 수 있다는 희망 때문이었을까? 내 옆에서 쉬
던 인부가 다시 끙, 소리를 내며 먼저 일어나 걸어가기 시작했다. 아침부터
배에 가스가 차서 더부룩해 살며시 한쪽 엉덩이만 들고 가스를 분출하려고
했는데 의도치 않게 '뿡' 하고 소리가 났다. 남자는 뒤를 돌아보며 어이없는
표정을 지었다. 내 생리 현상이 남자를 잠시나마 더 힘들게 한 것 같아 너무
미안했다. 어서 일어나 남자를 따라가며 갖고 있는 사탕 몇 개를 줬더니 "뜨
리마까시(고마워)"라고 한다. 나는 "마아프(미안해요)"라고 했다.

분화구에서 주차장까지 내려가는 길에서 주차장 방향으로 3분의 1 정도 지점에는 유황의 무게를 재 돈을 지급하는 사무실이 있었다. 바구니의 무게를 재는 저울에는 추가 달려 있었다. 인부가 무게를 잰 뒤 유황 무게를 사무실 직원에게 말하는데, 그 사이에는 마치 버스터미널의 매표소 창구처럼 작은 구멍이 나 있을 뿐이었다. 사무직 직원과 육체 노동자 사이에 뚫린 소통의 창은 그렇게 작았다.

주차장에 도착했더니 12시 40분이었다. 내 팔도 다리도 마음도 머리도 너덜너덜해졌다. 지프를 타고 호텔에 도착한 것이 오후 2시. 새벽 2시에 일어나 고된 등반을 하다 지금 들어왔으니 꼬박 12시간 대가 없는 노동을 한 셈이었다. 샤워를 하고 누웠는데 잠이 오지 않았다. 몸이 너무 피곤하면 오히려 정신이 말짱해지는 것 같다. 아니면 너덜너덜해진 마음이 아직 정리가 되지 못했기 때문일지도 모르겠다. 이승우의 소설『생의 이면』을 꺼내들었다. 하필 여행에 가져간 책의 제목이 '생의 이면'이라니. 물론, 소설 속에서 말하는 생의 '이면'은 다른 의미겠지만 죽기 전에 봐야 할 절경인 카와이젠 산의 화구호와 그곳에서 극한의 육체노동을 하며 살아가는 삶, 내게는 그런 이면裏面으로 와 닿았다.

이슬람교의 나라 인도네시아, 힌두교의 섬 발리

여행 7일째. 마지막 날을 보내게 될 발리로 출발했다. 전날 피곤했던 탓에 일찍 잠들어 새벽 5시에 눈이 떠졌다. 밖으로 나가보니 별들이 총총해 오늘 날씨도 뜨거울 것 같았다. 해가 뜨자 산불이 난 것처럼 붉게 물들기 시작

유황 덩어리의 무게를 재는 노동자
가냘픈 몸매에 팔뚝에만 근육이 발달한 아저씨. 그가 가져온 유황의 무게가 100kg을 넘었으면 좋겠다.

한 발리 섬이 호텔 방 안에서도 한눈에 들어왔다. 휴양지로 유명한 발리와 혹독하기 이를 데 없는 카와이젠 산의 유황 광산. 대비가 너무 심한 두 지역이 야누스의 두 얼굴처럼 한 나라 안에 있다. 인도네시아는 풍부한 자원을 가졌지만 선진국으로 가기에는 아직도 갈 길이 멀어 보였다. 아잔 소리를 들으며 커피를 마시면서 이슬람 문화권을 떠나 힌두 문화권으로 들어갈 준비를 했다.

아침 7시 30분 페리를 타고 발리 해협을 건넜다. 페리로 2시간밖에 걸리지 않는 발리 섬이지만 같은 인도네시아라고 하기에는 상이한 점이 꽤 많다.

일단 시차가 있다. 인도네시아는 한국보다 2시간 늦지만 발리는 한국보다 1시간 늦다. 그만큼 인도네시아가 동서로 긴 섬나라라는 것을 의미하는 것이리라. 또 인도네시아 사람 대다수가 이슬람교를 믿지만 발리 섬 사람들은 주로 힌두교를 믿는다. 그래서 발리 섬 안에는 힌두교 관련 유적이 많이 있다. 지리학자 앨프리드 월리스 Alfred Wallace 가 제시한 월리스라인(동남아시아와 오세아니아 사이를 가르는 가상의 선으로 이 선을 기준으로 서쪽을 동양구, 동쪽을 오세아니아구라고 부름)에 의하면 자바의 서쪽은 동양구, 발리 섬은 오세아니아구에 속해 생물 분포가 다르다고 한다. 이는 아마도 판구조론에 의해 지구의 겉 부분인 판이 이동하면서 발리 섬이 지금 위치로 옮겨졌기 때문일 것이다. 발리 섬의 면적은 제주도의 2.8배에 달하며, 활화산이 두 개, 해발고도 3000m가 넘는 산이 세 개나 있어서 거대한 제주도라고 생각하면 될 것 같다.

오전 9시 30분. 선착장의 게이트부터 힌두교 문화의 내음이 물씬 풍겼다. 게이트의 모양이 힌두교의 상징인 찬느분타르(석조로 된 탑을 반으로 자른 듯 세워놓은 입구)였기 때문이다. 발리의 힌두교는 토착 신앙인 애니미즘과 힌두교·불교가 복잡하게 얽혀 있어서, 독자적인 건축 양식이 발달했다. 발리는 '신들의 섬'이라고 불리는데 무려 4600개가 넘는 사원과 사당이 그 증거다. 발리 섬은 오히려 인도보다 더 깊숙이 힌두교 문화가 스며들어 있는 것 같다. 아마 15세기 이슬람 왕조를 피해 이주한 힌두교 문명이 터를 닦은 곳이고, 그만큼 소중한 가치가 있는 땅이기 때문인 것 같다.

선착장인 길리마눅 Gilimanuk 에서 오늘의 숙소인 누사두아 Nusadua 까지 그리 멀지는 않았지만 엄청난 교통 체증으로 무려 4시간이나 걸려 숙소에 도착했다. 누사두아는 작은 어촌이었으나 1970년대부터 호텔 단지로 개발되

발리로 가는 페리 안에서 만남 두 남자
표정은 조폭 같은데 어쩐지 웃음이 난다.

었다. 내 눈에는 그저 야자수와 해변이 있는 적도 인근의 화려한 호텔촌 같
은 느낌이었다. 도로는 세계적인 관광지답게 잘 정비되어 있었고 곳곳에 벤
쪼르(대나무로 만든 장식물)가 세워져 있었다. 대낮에 도착한 호텔 주변 해변
에서 일광욕을 하고 책을 읽으며 제대로 휴양을 즐겼다. 저녁에는 식사를 하
며 케착 Kecak 춤이라는 발리의 전통 춤을 구경했다. 남자들이 단체로 '케착,
케착' 하는 소리를 내며 노래를 부르고 춤을 추며 「라마야나 Ramayana」를 이
야기하는 쇼였다. 전형적인 관광 상품이었지만 재밌게 관람했다. 그래야지
춤을 추는 분들도 먹고사는 것 아니겠는가. 「라마야나」는 고대 인도의 산스

찬느분타르 앞에 서 있는 사내아이들
집집마다 힌두교의 상징인 문이 있다.

크리트어로 된 대서사시로 '라마 왕의 일대기'라는 뜻이다. 인도 전역에서
다양한 문화 공연으로 변주해 인용된다.

야누스의 나라, 인도네시아

여행 마지막 날, 오전 11시가 넘어 느긋하게 호텔에서 출발했다. 오늘은
밤 비행기로 한국으로 돌아가는 날이다. 인근에 있는 울루와투 Uluwatu 사원

과 타나 롯^{Tanah Lot} 해상 사원의 일몰을 보고 공항으로 향하는 일정이다. 울루와투 사원은 누사두아 근처에 있는 사원으로 바다의 신을 모시고 있는 사원 중 가장 중요한 사원이라고 한다. 사원은 인도양의 거센 파도가 밀려오는 높이 70m 절벽 위에 있는데, 하얀 포말이 부딪히는 절벽을 감상하며 사원에 이르는 길을 걸을 수 있어 매우 낭만적이었다. 아마 여행의 마지막 일정이라 마음에 여유가 생겨 주변을 감상할 수 있었던 것 같다. 사원으로 가는 길에서 선하게 생긴 젊은 청년들을 만났다. 인도의 힌두교도가 쓰는 모자와는 조금 다르게 생긴 모자를 쓰고 있었다. 사원에 가기 위해서 남자는 노란색 천으로 된 끈을 허리에 매야 하고, 여자는 보라색 천으로 된 샤롱을 걸쳐야 한다. 또 사원 안에는 원숭이가 많았는데 거의 강도 수준이었다. 관광객의 물건을 채가므로 특히 조심해야 한다. 물론, 원숭이는 선글라스나 모자가 필요 없기 때문에 과자를 주면 바로 돌려준다. 영악한 원숭이들이다.

발리의 마을 풍경은 두 가지 특징이 있다. 하나는 다랑논이 유독 눈에 많이 띈다는 것이다. 비탈진 곳에 계단식으로 만든 좁고 긴 논배미를 뜻하는 다랑논은 경작지가 좁은 지역에서 주로 사용하는 경작법이다. 넓은 평야가 없는 발리 섬의 농부들 역시 조금이라도 더 많이 농사를 짓기 위해 이런 식으로 논을 만들었을 것이다. 또 마을마다 화장터가 있다는 것도 신기했다. 자바 섬은 이슬람 문화권이기 때문에 메카를 향한 무덤을 만들지만, 발리 섬 사람들은 힌두교를 믿기 때문에 사람이 죽으면 화장을 하는 다비식^{茶毘式}을 치르고 모든 것을 정화한다는 바다에 가루를 뿌리고 축제를 한다고 한다. 이제 좋은 세상으로 갔으니 어찌 축하하지 않을 수 있겠는가. 사람이 죽는다는 것은 물론 슬픈 일이지만, 그 슬픔은 오로지 남아 있는 자들의 것이므로, 더 이상 고통스러운 삶을 살지 않아도 될 떠난 사람에겐 죽음은 어쩌면 기쁜 일

울루와투 사원 가는 길
신전으로 향하는 청년들의 표정은 선하다.

일지도 모른다.

점심을 먹고 해상 사원으로 유명한 타나 롯에 들렀다. '타나'는 땅을 의미하고 '롯'은 바다를 의미한다. 즉, 바다와 땅이 만나는 곳에 위치한 사원이라는 뜻이다. 사원이 세워진 곳은 밀물 때는 섬이 되지만, 썰물 때는 걸어서 닿을 수 있다. 마침 오늘이 힌두교의 축제란다. 관광객과 더불어 많은 발리 사람이 하얀 옷을 입고 남녀 구분할 것 없이 바구니에 제사 음식을 듬뿍 챙겨 사원을 찾아왔다. 사원 앞은 인산인해였다. 일몰이 시작되자 사원 꼭대기에 태양이 걸려 장관을 이루었다. 이제 다들 저마다의 소원을 말하며 하루를

타나 롯 해상 사원에 가는 사람들
정결한 하얀 옷을 입고 바구니에는 신들에게 바칠 음식을 담았다.

마무리하리라.

인도네시아에서의 7박 8일. GDP 세계 16위 국가이자 석유를 비롯한 각
종 자원이 풍부한 나라. 세계에서 열다섯 번째로 넓은 땅과 네 번째로 많은
인구를 보유한 나라. 다양한 관광 자원이 풍부한 나라. 그래서인지 이곳 사
람들을 보면 동남아시아에 속한 나라임에도 불구하고 인도차이나 반도의
다른 수많은 나라의 사람들과는 눈빛부터가 다르게 느껴진다. 불교와 이슬
람교의 차이일까? 아니면 반도 국가와 섬나라의 차이일까? 정확한 이유는

타나 롯 해상 사원
소원을 빌어보자.

알 수 없지만 강인함과 높은 자존심이 느껴졌다. 1999년 동티모르와 벌인 전쟁, 2005년까지 30년간 지속된 수마트라 섬의 아체 전쟁, 1969년부터 산발적으로 무장 독립 투쟁을 벌이고 있는 파푸아 Papua 주의 반군 활동까지 아직 끝나지 않은 전란이 그들을 전투적인 눈빛으로 기억하게 하는지도 모르겠다. 국민 대다수가 이슬람교를 믿는 인도네시아와 그 안에서 힌두교를 믿는 발리 섬. 국가의 경제 성장 속에 가려진 카와이젠 산의 노동자들. 이번 인도네시아 여행은 야누스의 두 얼굴을 보는 여행이었다. 카와이젠 산의 유황석을 캐는 노동자들의 임금만큼은 비약하는 인도네시아의 경제 성장과 발을 맞춰 인상되길. 그리고 그들의 어깨에도 더 이상 상처가 생기지 않길.

4

색깔의 향연,
남인도

공항으로 향할 때까지만 해도 붉은 여명이 막 피어오르고 있었는데, 공항에 도착할 때쯤 되자 이제 주황으로 변해 바닥에 깔린 희뿌연 안개와 뒤섞이기 시작했다. 내 의도와는 상관없이 삶이 다른 이들의 인연이 덧대어져 변해가듯 말이다. 여행이 길어지면 생각이 많아진다. 이른 아침의 코친 공항은 현지인들로 꽉 차 있었다. 한눈에 봐도 부티가 좔좔 흐르는 남녀가 귀걸이, 목걸이, 팔찌, 반지, 발찌, 코걸이 등 걸 수 있는 모든 장신구를 달고 앉아 있었다. 가진 자의 자신감은 가난한 이들을 배려할 수 없는 걸까. 무거워 보였다. 그들의 몸도 마음도.

Introduction

인도는 세계에서 일곱 번째로 넓은 영토와 두 번째로 많은 인구를 갖고 있다. 여러 나라와 국경을 맞대고 있으며 인구가 많은 만큼 종교와 언어도 다양하다. 특히 종교는 인도의 역사와 깊은 관련이 있다. 마우리아 왕조의 불교, 굽타 왕조의 힌두교, 무굴 제국의 이슬람교와 함께 영국의 식민지 시대를 거치며 현재와 같은 다문화 사회가 형성되었다. 여행지였던 남인도는 피부색이 까만 드라비다Dravida족 후세가 많이 살고 있는 지역이다. 농경민족인 드라비다족은 기원전 15세기경 유목 민족인 아리안족이 침입하자, 브라만교와 브라만 계급 중심의 카스트 제도를 피해 남쪽으로 이동했다.

1498년 바스코 다 가마Vasco da Gama가 인도 항로를 발견한 후 포르투갈, 네덜란드, 프랑스, 영국 등 다양한 서양 문명이 유입되어 기독교 신자가 많은 것도 남인도의 특색 중 하나다. 1년 내내 열대기후가 계속되는 남인도는 데칸Deccan 고원에서 재배하는 목화와 문나르Munnar에서 생산하는 차가 유명하다. 뭄바이Mumbai의 영화 산업과 대규모 빨래터인 도비 가트Dhobi Ghat, 아름다운 해변 코친Cochin, 남인도 전통 양식이 반영된 독특한 힌두교 사원들까지 충분히 자부심을 가져도 좋을 만한 풍부한 문화 자원을 가진 지역이다. 자연환경이 주는 넉넉함 덕분에 남인도 사람들은 북인도 사람들보다 성실하고 온순한 성품을 지녔다. 이곳에는 인도에서 `IT 밸리`라고 불리는 방갈로르Bangalore까지 있으니, 언젠가 남인도가 새로운 인도를 이끌어갈 중요한 지역이 되지 않을까 싶다.

남인도
첸나이, 문나르, 뭄바이

N

파키스탄
뉴델리
네팔
갠지스강
아우랑가바드
인도
뭄바이
푸네
하이데라바드
아라비아 해
벵갈루루
첸나이
벵골 만
문나르
푸두체리
코친

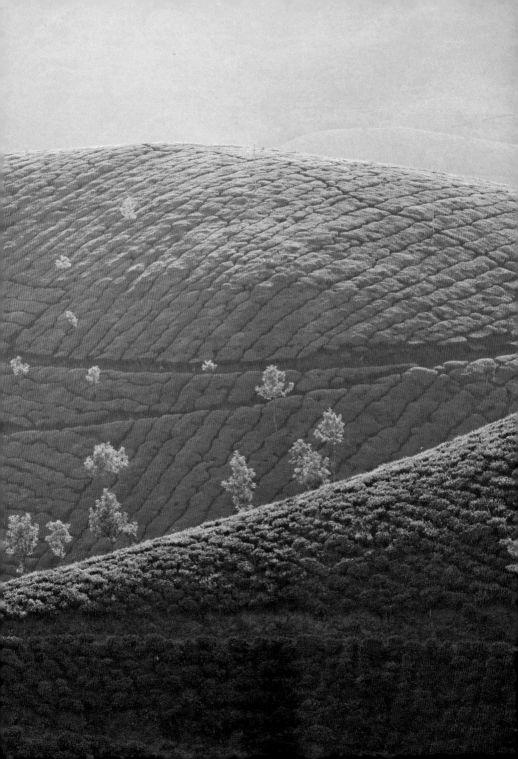

* * *

2012년 1월. 벌써 여섯 번째다. 인도 땅을 밟는 것은. 그 시작이 2002년
이었으니 마치 여행 10주년을 기념하듯, 무엇인가에 홀린 것처럼 인도 여행
을 결정했다. 인도와의 오랜 인연 탓일까, 새벽 2시에 잠이 깨버렸다. 아직
일어나서는 안 되는 시각이라, 지겹게도 진도가 나가지 않는 어느 노작가의
소설을 꺼내들었지만 그래도 잠이 오지 않아 결국 일어나 앉았다. 새벽 5시
에 머릿속이 뿌연 상태로 좋아하는 영화를 틀었다. 몇 번이나 봤던 〈슬럼독
밀리어네어 Slumdog Millionaire〉였다. 이번 여행지 중 하나인 뭄바이가 배경인
이 영화가 역동적으로 비춰주는 빈민촌 골목골목을 보자, 문득 중국 야칭스
와 뭄바이 중 어디가 더 지저분할까 하는 쓸데없는 생각이 들었다(나는 둘 다
만만치 않을 것이라는 결론을 내렸다). 그래도 좋았다. 여행을 떠날 수 있다는
것만으로도.

이번 여행은 지난 인도 여행에서 가보지 못했던 남인도를 둘러보는 일
정이다. '또 인도야?' 하는 마음보다는 라자스탄 Rajasthan 이나 라다크·카슈
미르와는 다른 풍경, 다른 사람, 다른 문화를 기대하며 공항으로 향했다. 연
중 열대기후에 속하는 남인도이므로 두꺼운 겨울 점퍼는 여행 내내 짐만 될
것 같아 얇은 점퍼만 입고 나섰다. 오후 1시 50분에 출발하는 에어인디아를
타고 홍콩을 경유해 델리 Delhi에 도착한 것은 현지 시각으로 밤 10시경이었
다. 델리의 기온은 12도였는데 내가 지금까지 인도에서 느낀 온도 중 가장
낮은 온도였다. 벗었던 점퍼를 다시 꺼내 입고 호텔로 향했다. 마치 노란 안
개가 내려앉은 것 같은 여전한 스모그와 매캐한 소똥 냄새 사이로 흰 개가

차가운 바닥에 누워 있었다. 역시 인도다운 여행의 시작이었다.

여섯 번째 인도, 첫 남인도

여행 둘째 날. 새벽 4시에 델리 공항의 국내선 청사를 향해 출발하는 버스 유리창에 빗방울이 그어지기 시작했다. 이 비를 봄비라고 해야 하나, 겨울비라고 해야 하나. 기온으로 보면 봄이니 봄비라고 할 수 있을 것이고, 이곳의 계절은 현재 겨울이니 겨울비라고 부를 수도 있을 것이다. 명칭이 애매하다. 오늘은 아침 6시에 이륙하는 국내선을 타고 첸나이 Chennai 로 이동해 마말라푸람 Mamallapuram 에서 1박을 하는 일정이다. 어마어마하게 커져버린 델리 공항의 국내선 청사만 보더라도 인도의 발전 속도를 실감할 수 있었다. 국내선인 제트에어웨이의 실내는 텅텅 비어 있어서 의자 네 개를 차지하고 2시간 정도 편안하게 누워 잠을 잘 수 있었다. 8시쯤 일어나 앉으니 남자 승무원 두 명이 의자 수리를 하는지 하필 내 자리 옆 통로에서 엉덩이를 내쪽으로 내밀고는 쪼그려 앉아 있었다. 요즘은 승무원이 의자 수리도 하는가 싶어 보고 있었는데 알고 보니 그들은 의자를 수리하는 것이 아니라, 용케도 비행기에 무임승차한 도마뱀을 체포하고 있는 중이었다. 오전 9시 드디어 첸나이에 도착했다. 처음 와본 남인도의 첫 하늘은 무척 파랬다. 얇은 구름이 몇 개 걸려 있었고 기온은 따뜻하다고 느낄 정도였다. '어?' 공항 청사를 빠져나오는데 뭔가 이상했다. 몇 번이나 본 인도 사람들의 모습이 아니었다. 손님을 기다리고 있는 하얀 도티 Dhoti 를 입은 남자들의 피부는 까맣고 머리는 더 까매서, 마치 검은색과 흰색이 둥둥 따로 돌아다니고 있는 것 같았다. 북인도 사람과는 겉모습이 다른 드라비다족이 많이 살고 있다는 것을 알고 있었음에도, 갑작스럽게 '검은 인도인'들과 맞닥뜨리게 되어 적잖이 당황했다. 두 살쯤이나 되었을까 싶은 남자아이가 엄마 품에 안긴 채 수줍은 미소를 짓고 있었다. 마치 작고 귀여운 까만 인형 같았다.

내겐 낯선 까만 기독교 신자들

여행은 낯선 곳으로의 내디딤이다. 남인도의 풍경이 북인도와 같았다면 또다시 인도 땅을 밟지는 않았을 것이다. 이제부터 버스로 해안과 내륙을 이동하며 코친까지 간 다음 비행기로 뭄바이, 다시 비행기로 아우랑가바드 Aurangabad 까지 보고 돌아오는 12박 13일의 제법 긴 일정이 시작된다. 지금까지와는 다른 인도를 느끼고 담아오면 되는 것이다.

일정의 첫 번째 지역인 첸나이는 인도에서 가장 커다란 주인 타밀나두 Tamil Nadu 주의 주도로서 인도의 마지막 왕국인 무굴 제국 말기에 영국의 동인도회사가 건립되면서 개발된 지역이다. 동인도회사는 교역의 거점 기지를 세우기 위해 인도의 여러 지역을 물색했는데, 그중 첫 번째 지역이 뭄바이였고, 두 번째는 캘커타 Calcutta 였다(캘커타는 1995년에 전통 명칭인 콜카타 Kolkata 로 개명했지만 여전히 캘커타라는 명칭이 더 유명하다). 그리고 세 번째 지역이 첸나이였다. 그만큼 일찍부터 항구 도시로 발달해온 도시가 바로 첸나이다.

인도의 언어는 그들이 믿는 신만큼 다양해 무려 300여 개의 언어를 사용하는데 심지어 인도의 지폐에는 16개 언어로 해당 지폐의 가치를 설명하

창문과 대문과 벽의 색깔이 전부 다르다. 여기에 자전거와 할머니, 손녀의 옷 색깔도 다르고
심지어 계단 모서리에도 색을 칠해놓았다. 어지간히 색깔을 좋아하는 민족이다.

고 있을 정도다. 따라서 타밀나두 주는 독자적인 타밀나두어를 사용하고 있
어서 가이드인 델리 출신의 투물이 말하는 힌두어는 현지인들에게는 통하지
않았다. 결국 그들은 영어로 소통했는데, 한 나라 사람들끼리 세계 공용어
인 영어로 대화를 하는 모습을 보자니 참으로 글로벌해서 어처구니없었다.

타밀나두 주는 인도에서 가장 많은 기독교 신자가 살고 있는 지역이다.
인도 국민 중 2.8%가 기독교를 믿는데, 비율은 매우 낮지만 12억 명이 넘는
인도의 인구수를 생각한다면 우리나라 총인구의 절반 이상이므로 엄청난
숫자다. 그리고 보니 공항에서 수녀님들을 만났을 때 무척 어색하고 생소했

다. 그때까지만 해도 나는 '수녀'라고 하면 마더 테레사 Mother Teresa 나 이해인 같은 분들을 떠올렸는데, 진한 갈색 피부 위에 회색 수녀복을 입은 수녀님들의 모습은 몹시 낯설었다. 그 후에도 남인도 곳곳에서 이런 낯설음을 종종 경험했다. 이는 다섯 번이나 인도를 와본 나조차도 처음 맞닥뜨리는 어색함이기도 했다. 그동안 인도를 생각할 때 힌두교·시크교·자이나교, 라다크와 카슈미르의 라마교, 이슬람교는 자연스럽게 떠올렸지만, 그 외 종교는 쉽게 연상할 수 없었다. 그런데 남인도에서 뾰족한 성당 건물이나 신자들의 십자가와 묵주 등을 보게 되자 어딘지 '인도스럽지 않다'는 느낌마저 들었다.

남인도에 기독교 신자가 많은 까닭은 16세기 유럽인과의 접촉, 영국의 식민 지배 등과도 깊은 관련이 있지만, 가장 결정적인 계기는 1세기 예수의 열두 제자 중 한 명인 토마 Thomas 의 인도 선교다. 토마가 인도에서 선교 활동을 하다가 순교한 후 묻힌 무덤이 첸나이에 있다. 마치 성지 순례자가 된 것처럼 첫 번째로 들른 곳이 바로 '토마의 언덕'과 토마의 무덤 위에 세워진 산토메 Santhome 성당이다. 토마의 언덕은 첸나이의 전경을 볼 수 있는 곳이었는데 그리 높지 않은 언덕을 오르는 것임에도 금세 땀이 날 정도였다. 기온은 벌써 30도였다. 하지만 오늘의 날씨는 연중 여름인 남인도에서는 겨울에 해당한단다. 여름에 남인도를 여행하려면 열사병으로 죽어도 따지지 않겠다는 각서를 쓰고 난 다음에나 가능할 것이라는 생각이 들었다. 그 정도로 더웠다. 토마의 언덕 위에는 작은 교회가 있었는데 그 주변에는 십자가를 세워둔 무덤도 보였다. 열 구가 조금 넘는 시신이 안장되어 있었다. 그런데 그 옆에는 불교의 상징물 중 하나인 보리수가 수많은 줄기를 늘어뜨리고 서 있었다. 그 조화가 참 모순적이었다. 역시 종교의 나라, 인도였다.

오전 11시경 온통 하얀색으로 페인트칠 된 산토메 성당에 들어섰다. 신고딕 양식으로 지어진 이 성당은 16세기 초에 포르투갈의 탐험가들에 의해 건축되었다가 1893년에 영국인들에 의해 지금 모습으로 재건축되었다. 규모는 생각보다 작았지만 몇 명 되지 않는 서양 관광객은 깊은 감동이 어린 시선으로 성당을 둘러보고 있었다. 그런데 성당 안에 들어서자 한 남자가 마이크 앞에서 인도 노래와는 전혀 다른 느낌의 아름답고도 구슬픈 노래를 부르고 있었다. 그것은 타밀라두어로 부르는 찬송가였다. 나는 아직 인도의 기독교에 적응이 안 되었다. 본당으로 들어가자 많은 인도 사람이 무언가를 가운데에 두고 둥글게 서서 두 손을 마주한 채 기도를 올리며 눈물을 훔치고 있었다. 무엇을 하고 있는지 궁금해 까치발을 하고 안을 들여다보니 뚜껑이 안 덮인 관 속에 어떤 할머니의 시신이 놓여 있었고 그 주변을 둥그렇게 감싼 사람들이 한 사람씩 상주의 손을 맞잡고 애도의 말을 건네고 있었다. 마침 오늘 장례식이 있었던 것이다. 눈물을 흘리고 있는 상주들과 관 속의 할머니를 보자 갑자기 울음이 터져 나왔다. 돌아가신 아버지가 떠올랐고, 당시 힘들었던 내 기억과 지금 눈앞의 상황이 포개졌다. 전혀 상관도 없고, 만난 적도 없는 사람들이건만 그곳에 있는 사람들보다 더 뜨거운 눈물이 뺨에 흘렀다. 눈물범벅이 된 얼굴로 성당을 뛰쳐나와 파란 하늘을 바라보며 겨우 마음을 추슬렀다. 살아온 날보다 살아갈 날이 더 짧은 나이가 되어서야 삶과 죽음의 영원한 숙제를 가까이 인지할 수 있게 되나 싶었다.

첸나이 주민들
사이클론 타네의 직격탄을 맞은 첸나이 주민들이 시름에 빠져 있다.

사이클론 타네가 만든 슬픈 사람들

　아직 성당에 남아 있는 일행을 뒤로 하고 혼자 해변으로 나가봤다. 한
국에서는 집 밖에 나가는 것도 귀찮게 여기지만 일단 외국에 나가면 누구보
다 부산하고 발 빠르게 돌아다닌다. 물론 그 때문에 가끔 길을 잃거나 도망
을 다니는 사건·사고의 주인공이 되기도 하지만. 밖으로 나가자 먼저 성당
앞의 작은 힌두교 사원이 눈에 띄었고, 작은 도로를 사이에 둔 채 넓게 펼쳐
진 바다가 있었다. 그리고 멀쩡한 집이라곤 한 채도 없는 마을이 보였다. 그

챈나이 해변의 움막
약한 바람에도 쓰러질 것 같은 움막. 해변은 곧 공용 화장실이다.

러고 보니 이 지역은 일주일 전 뉴스에 보도된 사이클론 '타네 Thane'에 의해
피해를 입은 지역이었다. 사망자만 100명이 넘은 큰 피해였다. 해변 근처에
있는 마을은 완파되어 시멘트 덩어리로 변해 쌓여 있었고 군데군데 건물이
부서진 상태로 겨우 서 있었다. 집이 없어진 사람들은 모래사장 위에 나무와
비닐로 대충 만든 움집을 지어놓았다. 작은 바람에도 날아갈 것 같아 보였
다. 그래도 살아가겠다는 의지로 도로변에 좌판을 벌여놓고 생선을 팔고 있
었다. 하지만 시장에서 볼 수 있는 환한 미소의 상인들은 찾을 수 없었다. 왜
아니겠는가. 겨우 일주일 전에 집이 없어졌는데. 웃을 수 있는 사람이 어디

산토메 성당 앞 해변
태풍의 피해로 천막을 짓고 살고 있는 소년의 삶도 사각의 빨랫줄 속에 갇혀 버렸다.

있을까. 만약 그런 사람이 있다면 제정신이 아니거나 노숙자가 되는 것이 꿈인 사람일 것이다.

모래사장 위의 움집은 텅 비어 있었다. 부모들은 일거리를 찾아 나섰을 것이다. 모래사장에는 팬티도 안 입은 아이와 너무나 심심한지 모래를 걷어차며 걸어오는 아이 두 명이 있었고, 반대편에는 모래사장을 자기네 집 앞마당 삼아 빨래용 말뚝을 박아두고는 빨래를 널고 있는 할아버지가 있었다. 그런데 어디선가 구린 냄새가 진동했다. 바로 모래사장에서 나는 냄새였다. 태풍이 휩쓸고 간 마당에 화장실을 갖춘 움집이 어디 있겠는가. 이곳은 모두의 화장실이자 모두의 마당이자 모두의 놀이터였던 것이다. 잠시 숨을 멈추고 잽싸게 사진을 찍고 해변을 벗어났다.

끝없는 마말라푸람의 유적지

첸나이에서 점심을 먹고 오늘의 최종 목적지인 마말라푸람으로 이동했다. 첸나이에서는 65km 떨어진 도시다. 마말라푸람은 '위대한 전사의 도시'라는 뜻이다. 또는 '마하발리푸람 Mahabalipuram'이라고도 부르는데 비슈누 Visnu 신이 마하발리라는 거인을 무찌른 것에서 유래했단다. 이곳은 3세기부터 9세기까지 남인도의 동쪽을 지배했던 팔라바 Pallava 왕조의 영향권 아래에 있었기 때문에 팔라바 왕조의 힌두교 유적이 많이 남아 있다. 이곳에는 유네스코 세계유산(문화유산)이 두 개나 있다.

먼저 파이브 라타스 Five Rathas 와 판치 라타스 Panchi Rathas를 보러 갔다. 시간은 벌써 오후 2시 30분. 햇살도 너무 뜨겁고 관광객도 너무 많아 깨끗한 사진은 찍을 수 없었다. '라타'란 전차를 뜻하는데 인도의 대서사시인 「마하바라타 Mahabharata」에 등장하는 판다바 Pandhava의 다섯 형제 이름을 본떠 지은 것이다. 이곳에는 시바를 비롯한 여러 신을 위한 작은 사당이 마련되어 있었다. 모두 7세기 전기에 만든 것으로 드라비다 건축 초기의 모습을 보여주는 귀중한 건축물들이라고 한다. 사실 규모만 보면 그다지 놀랄 정도는 아니지만, 중요한 점은 이것들이 돌을 쌓아서 만든 것이 아니라 하나의 암석을 깎고 파서 만들었다는 점이다. 가까운 곳에는 높이 15m, 폭 27m의 거대한 바위 '아르주나 고행상 Arjuna's Penance'이 있는데, 인도의 각종 신화를 새

크리슈나 버터볼
툭 건드리면 굴러 떨어질 것 같은데 용케도 버티고 있다.

겨 넣은 거대한 석조물로 '강가(갠지스 강)의 여신'이라고 불린다. 바로 옆에
는 크리슈나 버터볼Krishna Butter Ball이 있는데 마치 엄청나게 거대한 슈크림
볼 같은 형상이다. 이 커다랗고 둥근 돌덩이가 넓고 평평한 바위 위에 얹혀
있다. 바위가 만들어낸 긴 그늘 아래 한 남자와 개 한 마리가 더위를 피하고
있었다. 사진을 찍으면서도 돌이 구르면 어쩌나 걱정이 되었다.

마지막에 들른 쇼Shore 사원은 해변에 불룩 튀어나온 암석 위에 세운 사
원으로 7세기 촐라Chola 왕조 때 세워진 남인도 최초의 석조 사원이다. 사원
은 주변 사빈보다 3m 정도 높은 사구 위에 있었다. 사원 주변에는 철책을 쳐

첸나이의 해변
네 남자가 화려한 색상으로 칠해진 배에 막대기를 걸고서 좌우로 반 바퀴씩 돌며 조금씩 뭍으로 끌어올리고 있다.
나중에 다시 만나면 크레인을 하나 사주고 싶다.

놓았는데 위험하기 때문이라기보다는 입장료 때문에 설치해놓은 것 같았다. 이 사원을 경계로 양쪽으로 사빈이 펼쳐져 있고 왼쪽으로는 멀리 마을이 보였다. 오른쪽으로는 인도 관광객들로 가득 차 있었는데 갑자기 여인들의 교태 섞인 비명 소리가 들려왔다. 무슨 일인가 보니, 해변에 서 있던 빨간 사리 Sari (인도 전통 의상)를 입은 여인들이 파도가 밀려와 자신들의 다리를 적시자 앙탈을 부리는 소리였다. 세계 여자들의 본능적인 반응이었다.

오후 5시경 호텔 체크인을 했다. 잠을 제대로 못 자 피곤했지만 아직 햇살이 부드러웠기에 근처 해변 마을에 가보기로 했다. 호텔 관리인에게 물으니 오른쪽 사빈을 따라 10분 정도 걸으면 마을에 도착한다고 했다. 하지만 그들에게 10분은 내게는 20분이었다. 모래사장을 20분쯤 걷는 사이에 해는 벌써 지기 시작했다. 그런데 겨우 당도한 마을에는 집이라곤 달랑 세 채밖에 없었다. 또 사람이라곤 남자 네 명이 전부였는데 주황색 커다란 배를 모래 위로 끌어올리는 일에 열중하고 있었다. 인도 사람들만큼 현란한 빛깔을 좋아하는 국민이 또 있을까? 집은 물론이고 트럭에 배까지 참으로 컬러풀하다. 저 멀리 바다 위 태양을 보며 남인도에서의 첫날이 지나갔다.

랑골리를 그리며 하루를 시작하는 사람들

여행 셋째 날. 아침 6시에 몇몇 일행과 이른 아침의 어촌 풍경을 찍기로 했다. 전날 보았던 쇼 사원의 왼쪽에 있는 마을에 가보기로 한 것이다. 오토 릭샤를 빌려 타고 5분 정도 달리자 마을이 나왔다. 오토릭샤는 오토바이 뒤에 바퀴 세 개와 차양이 달린 리어카 같은 것을 연결한 인도의 대표적인 교통수단이다. 아직 해가 뜨지 않아서 캄캄한 마을을 지나 모래사장에 닿았다. 이곳에서는 모래사장을 조심해야 한다. 어제 할아버지 한 분이 해변에서 응가를 하는 모습을 목격했다. 분명 여기저기에 수많은 사람이 자신의 흔적을 남겨뒀을 것이다. 마을이 가까워질수록 더 심하게 진동하는 지린내가 내 추측을 증명했다. 그러나 날이 어두워서 앞이 잘 안 보이니 쉽게 발을 내딛을 수 없었다. 다행히 잠시 후 여명이 비추기 시작해 용변의 유무 정도는 식별이 가능한 상태가 되었다. 그러나 항구의 모습은 초라했다. 출어에 나서지 않은 배 몇 척만 항구에 매달려 있었고, 바다로 나간 배가 입항하기에는 아직 시간이 한참 남아 있었다. 당연히 베트남 무이 네와 같은 활기찬 풍경은 보이지 않았다. 현지 주민의 말에 의하면 아침 8시는 되어야 배들이 들어온다고 했다. 너무 이른 시간에 온 것이다. 그래도 인도 관광객 몇 명은 뱅골Bengal 만의 일출을 보겠다고 내 옆에 섰다. 그런데 갑자기 한 남자가 내게 악수를 청했다. 그는 캘커타에서 부인과 함께 여행을 왔다고 했다. 그러면서 내가 자신의 여동생과 닮았다며 말을 걸어왔다. 난 웃으며 여동생이 아름답냐고 물었더니 별로라고 대답했다. 이 남자는 '유머란 곧 거짓말'이라고 생각하는 사고방식의 소유자인 것 같다.

6시 30분이 되자 나머지 일행은 일출이라도 찍겠다고 해변에 남았지만 나는 마을에 들어가보기로 했다. 역시 무언가를 기다리고 있는 것보다는 조금이라도 움직이는 것이 소득이 더 많다. 마을은 이른 아침에 해야 할 일들로 조용하면서도 부지런히 움직이고 있었다. 공동 수도에서 스테인리스 항아리에 물을 떠가는 여인, 골목을 쓸고 있는 여인, 집 앞에서 그림을 그리고 있는 여인……. 그중에서 그림을 그리고 있는 여인들의 모습이 신기했다. 북인도 쪽에서는 한 번도 본 적이 없는 광경이었다. 그녀들이 그리는 그림을 '랑골리Rangoli'라고 하는데 남인도의 오래된 전통으로, 예전에는 쌀가루로 그려 새들의 먹이 역할도 했지만 지금은 돌가루로 그린다고 한다. 먼저 하얀색으로 밑그림을 그린 후 여러 색깔을 칠한다. 그 모양은 집집마다 다 다르지만 전체적으로 만다라의 형상을 하고 있다. 다양한 모양, 다양한 색깔만큼이나 그녀들의 소원도 다양할까 싶었지만, 곰곰 생각해보니 그저 오늘 하루도 무사히 행복하게 지내길 바라는 마음 하나이지 않았을까.

랑골리를 그리는 여인 뒤에는 온통 파스텔 톤을 띤 연두색 집이 있었는데 계단에는 할머니와 손녀가 앉아 엄마의 그림을 감상하고 있었다. 잠시 후

첸나이 해변 마을
랑골리를 그리는 엄마 옆으로 소 한 마리가 다가오자 아이는 자신의 간식을 소에게 양보했다.
행복을 기원하는 모녀만큼 흰 소도 복 받은 아침이었을 것이다.

흰 소 한 마리가 천천히 다가오자 아이가 비스킷을 하나 꺼내 소에게 내밀었
다. 힌두교에서는 흰 소를 시바 신이 타고 다니는 영적인 동물로 숭배한다.
아마 이들에게 찾아온 흰 소는 오늘 하루의 첫 번째 행운이었으리라. 그러는
사이 엄마는 흰 소에게 줄 쌀죽 한 그릇을 가득 담아왔다. 소에게도 모녀에
게도 웃음 가득한 하루가 되길 바라며 자리를 떠났다.

남인도에서는 낙타가죽 샌들을 사자

뒤를 보니 이른 아침부터 장사를 시작한 수제 신발 가게가 있었다. 딱히 신발을 살 마음은 없었는데, 여행 때마다 신고 다니는 워커가 마음에 걸렸다. 북인도와 다르게 많은 사람이 맨발로 다녔기 때문이다. 가이드인 투물에게 물어봤더니 돈이 없어서 신발을 안 신는 것이 아니라 그게 편하기 때문이라고 했다. 나중에 들른 몇몇 사원에서는 신발을 벗어야 했는데 물론 바닥은 그다지 깨끗하지 않았지만, 맨발로 다니다 보니 바닥에서 느껴지는 차가움 덕분에 조금이나마 더위를 식힐 수 있었고 시간이 흐를수록 점차 편해짐을 느낄 수 있었다. 아무튼 샌들이라도 신어서 현지인들과 닮아 보이고 싶어서 낙타가죽으로 만든 샌들을 구경하고 있자니 상인이 350루피라고 했다. 계산 능력이 떨어지는 머리로 급히 달러로 환산해보니 7달러였는데(당시 1달러는 50루피 정도였다) 이 값이면 너무 싸다는 생각이 들었다. 주인이 권해서 신어 보니 마치 신발을 안 신은 것처럼 가벼웠고 내 발에도 꼭 맞았다. 안 깎아주더라도 그냥 살 생각에 300루피를 불렀다. 밑져야 본전이었다. 그런데 너무나 쉽게 "OK"라고 대답한다. 난 여태껏 흥정을 하면서 단 한 번도 내가 이겼다고 생각해본 적이 없다. 항상 그들의 마지노선보다 너무 높은 가격을 불렀기 때문이다. 그렇다고 이제 와서 200루피를 부를 수도 없었다. 그래도 6달러 정도에 샌들을 살 수 있다는 사실에 감동을 받아서 서둘러 값을 지불했다. 이후 낙타가죽 샌들은 여행 내내 나와 함께했다. 신고 있던 워커는 캐리어에 쑤셔 박혔고 귀국하는 날이 되어서야 겨우 빛을 보게 되었다.

결국, 아침 배가 들어온다는 8시에 다시 와보기로 하고 오토릭샤를 탔다. 호텔에 돌아와 잽싸게 밥을 먹고 다시 해변으로 갔더니 배 몇 척이 들어

첸나이의 어부들
대조적인 물고기를 보여주는 개그를 아는 남자들이다.

오고 있었다. 하지만 기대했던 것만큼 많은 배는 아니었다. 게다가 사람도 많지 않아서, 배를 끌어당기는 사람들을 역광으로 찍고자 했던 내 계획은 물거품이 되었다. 잡아온 물고기를 정리하는 사람들이 있어 다가가자 두 남자가 얼마 잡지도 못한 생선을 각자 한 마리씩 들고 사진을 찍으라며 내게 내밀었다. 얼결에 찍고 나서 사진을 보니, 두 사람이 들고 있는 생선 크기가 매우 대조적이었다. 개그를 아는 어부들이었다.

오전 9시 30분쯤 오늘 둘러보기로 한 칸치푸람 Kanchipuram 으로 이동했다. 칸치푸람은 팔라바 왕조의 도읍지였던 만큼 그 역사적 의미가 큰 곳인데, 다른 무엇보다도 1000개가 넘는 사원으로 유명한 도시다. 특히 남인도 힌두교 사원의 대표적인 건축물인 고푸람 Gopuram 이 팔라바 왕조 시절에 정착되었으니, 칸치푸람에 있는 많은 사원 중 특히 고푸람을 구경하는 일은 빼놓을 수 없는 일정이었다. 고푸람은 사방이 탁 트인 다락집을 높게 지은 거대한 문으로 남인도의 대표적인 건축물이다. 이번 남인도 여행에서 사원과 유적지를 둘러보는 일정이 여행의 절반은 차지했다.

'엄마 도지사'를 사랑하는 사람들

조금 이른 시각이긴 했지만 먼저 점심을 먹고 관광을 시작하기로 했다. 점심 메뉴는 정통 남인도식 식사였다. 동그란 스테인리스 쟁반 위에 인도 음식하면 당연히 떠오르는 다양한 종류의 카레가 담긴 작은 종지가 나오는데, 여기에 난 Naan 이나 차파티 Chapati 를 찍어서 먹는다. 음식 취향이야 사람마다 다 다르기 때문에 '맛이 있다', '맛이 없다' 단정할 수는 없겠지만, 내게 카레는 그저 '안 맞는 음식'이다. 인도에서 밥을 먹기 위해서는 다른 무엇보다도 주식인 난과 카레를 좋아해야 하는데, 담백한 맛이 나는 난도 내겐 그냥 도톰한 종이를 씹는 맛이었고 카레는 향도 향이려니와 다른 무엇보다 색깔이 식욕을 떨어뜨려서 손이 가지 않았다. 할 수 없이 맨밥에 고추장을 비벼 먹으며 눈으로만 남인도식 점심을 먹었다. 여행지에서 가질 수 있는 즐거움 중하나인 식도락은 내게는 애당초 무리였다.

일찍 식사를 끝내고 식당에서 나오자, 인도 남자들에게 인솔자가 둘러싸여 있었다. 그는 그들에게서 받아온 한 여자 사진을 보여주며 내게 이유를 말해줬는데, 남자들이 하나같이 똑같은 여자의 사진을 들고 있기에 유명한 연예인쯤 되나 싶어 누구냐고 물었더니 타밀나두 주의 도지사라고 하더란다. 도지사의 나이는 62세이고 이곳 사람들은 그녀를 사랑하는 '엄마'라고 부른다고 했다. 타밀어로 '엄마'와 '아빠'는 한국어의 발음과 똑같은데 이 단어들 말고도 비슷한 어휘가 많이 있었다. 『삼국사기』와 『삼국유사』에 기록된 가야의 초대 왕후인 허왕후가 인도의 타밀족 출신이라고 주장하는 학자들도 있는 만큼 타밀어와 한글과의 연결고리는 분명히 있는 것 같다. 하지만 도지사의 사진을 가슴에 품고 엄마라고 여기는 인도인들의 생각은 우리와는 너무 달랐다. 그런데 문득 나는 이곳 사람들의 정신세계와 가치관이 궁금해졌다. 그래서 가이드 투물과의 대화를 통해 남인도 사람들의 특징과 변해가는 인도의 카스트 제도에 대해 알아낸 몇 가지를 정리해봤다.

남인도 사람은 인도의 선주민인 드라비다족인데, 북인도 사람보다 피부가 검고 코는 낮은 편이며, 눈도 작고 머리카락이 검고 더 곱슬한 편이다. 유목민이었던 아리안족의 침입으로 남인도로 이주한 후 자신들만의 언어와 문화를 유지하며 현재에 이르렀다. 투물의 말에 의하면 남인도 사람들은 온순하고 성실하며 선한 성품을 지니고 있다고 한다. 아마 이들이 농경민족이었던 것에서 그 기원을 찾을 수 있을 것이다. 한편, 현재 인도에서는 카스트 제도가 법적인 차별로 이어지지는 않지만, 도시와는 달리 시골에서는 관습적으로 유지되고 있다고 한다. 특히 여행 전에 카스트의 굴레를 탈피한 인도의 영웅 나렌드라 자다브 Narendra Jadhav 의 『신도 버린 사람들 Untouchables』을 읽고 갔기에, '불가촉천민'에 대한 궁금증이 있었던 차라 투물에게 불가촉천민에 관해 물어봤다. 그의 설명에 따르면 불가촉천민, 즉 '달리트 Dalit'는 수드라 계층의 하나이며 궂은일을 하는 직업을 대물림하는 사람들이라고 했

다. 하지만 요즘에는 어떤 직업이든 돈을 많이 벌면 신분은 상관이 없다고
도 했다. 그가 이렇게 하층 신분의 성장 가능성에 대해 주장하는 이유는 그
자신이 수드라 계급이기 때문이 아니었을까. 당시 인도 수상이었던 소냐 간
디 Sonia Gandhi 역시 이탈리아 출신에 가톨릭교 사람이었다. 인도의 주류 종교
인 힌두교가 아예 사라지지는 않겠지만 적어도 카스트 제도에 분명한 변화
가 시작되었다고 생각했다. 하지만 힌두교 성직자가 카스트의 맨 상층부에
있는 브라만 계급이니 이 제도가 붕괴된다면 힌두교의 모든 근간이 흔들리
게 되는 것은 아닐까? 머리가 복잡했다. 적어도 내가 힌두교 신자가 아닌 것
이 다행이었다.

　『신도 버린 사람들』에서 인상적이었던 부분은 주인공 다무와 그의 부
인 소누의 독백이었다. 달리트들의 지도자였던 브힘라오 암베드카르 Bhimrao
Ambedkar가 카스트 제도의 한계를 뛰어넘고자 힌두교를 버리고 불교 개종을
선택했을 때, 그의 지지자인 다무는 이런 말을 했다. "나와 내 자식의 미래까
지 행복하게 할 수 없는 종교라면 그 종교를 버리겠다." 하지만 소누는 이렇
게 말했다. "어떤 종교를 믿든 좋은 사람은 좋은 사람일 뿐이지만 그 종교의
나라에서 태어나게 했다면 그것은 신의 뜻이다." 둘의 생각 중 어느 것이 옳
을까. 시비를 가릴 문제는 아닐 것이다. 바라건대, 어떤 종교를 믿든 그 종교
본래의 가르침대로 바르게, 서로 사랑하며 살아갈 수만 있다면 좋겠다. 도지
사의 사진을 가슴에 품고 다니는 인도 사람들처럼 우리도 시장이나 대통령
사진을 가슴에 품을 수 있는 날이 오기는 할까? 욕설을 유발하지 않는 정치
인이라도 나왔으면 좋겠다.

엑암바레스와라르 사원
인도에서 가장 큰 고푸람이 있는 사원이다.

남인도의 높고 화려한 고푸람

남인도에서 가장 큰 고푸람이 있는 엑암바레스와라르 Ekambareswarar 사원에 들렀지만 아직 개관을 하지 않아 고푸람만 잠깐 구경을 하기로 했다. 고푸람은 남인도에서만 볼 수 있는 독특한 석조 건축물로 사원을 중심에 두고 정면 또는 사방에 하나씩 건축하는데, 내가 간 사원의 고푸람은 높이가 무려 58m나 된다고 한다. 위로 갈수록 폭이 점점 좁아지며 가운데에 통로가 있고 벽에는 수많은 조각을 해놓았다. 이 고푸람을 대면하면 아름답다고 느끼기도 전에 먼저 어마어마한 높이에 압도되고 만다. 이곳에서는 수많은 관광객은 물론이고 성지순례를 다니는 남자들도 만날 수 있었는데 이들의 복장이 참 다양했다. 크게 두 부류로 나눌 수 있었는데 위아래 옷이 똑같은 경우와 윗옷을 아예 안 입은 경우 두 가지였다. 색깔은 검은색, 남색, 하얀색, 빨간색이 주로 보였고 이마에는 점을 찍거나 선을 그은 사람도 있었다. 힌두교도는 돈이 생기면 자신을 위해 쓰는 것이 아니라 성지순례를 한다고 한다. 힌두교를 이해하지 않고서는 인도인을 이해하기 어렵다. 여행 내내 성지순례를 하는 수많은 사람을 만났는데 나중에는 그냥 그곳에 살고 있는 주민들처럼 보였다. 꽃을 길게 엮어서 머리에 꽂고 다니는 여자도 많이 봤는데 그 이유를 물어보니 더운 날씨에 땀이 많이 나서 그 냄새를 지우기 위함이란다. 이제야 왜 많은 꽃 장수가 내게 꽃을 사라고 했는지 알 것 같았다.

내가 가진 렌즈로 커다란 고푸람을 다 담으려면 쪼그리고 앉아서 찍을 수밖에 없었는데, 힘들게 찍고 있는 내게 신발 장수가 다가와서는 말을 걸어왔다. 그는 지금 내가 신고 있는 샌들과 비슷한 것들을 잔뜩 들고 있었다. 나는 이미 오늘 아침에 샌들을 샀다고 대꾸하니 얼마를 주고 샀느냐고 묻는다.

이상했다. 더 비싸게 샀다고 하더라도 그게 억울해서 신발을 하나 더 사는 사람이 어디 있다고 값을 묻는 것일까. 내가 300루피를 주고 샀다고 하니 그는 매우 좋은 신발이라며 나의 안목을 칭찬했다. 그러더니 샌들을 좀 벗어보라고 했다. 나는 이 사람이 자기도 이런 샌들을 만들어 팔려는 것으로 짐작했다. 그의 장인 정신이 기특해 기꺼이 벗어서 보여줬더니 그는 안타까운 표정으로 내 샌들의 밑창과 그것이 연결된 각 부분을 이리저리 당겼다. 그러더니 샌들의 이음새가 약해서 얼마 후 떨어질 것이라는 의미의 보디랭귀지를 하기 시작했다. 그러면서 다짜고짜 연결 부분에 피스를 박아야 한다며 내 허락도 없이 하나를 박더니 말릴 새도 없이 양쪽 샌들에 피스 열 개를 박았다. 그는 내게 100루피를 내라고 했다. 이 남자는 정말 대단한 연기자이며 장사꾼이었다. 어차피 신발을 팔 수 없다면 피스라도 팔겠다는 그의 의지는 박수받아 마땅했기에 아낌없이 100루피를 줬다. 샌들 가격의 3분의 1이나 하는 피스이니 꽤 비싼 수선이었다. 하지만 100루피짜리 피스를 박은 내 샌들은 여행 내내 자신의 역할을 충분히 해냈고, 가는 곳마다 상인들이 어디에서 샀느냐, 얼마를 주고 샀느냐 물어보기도 했다. 그들은 모두 고개를 흔들며 부러운 표정을 지었다. 나는 좋은 샌들을 산 것이 틀림없다고 확신했다. 아니, 그렇게 믿는 것이 속 편했다.

때로는 돌아보지 않는 것이 더 예쁘다

식사 후 칸치푸람에서 가장 오래된 사원인 카일라사나타 Kailasanatha 사원에 들렀다. 지금까지 본 사원 중에서는 상대적으로 규모가 작은 사원이었다.

칸치푸람
피부가 검은 여인들이 온통 초록빛인 논에서 모내기를 하고 있다.
모자를 쓰지 않은 이유는 자신들이 더 이상 까매질 수 없다는 것을 알고 있기 때문일까.

첸나이 쇼 사원 주변의 해변
가냘픈 소년들의 엉덩이가 더 도드라졌다.

카일라사나타 사원
신발을 벗고 들어가면 편안함과 시원함을 느낄 수 있다.

들어갈 때는 신발을 벗고 들어가야 했다. 새로 산 내 샌들을 누가 주워가면 어쩌나 싶었지만 순례자가 대다수인 이곳에서 도둑질을 한다는 것은 신에 대한 모독이자 엄청난 삼사라(윤회)가 따를 것이라 생각하니 안심이 되었다. 사원을 나와 호텔로 돌아가는 길에 사리를 입고 모내기를 하는 여자들이 있기에 잠시 촬영하기로 했다. 인도 여행 중 모내기 풍경을 본 것은 처음이었다. 북인도에서는 주로 밀과 옥수수를 재배하고, 또 내가 머무른 시기는 겨울이었기에 모내기하는 모습을 볼 수 없었다. 하지만 남인도는 겨울이라고 해도 여전히 더웠기 때문에 이기작도 가능했던 것이다. 그러나 땅덩어

오래된 작은 사원이지만 섬세한 부조들이 아기자기하다.

리가 커서 그런지 한국처럼 모든 지역에서 일제히 모내기를 하는 것 같지는 않았다. 어떤 논은 이미 수확을 마쳤고 어떤 논은 한창 모가 자라고 있는 중이었고 어떤 논은 못자리에서 논으로 모를 옮겨 심고 있었다. 남인도는 농한기가 없을 것 같다.

오후 5시경 호텔에 도착했지만 아직 햇살이 부드러워 또 오토릭샤를 타고 밖에 나갔다. 햇살이 있을 때 호텔에서 쉰다는 것은 나의 여행 룰에는 없는 일이다. 빨빨대고 돌아다녀야 하루를 충실히 마쳤다고 느끼는 것도 병일 것이다. 길치이니 멀리 갈 수는 없어서 전날 쇼 사원에서 봤던 해변에 다시

체나이 쇼 사원 주변의 해변
모두를 즐겁게 해주는 바다와 뒷모습이 더 아름다운 여인들.

가보기로 했다. 밀려드는 파도에 수많은 사람이 발을 담그고 있으면서도 파도가 달려오면 교성을 질렀던 바로 그곳이었다. 빨간 사리를 입은 여인들이 어찌나 소리를 질러대던지 저절로 눈길이 갔다. 그들에게는 바다도 성스러운 성지인지 발을 담그기도 하고 마시기도 하고 바닷물을 얼굴에 묻히기도 했다. 그 옆에는 남자아이들이 팬티만 입고 달려오는 파도를 넘기도 하고 도망치기도 하면서 놀고 있었다. 또 관광지답게 풍선을 매달아놓고 맞추는 다트판도 있었고 각종 간식을 파는 가게와 기념품점도 즐비했다. 모두를 즐겁게 만드는 벵골 만의 바다였다.

발가락을 다친 아이를 만나다

여행 넷째 날. 오늘은 이틀을 잤던 마말라푸람을 떠나 탄자부르 ^{Thanjavur}
로 이동하는 날이다. 아침 8시 30분 출발이라 30분 정도 시간 여유가 있었
다. 언제 또 이곳을 와볼까 싶어 서둘러 아침을 먹고 호텔 근처에 있는 마을
에라도 잠깐 들렀다가 떠나고 싶었다. 카메라만 메고 걸어서 호텔 문을 나서
니 길이 양 갈래로 나뉘어 있었다. 큰 길 말고 작은 길을 택해 조금 걷다 보
니 아이들 네다섯 명이 강아지와 놀고 있었다. 가까이 가서 보니 물웅덩이
옆에 쓰러질 것 같은 움막이 한 채 지어져 있었고 강아지 두 마리가 있었다.
아이들이 사는 집 같았다. 아이들 중 머리카락이 없는 제법 큰 아이가 걷지
도 못하는 막내를 안더니 사진을 찍어달라며 포즈를 취했다.

나는 인물 사진 찍는 것을 좋아하지만 어떤 상황을 의도적으로 만들어
촬영하는 것은 좋아하지 않는다. 게다가 찍은 사진을 아이에게 보내줄 수도
없잖은가(아마 이메일 주소가 없을 것이다). 특히 가난한 아이들을 찍으면 왠
지 아이의 미래도 지금과 같을 것 같아 잘 찍지 않는 편이다. 그래서 사진을
안 찍는다고 하고 그냥 지나가려고 했는데도 계속 "원 포토!"를 외치며 찍어
달라고 했다. 할 수 없이 몇 장 찍어서 액정 화면으로 보여주고 그만 일어서
려는데 세 살쯤이나 되었을까 싶은 곱슬머리 남자아이가 바닥에 앉더니 자
기의 조그만 발가락을 가리켰다. 쪼그리고 앉아 살펴보니 내 손톱만 한 작은
발가락에 상처가 나 있었다. 신발이 없어서 맨발로 다니다 뭔가 날카로운 것
을 밟았는지 발가락에서는 피가 나왔고 그 위에 흙이 덮여 있었다.

다 큰 어른인 나도 감기에 걸리면 엄마에게 전화를 걸어 투정을 부린다.
연로하신 어머니를 걱정하게 만드는 불효임에도 불구하고 아프다고 전화를

첸나이 호텔 앞 오두막집 아이들
가운데 서 있는 조그만 아이가 내게 발가락을 내밀었다.

하는 이유는 그럴 때마다 자동으로 나오는 어머니의 한결같은 레퍼토리를 듣고 싶기 때문이다. 조심하지…… 따뜻하게 입고 다녀야지…… 얼른 병원 가서 주사 맞고 약 사먹고 쉬어라…… 너무나 당연한 말임에도 엄마의 입에서 나오면 뭔가 가슴이 뭉클하다. 이 아이는 나를 마치 엄마라고 생각하는지 내게 아픈 발가락을 보여주며 어리광을 부리고 싶었던 것일까? 갑자기 가슴에 찌르르 전기가 흘렀다. 카메라밖에 없는 나는 아이들에게 잠깐만 기다리라고 말하고 냅다 달리기 시작했다. 서둘러 호텔로 돌아가야 했다. 정문에서 호텔 건물까지 그리 멀지는 않았지만 금세 숨이 찼다. 마침 경비실 옆에 자

푸두체리 가는 길
흰 소라고 해서 항상 우대를 받는 것은 아니었다.

전거가 있어서 경비 아저씨에게 빌릴 수 있느냐고 물었더니 허락해주셨다.
하지만 자전거의 안장이 너무 높아 쉽게 탈 수는 없었다. 친절한 아저씨는
나를 뒤에 태우고 달리기 시작했다. 나는 아저씨에게도 잠시 기다려달라고
하고 잽싸게 방으로 올라가 한 뭉치의 사탕과 간식거리로 가져간 과자 따위
를 들고 방을 나왔다. 경비 아저씨는 나의 의도를 알고 있었을까. 호텔의 전
기차를 준비해놓고 계셨다. 다시 아이들에게 가서 사탕을 선물로 주고 아이
들의 엄마로 보이는 여인에게 과자를 안겨줬다. 부디 아이들의 사진 속 가난
이 오래 이어지지 않았으면 좋겠다. 다시 전기차를 태워준 경비원 아저씨에

게 감사의 인사를 했다. 그의 이름은 쌩깟이었다. 팁을 주고 싶었지만 지갑도 없었다. 하지만 급하게 뛰어나온 나를 아저씨도 이해했을 것 같다. 손을 흔들며 떠나는 내게 발가락이 아팠던 아이는 "피이!"라고 길게 소리쳤다. 무슨 뜻이었을까.

아침 8시 30분에 호텔에서 출발했다. 오늘 일정은 푸두체리 Puducherry 에 들렀다가 팔라바 왕조를 무너뜨린 촐라 왕조의 수도였던 탄자부르까지 이동하는 일정이다. 삭막하고 황량한 북인도의 라자스탄과 달리 주변은 온통 초록색 야자수들이 늘어서 있었다. 그리고 흰 소에게 달구지를 끌게 하고선 주인은 핸드폰 통화하기 바쁜 어느 행렬이 지나가고 있었다. 흰 소를 숭배한다고는 하지만 모든 흰 소가 그런 대접을 받는 것 같지는 않아 보였다. 어쩌면 이 사람들은 힌두교도가 아닌지도 모르겠다. 인도에서 소고기 섭취가 완전히 금지되어 있지는 않다. 참고로 자신이 강철 같은 이빨을 가졌는지 확인해보길 원한다면 검은 물소 고기를 한 번 시식해보길. 아무리 씹어도 입 안의 고기가 줄어들지 않는다. 소고기 맛이 나는 고무 같다. 그래서 인도에서는 소고기가 가장 싸다.

슬픈 인도 영화 〈아쉬람〉

10시 30분경 푸두체리에 도착했다. 이 도시의 이름은 원래 '퐁디셰리 Pondicherry'였는데, 이름에서 느껴지듯 어쩐지 인도답지 않다. 이곳은 인도가 영국의 식민지였던 시절 인도에서 유일하게 프랑스가 지배했던 지역이다. 그래서인지 건물들은 인도답지 않게 컬러풀하지 않고, 미색의 페인트만 칠해진 야트막한 프랑스풍의 건물이 대부분이다. 해안가에는 야자수가 아닌 플라타너스가 즐비하게 늘어서 있다. 또한 이곳은 인도의 독립운동가이자 정신적 스승인 오로빈도 고시 Aurobindo Ghosh 가 감옥에서 나온 후 영국 경찰을 피해 '아쉬람 Ashram '을 지은 곳으로도 유명하다. 아쉬람은 힌두교 신자들이 수행하던 사원으로, 프랑스령인 이곳에서 영혼의 진화를 주장하는 명상 수행을 하는 공동체가 형성되어 많은 외국인이 이곳에 머무른다. 그래서 더 인도답지 않은 곳이 되었다.

이번 여행을 계획하며 〈아쉬람〉이라는 인도 영화를 봤다. 2010년 개봉작이며 원제는 'Water'이다. 1938년 인도의 바라나시를 배경으로 여덟 살에 과부가 된 쭈이야가 아쉬람에 들어가 이해할 수 없는 인도의 인습을 경험하게 된다. 한편 외부와 격리되어 있는 아쉬람의 아름다운 과부 깔랴니는 매춘으로 아쉬람의 다른 과부들을 부양해야 한다. 어느 날 깔랴니는 자신의 매춘 상대였던 남자가, 사랑하게 된 남자 라나얀의 아버지였다는 것을 알게 되자 물에 뛰어들어 자살한다.

나는 이 영화를 보면서 주인공인 깔랴니와 라나얀보다도 아쉬람의 과부들 중 의식이 있으면서도 자신의 처지를 신의 뜻이라고 받아들였던 샤쿤탈라라는 인물이 과연 어떤 역할을 할 것인지 궁금했었다. 영화에서 그녀는 힌두교 사제와 대화를 나눈다. 그녀가 물었다. "경전에 과부는 학대받아야 한다고 적혀 있나요?" 그러자 사제는 답한다. "과부는 세 가지 중 하나를 선택할 수 있다. 남편을 따라 화장을 당하든가, 평생 자기를 부정하며 살아가든가, 가족의 허락하에 시동생과 결혼하든가." 그러자 그녀는 이렇게 묻는다. "우리의 양심이 신앙과 충돌할 때는 어쩌지요?" 결국 그녀는 깔랴니가 죽은 후 그녀를 대신해 매춘을 하게 된 쭈이야를 빼돌려 간다가 타고 있는 열차에 뛰어가 라나얀에게 쭈이야를 맡긴다. 이때 그녀가 외친 말은 "이 어린아이가 과부라고요!"였다. 그때 그녀는 간디가 했던 말을 떠올렸으리라. "나는 지금까지 신이 곧 진리인 줄 알았습니다. 하지만 아니었습니다. 진리가 곧 신이었습니다. 진리를 찾으세요." 영화는 그녀가 기차가 떠난 반대 방향을 저항하는 눈빛으로 응시하며 끝난다. 뜨거운 눈물을 흘리게 만드는, 많은 것을 생각하게 만드는 영화였다.

영화의 제목은 왜 '물water'이었을까. 힌두교에서 물은 모든 것의 '정화'라고 본다. 그녀들이 과부가 된 것은 죄가 있었기 때문이니 물로 그 죄를 씻어내야 한다는 의미였을까? 아니다. 그녀들에게 처음부터 죄 따위는 없었다고 말하고 싶었던 것은 아닐까. 이 영화가 제작될 때 힌두교 근본주의자들이 영화 촬영 세트장에 불을 내고 살인 협박을 해왔다고 한다. 결국 영화는 스리랑카에서 완성해 개봉했다. 아직도 많은 인도 여자가 2000년 전에 만들어진 『마누법전』에 적힌 관습이라는 이름으로 억눌려 있는 것은 아닌지 안타까웠다.

10시 30분경 푸두체리에 도착해서 오로빈도 고시가 세운 아쉬람에 들렀다. 대리석 관으로 만들어진 오로빈도의 무덤이 놓여 있고 무덤 주변은 꽃밭이었다. 사람들은 그 꽃에 입을 맞추고 무릎을 꿇고 기도를 했다. 만난 적도 없을 그의 무덤을 앞에 두고 맨발로 한없이 슬픈 표정으로 앉아 있는 사람들이 이해되지 않았지만 그들의 종교이므로 나는 무상한 눈빛으로 그들을 바라볼 뿐이었다.

릭샤를 타기에는 미안한 몸

아쉬람에서 나와, 사람이 끄는 릭샤(오토바이 대신 자전거를 리어카에 연결한 교통수단)를 타고 1시간가량 시장과 해변을 돌아보기로 했다. 나는 내 몸무게를 생각해 일행 중 가냘픈 여자분과 릭샤에 앉아서 출발을 기다리고 있었는데 가이드 투물이 다가와 우리 둘 중 한 사람은 자신과 함께 맨 뒤에서 따라와야 된다고 자리를 바꾸자고 말했다. 이유는 몰랐지만 내가 탈 릭샤를 끌게 될 사람에게 너무 미안했다. 나는 잽싸게 머리를 굴려 인솔자보다는 현지 가이드가 날씬하므로 그와 타면 조금은 가벼울 것이라고 생각하곤 내가 타겠다고 얼른 일어나 다른 릭샤에 가서 앉았다. 그러나 투물은 아무래도 인솔자가 가장 늦게 오는 것이 좋겠다며 내가 내렸던 릭샤에 올라타는 것이 아닌가. 졸지에 덩치 큰 나와 몸집이 산만 한 인솔자가 같은 릭샤를 타게 되었다. 주변에 있던 다른 릭샤 운전사들의 걱정스러운 한숨과 장난스러운 웃음이 동시에 들려왔다. 그 이유는 내가 탄 릭샤의 운전수가 70세도 넘어 보이는 깡마른 할아버지였기 때문이다. 차라리 걸어가고 싶은 심정이었다. 미안한 마음에 조금이라도 엉덩이를 들어 무게를 줄이려고 했더니 오히려 다리에 힘이 더해져 더 무거워질 것 같았다.

아니나 다를까. 할아버지는 페달을 밟는 한 걸음, 한 걸음이 힘에 부쳐 보였고 그 모습을 바라보는 나는 점점 더 미안해졌다. 그런데 갑자기 릭샤가 '슝' 하고 가볍게 나아가는 느낌이 들었다. '무슨 일이지?' 뒤를 돌아보니 뒤따라오던 다른 릭샤 운전사가 우리 릭샤를 손으로 밀어주고 있었던 것이다. 잠시 후 결국 두 릭샤가 서더니 뒤의 릭샤 운전사와 교체되었다(새 운전사는 건강해 보이는 40대 아저씨였다). 조금은 마음이 놓았다. 고생한 할아버지께

푸두체리의 해변에서 만난 아이
언니 옷이라도 물려 입은 걸까. 핀으로 사이즈를 줄인 옷을 입고 있는 아이의 표정은 그래도 섹시했다.

는 팁을 듬뿍 드렸다.

오늘이 장날이라는 시장에 들어서자 각종 채소며 과일, 꽃이 지천이었다. 상품의 종류가 다양하듯 냄새 또한 다양해 정체를 알 수가 없었다. 특이한 것은 양파였는데 우리네 양파의 주황빛 껍질이 아니라 분홍색과 보라색이 섞여 있는 껍질로 둘러싸여 있었다. 시장에서 나와 다시 릭샤를 타러 가는데 갑자기 바람이 불어 눈앞에 뭔가가 날리기 시작했다. 그것은 양파 껍질이었다. 마치 분홍색, 보라색 꽃잎이 휘날리는 것 같았다. 또다시 릭샤를 타고 해안가에 가니 파도가 거센 지역인지 시멘트로 만든 불가사리 모양의 방

푸두체리 해변의 연인
아마 여자의 사랑이 더 큰 것 같다.

파제가 잔뜩 쌓여 있었다. 현지인들이 주로 오는 휴양지인지, 가족이나 연인 단위로 방파제 위를 걷거나 앉아서 간식을 나눠 먹는 모습이 많이 보였다. 파란 옷을 입은 예쁜 여자아이가 내 옆을 지나갔다. 아이는 자신의 미모를 알고 있는지 뒤돌아보기를 기다리고 있는 내게 섹시한 포즈를 취해줬다.

점심을 먹고 탄자부르로 향하는 도로 중앙에는 인도가 원산지인 유도화가 심어져 있었다. 이렇게 아름다운 중앙분리대는 처음 봤다. 주변 풍경 역시 계속 바뀌었다. 드넓은 바나나 농장, 벼가 자라는 농장……. 야자수와 사탕수수에 목화까지 커다란 땅덩어리를 증명하듯 다양한 열대 식물이 죄다 나타났다. 저녁 6시 탄자부르에서 머물 숙소인 오리엔탈 타워 Oriental Tower 라는 호텔에 도착했다. 이 지역 호텔의 상태가 그리 좋지 못하다는 이야기를 이미 들었기 때문에 각오는 하고 갔지만, 역시 각오를 뛰어넘는 수준이었다. 더운 물이 9시까지만 나온다고 해서 서둘러 샤워를 하고 침대에 누우려고 봤더니 베개는 얼룩이 져 있었고 침대 커버 또한 매우 의심스러운 상태였다. 윙윙 모기도 날아다니고 있었다. 결국 수건을 베개에 깔고 또 다른 수건으로 얼굴을 덮고 나서야 잠이 들 수 있었다.

여행 다섯째 날. 아침 8시 출발인데 새벽 1시 30분에 깨고, 2시 30분에 또 깨고……. 계속 잠을 설치다 다시 일어나니 3시 30분이었다. 결국 일어나 앉아 가와카미 히로미 川上弘美 의 문고본『나카노네 고만물상 古道具 中野商店』을 읽기 시작했다. 10년 넘게 여행을 다니다 보니 나름의 노하우가 생겼다. 카메라 관련 장비들, 반드시 챙겨야 할 물건들, 집에서 나가기 전에 체크해야 할 것들 등등. 이런 것들을 A4 용지에 적어두고 이 종이를 코팅해두는 것이다. 그리고 사인펜으로 동그라미를 치며 짐을 챙긴다. 그리고 복귀 후에는 그 동그라미에 물을 묻혀 지우면 된다. 이렇게 하면 놓치는 것 없이 준비물을 챙길 수 있다. 이때 여행 기간에 따라 가져가야 할 책의 권수가 달라지는데 이번 여행은 좀 길어서 총 세 권을 준비했다. 그리고 잘 읽히지 않는 책을 가져가는 것도 나름의 노하우다. 시차 적응이 되지 않아 잠이 안 올 때 읽으면 딱 좋고, 지겹게 진도가 안 나가는 책을 완독했다는 뿌듯함을 느낄 수 있기 때문이다.

아침을 먹고 8시에 호텔을 출발해 브리하디스와라 Brihadeeswarar 사원에 들렀다. 탄자부르는 촐라 왕조 시대의 도읍지로 이 사원은 11세기에 건축

브리하디스와라 사원
1987년 유네스코 세계유산(문화유산)과 『죽기 전에 꼭 봐야 할 세계 역사 유적 1001』에 선정되었다.

되었는데 높이는 65m에 이르고 두 개의 거대한 고푸람이 있을 정도로 규모
가 어마어마하다. 이 사원 건축에 사용된 돌은 16km나 떨어진 곳에서 가져
왔는데 경사진 면을 따라 굴려서 쌓아올렸다고 한다. 사원 안쪽에는 시바의
신화가 부조로 조각되어 있었고, 벽감에는 인도의 다양한 신의 형상이 조각
되어 있었다. 작은 사당 하나가 있어 들여다보니 파르바티(시바의 두 번째 부
인)를 모신 사당이라고 했다. 재단에는 꽃, 동전, 음식 등이 놓여 있기에 나
도 20루피를 꺼내 올려놓으니 사당 관리인이 파르바티 신이 그려진 사진 한
장을 주며 말했다. "Long life." 파르바티는 온화와 분노 두 속성을 동시에

브리하디스와라 사원의 사제
나의 '장수'를 기원해줬다.

갖고 있다는데 어찌 긴 생명을 줄 수 있을까 싶다. 어쨌든 귀국 후 이 사진은 장식장에 잘 넣어뒀는데 가끔 눈이 마주칠 때 마다 깜짝 놀란다. 사실 좀 무섭게 생겼기 때문이다. 또 다른 곳에서는 제사장 복장을 한, 이마에는 하얀 칠을 한 남자가 먼지를 털고 있었다. 사진을 몇 장 찍고 있는데 그가 안으로 들어와서 시주를 하란다. 또 20루피를 냈더니 그가 내 이마에 허락도 없이 하얀 점을 찍어줬다. 아무래도 100살 넘도록 살 것 같다.

오전 9시에 사원에서 나와 밖에서 어슬렁거리다 보니, 담벼락 밑 인도에 노숙자로 보이는 사람 50여 명이 앉아 있었고 한 남자가 그들에게 작은

브리하디스와라 사원 앞의 무료 식사
이 할아버지는 브라만 계급으로 환생할지도 모르겠다.

쟁반 하나씩을 나눠 주고 있었다. 그런 다음 커다란 양철통을 들고 다니며
하얀 빵을 꺼내 하나씩 나눠 줬다. 그 뒤를 따르는 또 다른 남자는 갈색 소스
를 하얀 빵 위에 부어주고 있었다. 선한 일을 하는 사람은 뒷모습도 참 선해
보였다.

버스에서 한참을 졸다 보니 벌써 정오가 되었다. 곧 종교의 도시인 티루
치라팔리^{Tiruchirappalli} 에 도착한다는 이정표가 보였다. 이곳은 '티루치^{Tiruchi}'
라는 별명을 가진 도시다. 네모난 집들은 다양한 파스텔 톤 페인트로 칠해져
있었고 전체적으로 높지 않은 건물이 대부분이었다. 굳이 좁게 짓지 않아도

되는 것은 대도시가 아니기 때문일 것이다. 땅이 넓으니까 말이다. 열대 기
후인 남인도는 사시사철 초록색 풍경이 가득했으므로 이곳 사람들은 자신
들의 집을 저마다 다른 색으로 칠해야 했을 것이다. 자신의 집이 어디에 있
는지 쉽게 알아 볼 수 있도록. 이곳에는 나약^{Nayak} 왕이 높이가 83m인 바위
위에 건축한 요새^{Rock Fort}가 있었는데, 계단이 무려 500개나 된다고 하기에
등반은 포기했다. 그 대신 세계에서 가장 큰 힌두교 사원인 스리랑가나타스
와미^{Sri Ranganathaswamy} 사원에 들르기로 했다. 남인도의 지명이나 사원 이름
은 왜 이렇게 어렵고 긴지 모르겠다. 다시 불러보라고 한다면 글자를 보지

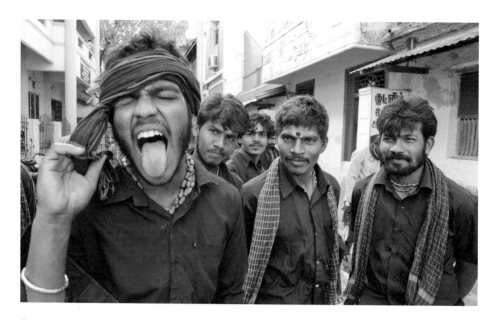

스리랑가나타스와미 사원의 순례자들
비슈누 신은 그에게 특별히 건강한 혀를 줬다.

않고는 절대 말할 수 없는 이름들이다. 12월과 1월에는 큰 제사가 있어 많은 순례자가 모인다고 했는데 정말 엄청나게 많은 순례자를 만났다. 복장도 다양하고 얼굴이나 몸에 그린 표시도 다양해서 도대체 어느 신에게 제사를 드리러 가는 것인지 구분할 수 없었다.

오후 4시 드디어 사원을 빠져나왔다. 기온은 31도지만 겨울이었다. 버스를 타자 다시 졸음이 몰려왔다. 인도에 도착한 지 5일째. 내가 갔던 사원이 어디에 있는지, 누구를 모시는 사원인지 내 기억 속에는 없다. 한국에 도착한 후 사진을 정리해야만 알 수 있겠지만 그것 또한 장담할 수 없을 것 같다. 그 사원이 그 사원 같고 그 사람이 그 사람 같다. 어쩌면 나는 그들을 따라 사원 순례를 함께 하고 있었는지도 모르겠다. 힌두교를 믿는 남자들은 아버지가 살아계시는 동안에는 수염을 자르지 않는다고 한다. 물론 이런 관습은 이제 거의 다 없어졌지만 남인도에서는 아직 지키고 있는 사람이 있다고 한다. 그래서 인도에서는 수염을 기른 남자가 많았던 것 같다. 그리고 눈썹이 하나같이 진하다. 우리나라에서 이 정도면 연예인 대접을 받겠지만 인도에서라면 어디 내놓지도 못할 눈썹들이다.

저녁 7시, 예정보다 빨리 오늘의 숙소인 마두라이 Madurai 에 도착했다. 내일부터는 전혀 다른 풍경이 펼쳐질 내륙으로 들어서게 된다. 오랜 사원 순례로 이제는 초록빛 자연이 보고 싶었다. 그 속에서 살아가는 인도 사람들을 보고 싶었다. 긴 여행이 기다리고 있었으므로 양말이며 속옷을 몇 개 빨아서 방 여기저기에 널어놓았다. 그런데 너무 꽉 짰던지 왼쪽 손목이 아팠다. 나는 텔레토비의 보라돌이 같은 얼굴과 몸매를 하고 있지만 덩치와 어울리지 않는 가는 손목과 발목, 작은 손과 발을 갖고 있다. 내가 봐도 전혀 어울리지 않는 신체 구조다. 빨래를 짜다가 이렇게 되었다고 하자니 창피했지만 어쩔 수 없이 인솔자에게 근육통 연고를 얻어 손목에 발랐다. 연고를 바른 부위가 화끈거리고 내 몸에서 안티프라민 냄새가 났다.

오렌지 부부의 나라 터키의 추억

여행 여섯째 날. 오늘도 잠을 잘 이루지 못했다. 아침 6시에 모닝콜을 맞춰놨는데 1시간 간격으로 눈이 떠져 결국 5시에 일어났다. 그런데 문제가 생

마두라이의 차이 아저씨
이른 새벽에 만난 한국 여자에게 차이를 공짜로 준 착한 아저씨다.

겼다. 어젯밤 다친 손목의 손이 퉁퉁 부어 젖혀지지가 않았다. 아무래도 인대가 늘어난 것 같았다. 세수를 하는데도 손에 힘이 들어가지 않아 겨우 고양이 세수를 했다. 오른손이 아니라 다행이었지만 왼손으로 어떻게 렌즈를 받치며 사진을 찍을 수 있을까 걱정이 되었다. 떠날 준비는 다 했지만 아직 시간이 너무 많이 남아 있어 가벼운 광각렌즈만 들고 이제 막 밝아지려는 호텔 밖으로 나섰다. 분명 겁이 많음에도 불구하고 이상하게 외국에만 나가면 호텔 밖으로 나가고 싶다. 물론 길치라서 멀리 갈 수는 없지만.

호텔 주변은 이른 새벽에 일을 나가는 사람들로 붐볐다. 그런 이들을 상대로 차이 Chai 와 스위티 Sweety (도넛)를 파는 가게가 장사를 하고 있었다. 돈은 한 푼도 가지고 나오지 않았던 터라 차이 만드는 모습만 사진을 찍고 있었는데 주인아저씨가 내게 차이 한 잔을 내밀었다. 드링크제 같은 음료수를 줬다면 수면제 등을 의심해봐야겠지만, 나는 젊지 않았고 깨어난 지 얼마 안 되는데 나를 또 잠재우지는 않겠지 싶어 전혀 의심하지 않았다. 그런데 돈이 없다고 하자 그냥 마시라며 종이컵에 차이 한 잔을 따라주셨다. 차이 한 잔 가격은 6루피였다. 출발 전에 돈을 가져와서 내야겠다고 생각하고 있는데 호텔 앞에 마침 일행 두 분이 서성이고 있었다. 나는 고마운 사장님에게 손님을 끌어와야겠다고 생각했다. 일행 분에게 돈을 빌려 차이값을 지불하고 두 잔을 팔아줬다. 어쩌면 사장님은 처음부터 이렇게 될 것을 계산하고 내게 공짜로 차이를 줬는지도 모르겠다. 하지만 무표정한 얼굴로 봐서는 그냥 내가 불쌍해 보여서 줬던 것 같다.

여행을 하다 보면 공짜로 뭘 얻어먹는 일이 자주 있다. 그중 가장 감동을 받았던 2004년 여름 터키 카파도키아 Cappadocia 를 갔을 때의 일을 잠시 이야기해보겠다. 당시 호텔은 공항 인근에 있었고, 이른 아침 출발 전에 또 혼자서 호텔 근처의 작은 마을에 들어섰을 때의 일이다. 해가 막 떴을 때라 마을 사람들은 거의 눈에 띄지 않았는데 작은 모스크가 눈에 들어왔다. 그동안 유명한 모스크들만 보았던 터라 시골 마을의 작은 모스크에 호기심이 생겼다. 그런데 모스크로 들어가는 입구에 작은 문이 있어서 함부로 열고 들어가도 되나 걱정이 되었다. 뒤를 보니 트럭에 박스를 쌓고 있는 부부로 보이는 남녀가 있었다. 그중 아주머니와 눈이 마주쳤다. 짧은 순간이었지만 나의 걱정과 의도를 충분히 눈치챘는지 아주머니가 다가와서 말을 건넸다. 터키 말로는 '귀나이든(아침 인사)'밖에 몰랐던 나는 아주머니의 말을 전혀 이

스리랑가나타스와미 사원의 순례자들
참으로 따라 하기 힘든 패션이다.

해하지 못했지만 보디랭귀지로 의사는 충분히 전해졌다. '안에 들어가보고
싶다고?' 나는 고개를 끄덕였다. 아주머니가 문을 열고는 따라오라고 손짓
을 했다. 모스크에 여자는 들어갈 수 없었지만, 외국인은 예외인지 아주머니
는 내가 사원에 들어가는 것을 허락해주셨다. 아주머니를 따라 들어간 작은
모스크 내부에는 아침 햇살이 가득 들어와, 빨간 양탄자 위에 유리창 모양의
햇살이 그려져 있었다. 내부에는 아무 것도 없었다. 다만 한쪽 벽만 움푹 파
여 있었다. 바로 메카를 향하는 곳이다. 아주머니는 자신을 따라 하라며 엎
드려 기도를 했다. 졸지에 이슬람교도가 되어 나도 메카를 향해 기도를 했

다. 아주머니는 아주 흐뭇한 표정으로 미소를 짓고 있었다. 자신이 외국인을 선교했다고 생각했는지도 모르겠다.

다시 모스크를 나와 고맙다는 인사를 하고 호텔로 돌아가려는데 부부가 서로 대화를 나누더니 나에게 뭔가를 묻는다. 뜻은 전혀 몰랐지만 대사의 끝부분이 올라갔기에 질문이라고 생각했다. 나는 내 멋대로 '기도를 하니 좋았니?'라는 의미로 해석하고 웃으며 고개를 끄덕였다. 그러자 갑자기 트럭에서 아저씨가 뛰어 내려오더니 손짓으로 자신을 따라오라고 했다. 잉? 또 다른 모스크가 있나? 기도는 이제 안 해도 되는데……. 게다가 아저씨는 계단을 내려가고 있었기에 덜컥 겁이 났다. 계단? 지하? 어두움? 감금? 이런 단어가 연속적으로 머리에 떠오르자 무서웠다. 그러자 아주머니가 다가와 자신의 먼지 묻은 손을 바지에 쓱쓱 닦더니 그 손으로 내 팔짱을 끼는 것이 아닌가. 무서워하는 것이 보였던 모양이다. 이런 아주머니라면 괜찮겠지 싶어서 함께 계단을 내려갔다.

다 내려가자 나무로 된 커다란 문이 있었고, 아저씨가 그 문을 열었다. 마치 '알리바바와 40인의 도적'에 나오는 동굴의 문 같았다. 주문을 외치면 열릴 것만 같았다. 안으로 들어가자 뒤에서 문이 닫혔다. 칠흑 같은 어둠이 가득해 눈이 적응하는 데 몇 초 걸렸다. 잠시 후 내 눈앞에 보이는 것은 온통 주황색밖에 없었다. 그곳은 바로 오렌지 저장 창고였던 것이다. 부부는 내게 자신들의 오렌지 저장 창고를 찍으라며 손으로 사진을 찍는 시늉을 해보였다. 그곳엔 오렌지를 신문에 싸고 있는 인부 몇 명도 있었다. 아! 당시 내 카메라의 ISO(카메라의 성능 중 빛을 받아들이는 정도를 뜻한다. 수치가 높을수록 밝게 촬영할 수 있다)는 400밖에 안 되었던지라 어떻게 찍어도 사진은 죄다 흔들릴 수밖에 없어 사진을 찍는다는 것은 무의미했지만 부부의 성의를 생각해 몇 컷 찍었다. 나는 고마움을 표현해야 했기에 카메라 가방에서 사탕을 한 주먹 꺼내 사람들에게 주고는 배꼽인사를 하고 돌아가려고 했다. 그런데 아저씨가 잠깐 기다리라고 했다. 잠시 후 돌아온 아저씨 품에는 20개도 넘는 오렌지가 있었다. 내가 가장 싫어하는 과일이 오렌지였지만 터키 말을 할 수 있다고 해도 "오렌지를 원래 싫어해요!"라고는 차마 말할 수 없었다. 가져갈 수도 없는 오렌지를 아저씨는 카메라 가방에 가득 넣어주셨고 그것도 모자라 결국 티셔츠의 끝자락까지 벌려 오렌지를 받아왔다. 약간이라도 사례를 해야 될 것 같아서 돈을 꺼내니 아저씨는 되레 화를 냈다. 그가 아는 유일한 영어인 듯한 "Friend! Friend!"를 연발하며. '형제의 나라'로 불리는 터키. 나는 터키 하면 늘 이 오렌지 부부가 떠오른다.

그새 날은 환하게 밝았고 아직도 출발까지 시간이 남아서 길 건너편 골목까지만 잠시 갔다 오기로 했다. 이곳에서도 랑골리를 그리는 집들이 많이 있었다. 옆을 보니 'Children's Home'이라고 적혀 있는 집의 2층에서 아저씨가 올라오라고 했다. 남자아이들만 있는 것 같아 좀 겁이 났는데 여자아이들도 있어서 용기를 내 올라가봤다. 그곳은 고아원이었다. 아저씨는 고아원의 원장이었고 남자아이 22명, 여자아이 열 명이 그곳에서 먹고 자고 학교를 다닌다고 했다. 나도 얼마만이라도 기부금을 내고 싶었지만 지갑을 가져오지 않았다고 하자 아저씨는 "괜찮아요. 당신이 여기 와준 것이 행복이에요"라고 대답했다. 그 대신 나는 사진을 찍어서 보내주기로 약속했다. 여자아이가 차이를 줘서 또 한 잔 마셨다. 아침도 안 먹었는데 차이로 배가 부른 행복한 아침이었다.

마두라이의 고아원
남자아이들이 한시도 가만히 있지를 않아 초점이 제대로 맞은 것이 없다.
하지만 아이들의 표정이 밝아 내가 더 행복했다.

남인도 최대 규모의 힌두교 사원 스리미낙시

호텔로 돌아와 서둘러 아침을 먹고 출발했다. 오늘은 일정 중 마지막 힌
두교 사원을 방문하고 남인도에서 가장 큰 차밭이 있는 문나르로 향하는 날
이다. 기원전 3세기부터 기원후 11세기까지 판디아 Pandya 왕국의 수도였던
마두라이는 타밀나두 주의 제2의 도시이자 고대 무역의 중심지였다. 특히
이곳에 있는 스리미낙시 Sri Meenakshi 사원은 타밀나두 주의 문장에도 새겨진
사원으로 시바와 그의 아내 미낙시를 모신 사원이다. 과연 사원의 규모도 컸

스리미낙시 사원 내부
동물 조각상의 귀에다 열렬한 사랑을 주문하는 것 같다.

지만 1000개나 되는 기둥이며 벽에 장식된 그림과 조각, 금붙이들이 아름답
고 화려했다. 또 기도하는 사람의 모습도 향을 올리는 사람, 엎드려 있는 사
람, 다양한 동물 모양을 한 조각상에 입을 맞추는 사람, 뭔가를 계속 속삭이
는 사람, 촛불을 올려놓는 사람, 꽃을 받치는 사람 등등 인도의 신만큼이나
다양한 모습이었다. 종교학자나 미술가였다면 가슴 가득 벅찬 환희와 감동
을 느꼈을 텐데 사람을 찍기 좋아하는 여행가로서는 그저 이 어두운 사원을
벗어나고만 싶었다.

　스리미낙시 사원은 신발을 벗고 들어가야 한다. 그런데 어떤 여자가 다

기도하는 여인
할머니는 손자의 무병장수를 기원하고 있을 것이다.

가와서는 어디서 왔느냐고 물었다. 한국에서 왔다고 대답하니까 '빈디(주로
인도 여성들이 이마에 찍는 빨간 점)' 같은 스티커를 허락도 없이 내 이마에 척
붙여줬다. 나는 일행에게 어떤 아주머니가 내게 인상이 참 좋다고 말하면서
이마에 '빈디'를 붙여주며 행운을 빌어줬다고 자랑했다. 그리고 1시간 30분
정도 넓은 사원을 돌아다니고 다시 신발을 신으러 갔다. 그런데 내가 신발을
벗어놓았던 문은 이쪽이 아니었다. 아뿔싸, 또 길을 잃고 말았다. 지난 인도
여행 중 조드푸르 Jodhpur 에서 길을 잃어버려 심하게 고생했던 기억이 있기에
더럭 겁이 났다. 다행히 내 겁먹은 표정을 이해한 어떤 아저씨가 한 · 중 · 일

사원을 찾은 사람들
1000개나 되는 기둥만큼 소원은 다양하다.

어느 나라 국적인지는 모르겠지만 한 무리가 저쪽으로 지나갔다고 알려줬
다. 우리 일행이라고 생각하고 무작정 그 길을 따라갔다. 다행히 그 길 끝에
는 내 신발이 그대로 놓여 있었고 일행도 만날 수 있었다.

　신발을 신고 홀가분하게 출발하려는데 어떤 아주머니가 와서 알은척하
며 반겨줬다. 내게 이런 드라마틱한 일이 일어난 것을 이 아주머니가 어떻
게 알았을까 싶었다. 그런데 아주머니는 내 이마를 가리켰다. 어라? 그 아주
머니는 사원에 들어갈 때 내게 빈디를 붙여준 아주머니였던 것이다. 나도 모
르게 반가웠다. 하지만 그것도 잠시, 아주머니는 내 발목에 발찌를 채우더니

사원의 여인
여자의 표정이 나와 같다. 아마 그녀도 힌두교를 이해할 수 없었나 보다.

"5달러"라고 말했다. 그렇다. 아주머니는 비슷비슷해 보이는 동아시아 여자의 얼굴에 자신의 빈디를 붙임으로써 고객을 확보해뒀던 것이다. 아주머니의 장사 수완은 대단했다. 결국 2달러에 발찌를 샀다. 이날 나는 베트남에서 산 바지와 인도네시아에서 산 블라우스를 입고 있었으며, 마말라푸람에서 산 낙타가죽 샌들을 신고 있었다. 그래서 묘하게 발찌가 어울렸다. 역시 아주머니의 센스는 대단했다.

문나르 차밭
거대한 차밭에서 꽃처럼 보이는 것은 사람이다.

온통 초록빛으로 물든 문나르 차밭

사원에서 나와, 점심을 먹고 문나르로 향했다. 가는 길 내내 창밖으로 벼가 자라고 있는 풍경만 보이다가 오후 1시 30분 타밀나두 주와 케랄라Kerala 주의 경계를 넘어서자 풍경이 완전히 바뀌었다. 고도가 점차 높아지면서 산을 오르기 위해 심한 커브를 수십 번 돌았더니 갑자기 온통 차로 덮인 밭이 나타났다. 나도 모르게 탄성이 나왔다. 그때 차 안에 있는 일행들은 그저 "와!"라는 말밖에 못하는 자동 인형 같았다. 우리나라 보성이나 하동에

차밭 동산에서 텔레토비가 나올 것 같다.

있는 차밭도 예쁘지만 문나르의 차밭과는 먼저 규모가 달랐다. 끝없이 펼쳐진 차밭에 그려진 기하학적인 무늬, 다른 무엇보다 그곳에서 일하고 있는 사람들의 모습이 너무 아름다웠다. 거북이 등껍질 같이 생긴 차밭이 고개를 몇 번이나 넘어도 계속 나왔다. 과연 남부 아시아 최대의 차밭다웠다.

눈이 호강한다는 말은 이럴 때 쓰는 표현일 것이다. 그동안 유명한 사원 몇 개를 연달아 보다가 초록빛 대자연을 보니 가슴이 탁 트이고 이제야 남인도에 왔다는 실감이 났다. 숙소에 도착한 뒤 아직 햇살이 남아 있어 여자 일행 둘과 함께 근처 마을에 다녀오기로 했다. 축제가 있었던지 뒷정리를 하는

차밭과 산을 구별하는 기준은 누가 더 예쁜지다.

젊은 처녀들이 있었다. 내게 어디서 왔는지, 국적은 무엇인지 물으며 같이 사진을 찍자고 했다. 자신들의 휴대전화와 소형 디지털 카메라를 이용해 우리를 찍어댔다. 하필 함께 간 일행의 얼굴도 나만큼이나 컸던지라 남인도 여자들에게 한국 여자들의 얼굴 크기가 죄다 자기들의 두 배 정도라는 잘못된 정보를 주는 것은 아닌지 걱정스러웠다.

여행 일곱째 날. 여행의 반이 지나갔다. 경험상 이제 남은 시간은 더 빨리 지나갈 것이다. 이번 남인도 여행은 유독 잠을 제대로 못 잤다. 원래 잠이

문나르 가는 길
아이들의 표정에 신기함과 반가움이 섞여 있다. 가장 아이다운 표정이다.

많은 나로서는 좀 이상한 현상이었다. 오늘도 새벽에 잠에서 깼다. 휴대전화 시계는 5시 30분인데 차고 간 손목시계는 4시를 가리키고 있었다. 차밭에 왔으니 좀 더 여유롭게 보내라는 의미인가. 시간이 멈춘 것 같았다.

원래 오늘 일정은 보트를 타고 페리야르 Periyar 야생동물 보호 지구를 관람하는 그야말로 관광이었다. 그런데 전날 차밭을 그냥 지나가면서 찍은 것이 아쉬워 관광은 내일로 미루기로 했다. 문나르에서 오늘의 목적지인 데카디 Thekkady 까지는 105km밖에 떨어져 있지 않아 근처에 있는 차밭을 여유롭게 볼 수 있었다. 도로가 먼저 난 것인지 차밭이 먼저 생긴 것인지 알 수 없

까만 피부에는 더 빨간 머리 끈이 어울린다.

을 정도 차밭은 넓었다.

찻잎을 따는 사람은 모두 여자였는데 커다란 가위로 싹둑 자르면 찻잎이 자동으로 커다란 망에 담겼다. 그 망을 하나씩 갖고다니며 작업을 하고 있었다. 무표정한 얼굴로 작업을 하는 사람도 있었지만, 뙤약볕 아래에서도 대다수 사람이 환하게 웃어줬다. 검은 피부와 하얀 치아가 유난히 눈에 띄었다. 아주머니들의 돈주머니에도 망에 담긴 찻잎만큼 많은 지폐가 두둑하게 모였으면 좋겠다.

투물의 설명에 의하면 힌두교에서는 사람이 죽으면 화장을 하지만 뱀

아주머니의 환한 미소만큼 돈도 많이 벌었으면 좋겠다.

에 물려서 죽은 사람은 바나나 잎에 싸서 시신을 강물에 떠나보낸다고 한다. 그 이유는 뱀이 바나나 잎을 좋아해서 시신을 감싸고 있는 바나나 잎을 먹으면서 죽은 시신을 한 번 더 물면 죽은 사람이 되살아난다고 믿었기 때문이란다. 누군가 중국 푸젠福建의 한 차밭에서 검은 뱀을 보고 놀라 도망쳤다가 며칠 지나서 와보니 떨어진 찻잎이 적당히 발효되어 맛이 그렇게 좋았다고 한다. 그게 오룡차烏龍茶가 되었다는 설이 있는데, 그러고 보니 문나르의 차밭을 멀리서 보니 뱀의 껍질 모양 같기도 했다.

오후 4시 30분. 제법 이른 시간에 데카디에 도착했다. 우리가 묵은 숙소

종일 차를 따는 아주머니의 팔뚝은 무쇠팔이다.

는 페리야르 국립공원 근처였는데, 그래서 그런지 제법 큰 시장이 있었다. 쇼핑 욕구가 샘솟았다. 피곤함은 싹 달아났다. 충분히 돈을 준비하고 쇼핑에 나섰다. 이번 남인도 여행에서 꼭 사와야 할 것이 있었기 때문이다. 바로 인도 여자들이 입는 사리를 만드는 천이었다. 물론 이걸로 옷을 만들어 입으려고 하는 건 아니고, 매우 넓고 긴 이 천을 둘로 나눠 위아래를 붙이면 근사한 커튼이 되기 때문이다. 2002년 처음 인도에 왔을 때 이 천을 사서 거실 커튼을 달았다. 천을 통과한 햇살이 과하지 않고 은은했다. 그게 벌써 10년 전이니 낡은 천 여기저기에 구멍이 났다. 인도를 가게 되면 꼭 사야겠다고 벼

코친 가는 길에서 열렸던 소 시장
환생해서 다시 소로 태어나게 된다면 라자스탄에서 태어나길.

르던 참이었다. 주황색과 밝은 갈색 천 두 장을 24달러에 샀다. 한 번 물건을 사자 이것저것 욕심이 나서 결국 바지, 티셔츠 등도 구입해 양손에 쇼핑 봉지를 들고 숙소로 돌아왔다. 저녁 8시가 되자 갑자기 비가 쏟아졌다. 원 없이 초록색 잎을 봐서 그랬을까, 아니면 마음에 드는 커튼을 샀기 때문일까. 비 따위는 아무런 근심이 되지 않았다.

여행 여덟째 날. 오늘은 코친까지 가야 하는데 어제 못 갔던 페리야르 야생동물 보호 지구도 가야 하기에 아침이 좀 바빴다. 아침 6시 30분에 호

코친 가는 길에 만난 순례자들
순례보다는 아들을 학교에 보내는 것이 나을 텐데.

텔에서 출발해 보트를 타고 일주를 하는 3시간 동안 물총새^{Kingfisher}, 가마우지 등 몇 마리 새를 본 것이 다였다. 역시 이런 관광은 나와는 안 맞는다. 호텔로 돌아와 늦은 아침 식사를 하고 코친으로 출발했다. 오후 1시쯤 도로 밑 공터에서 소 시장이 크게 열리고 있는 것이 보였다. 대부분 흰 소들이었는데 뿔에 예쁜 색을 칠해둔 것이 특이했다. 먹지도 않을 소들을 왜 거래하는 건지 투물에게 물어보니 케랄라 주는 기독교 신자가 유독 많은 곳이라서 소고기를 꽤 먹는다고 했다. 소의 팔자도 참. 북인도에서 태어났더라면 팔자 좋게 살았을 것을. 소 시장에 가까이 가고 싶었지만 소똥이 지천이라 차마 들

길에서 만난 가게 상인들
하얀 바지를 입은 남자의 오른손 위치가 좀 거시기하다.

어쩔 수가 없어서 도로의 가드레일에 발을 걸치고 몇 컷 찍었다. 내 얼굴이
인도에서는 좀 먹히는 얼굴이라 남자들은 죄다 나를 바라보고 있었다. 친한
직장 동료 A 선생이 내게 자주 하는 말이 있다. "그 병 고치는 약을 구하기가
어렵나봐요."

　　소 시장의 풍경을 촬영하고 있는데 순례 중인 한 가족을 만났다. 아이에
게는 샌들을 신기고 어른들은 맨발로 걷고 있었다. 설마 걸어서 스리미낙시
사원까지 가는 것은 아니겠지? 종교란 대체 얼마나 맹목적이어야 하는 걸까.
얼마나 순수해야 믿음을 가질 수 있는 걸까. 아마 나는 죽을 때까지 종교를

갖지 못할 것 같다.

사라져가는 코친의 중국식 어망

　점심을 먹을 만한 식당이 보이지 않아 시장에서 바나나를 사서 요기를 하기로 했다. 차를 팔고 있는 가게가 있어 한 컷 찍으려는데 두 남자가 씩 웃었다. 찍고 나서 보니 도티를 입은 남자의 오른손이 은밀한 곳에 있어 민망했다. 오후 5시경 드디어 포르코친 Fort Cochin 에 도착했다. 이곳은 17세기를 전후해 포르투갈, 네덜란드, 영국의 각축장이었기에 그 흔적이 도시 곳곳에 남아 있었다. 또 향신료를 거래하던 유대인 마을도 있었는데 겉모습이 특이해 이목을 끌었다. 포르코친은 중국 광둥廣東 성에서 전래되었다는 '중국식 어망'과 마탄체리 Mattancherry 궁전, 카타칼리 Kathakali 라는 공연이 유명한 곳이다. 이곳에서 두 밤을 자야 한다.

　사실 이번 여행에서 가장 기대했던 것은 코친의 중국식 어망이었다. 그러나 4년 전에 이곳에 온 적이 있다는 인솔자의 말에 의하면 코친이 너무 많이 변했다고 한다. 물론 중국식 어망으로 물고기를 잡는 어부들도 아직 남아 있기는 하지만, 관광객을 위한 일종의 '쇼'로 변질된 배들이 대부분이었다. 다른 무엇보다 어부 자체가 별로 보이지 않았다. 내가 상상했던 장면은 이런 것이었다. 일몰을 바라보며 담배를 물고 앉아 있는 어부의 뒷모습. 팔과 다리 근육이 터질 것 같이 온 힘을 다해 그물을 끌어올리는 어부들. 하지만 그런 모습은 카메라에 담을 수 없었다. 게다가 항구 건너편에는 엄청나게 거대한 오일 탱크와 건물이 잔뜩 들어서 있어서, 사진을 찍으면 엄청난 포토샵

코친에 수학여행을 온 학생들
어지간히도 빨간색을 좋아하는 민족이다.

손질이 필요할 것 같았다. 겨우겨우 건물을 피해 몇 컷 찍고는 돌아설 수밖에 없었다. 그나마 작은 생선 가게가 이곳이 항구임을 증명하고 있었다. 뒤를 보니 수학여행을 온 학생들이 있었다. 아이들도 실망스럽긴 마찬가지였을 것이다.

다시 관광객 본연의 자세로 돌아가 까따깔리 Kathakali 공연을 보기로 했다. 이 공연은 마임 연극으로 화려한 분장을 하는 것부터가 공연의 시작이다. 알아들을 수 없는 엄청나게 긴 사설이 끝나자 연극이 시작되었는데 화려한 손놀림과 과장된 표정이 중국의 경극을 보고 있는 것 같았다. 그렇게 케

코친의 중국식 어망
개점휴업 상태인 어망이 더 많다.

랄라의 주도인 코친에서의 밤이 지나가고 있었다.

　여행 열째 날. 오늘은 이번 여행 일정 중 가장 한가하고 여유로운 날이
될 것이다. 아시아를 여행하다 보면 유럽 여행객을 자주 볼 수 있는데 그들
을 보면 가끔 부러울 때가 있다. 한 달이나 휴가를 내고 여행을 떠나 한 호텔
에 며칠씩 묵으며 책도 읽고 음악도 듣고 수영도 즐기고. 정말 쉬기 위해 여
행을 온 것 같은 그들을 볼 때마다 그런 생각이 든다. 요즘에는 한국 사람들
도 '여행의 목적'이 좀 바뀌고 있는 것 같다. 항공사의 CF를 보면 유럽과 미

국이 아닌 아시아 오지의 모습이 보이기 시작했고, TV에서도 오지 체험을 다루는 프로그램이 많이 나오고 있다. 나는 처음부터 아시아의 시골 마을을 찾아다니는 여행을 주로 해서 사실 이런 매스컴의 변화가 달갑지만은 않다. 방송에서 다루면 다룰수록 오지가 더 빨리 개발되고 도시로 변할 것이기 때문이다. 그곳을 찾는 사람들이 현지인들의 삶을 존중해주고 그들의 순수한 미소와 삶의 방식을 조금은 배워왔으면 좋겠다.

어쨌든 오늘은 동양의 베니스로 불리는 알레피Alleppey로 갔다. 배에 탄 채 16세기에 향신료를 운반하던 수로를 천천히 이동하며 수로 주변에 살고 있는 사람들의 생활을 보는 것으로 시작했다. 하지만 가옥은 거의 없어서 2시간 동안 그저 배를 타고 쉬었다고 하는 게 맞다. 점심을 먹고 오후 3시경 다시 코친으로 돌아와 바스코 다 가마의 무덤이 있는 성 프란시스코 성당과 마탄체리 궁전, 유대인 거리를 둘러봤다. 모두 유럽인과의 교류가 남아 있는 유적이라서 다른 지역보다도 유럽 사람을 많이 볼 수 있었다. 그들로서는 선조들의 손길이 닿았던 곳에 잠시 머무는 것이 매우 중요했으리라. 하지만 내게는 유대인 마을에서 산 20달러짜리 원피스가 더 중요했다. 새로 산 커튼보다도 더 비쌌기 때문이다.

뭄바이 도비가트에는 부자가 산다?

여행 11일째 날. 손톱이 길어졌다. 그만큼 이번 여행이 길었다는 뜻이다. 오늘은 남인도에서 가장 큰 도시이자 마하라슈트라Maharashtra 주의 주도이고 영화 〈슬럼독 밀리어네어〉의 배경이었던 뭄바이에 가는 날이다. 뭄바이에 잠깐 있다가 또 비행기를 타고 아우랑가바드로 향해야 한다. 하루에 국내선을 두 번이나 타야 갈 수 있는 곳이라니. 새삼 이 나라의 땅덩어리 크기에 놀랐다.

먼저, 아침 8시 50분 국내선을 타고 뭄바이로 날아갔다. 남인도 여행을 인도 동쪽 해안의 첸나이에서 시작했는데 이제 서쪽 해안에 위치한 뭄바이로 날아가는 것이다. 공항으로 향할 때까지만 해도 붉은 여명이 막 피어오르고 있었는데, 공항에 도착할 때쯤 되자 이제 주황으로 변해 바닥에 깔린 희뿌연 안개와 뒤섞이기 시작했다. 내 의도와는 상관없이 삶이 다른 이들의 인연이 덧대어져 변해가듯 말이다. 여행이 길어지면 생각이 많아진다. 이른 아침의 코친 공항은 현지인들로 꽉 차 있었다. 한눈에 봐도 부티가 좔좔 흐르는 남녀가 귀걸이, 목걸이, 팔찌, 반지, 발찌, 코걸이 등 걸 수 있는 모든 장신구를 달고 앉아 있었다. 가진 자의 자신감은 가난한 이들을 배려할 수 없는 걸까. 무거워 보였다. 그들의 몸도 마음도.

오전 10시 40분 뭄바이 공항에 도착했다. 뭄바이는 1995년 전까지는 봄베이Bombay라는 이름으로 불렸다. 1860년대 남북전쟁으로 미국의 목화 수요가 급증하자 데칸 고원에서 생산된 목화의 수출항으로 뭄바이가 급부상했고 현재는 인도 최대의 무역항으로 인도 무역의 3분의 1을 담당하고 있다. 경제 규모가 어마어마하게 커지면서 극단적인 빈부 격차가 발생했다. 그런 사회상을 보여준 대표적인 영화가 〈슬럼독 밀리어네어〉다. 인도는 미국보다 더 많은 영화를 제작하는 세계 최다 영화 제작국이기도 한데, 그 수많은 작품을 만들어내는 필름시티가 바로 뭄바이에 있다. 오죽하면 그곳을 '할리우드'와 '봄베이'를 합성한 '볼리우드Bollywood'라고 부르겠는가. 이곳에서 만드는 영화의 주제는 대부분 권선징악, 남녀의 사랑 등이며 영화에는 반드

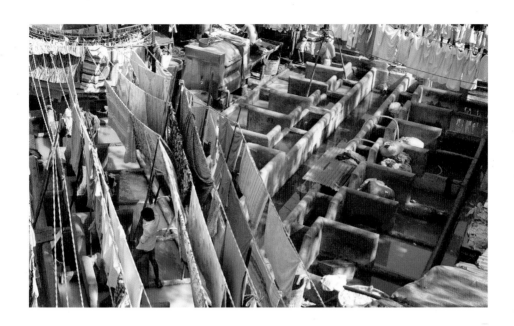

뭄바이 도비가트
누구네 세탁물인지 구별하는 것이 빨래하는 것보다 더 어려울 것 같다.

시 집단 군무가 등장한다. 그래서 '마살라 영화'라고도 부른다. 마살라Masala
는 인도의 전통 향신료다. 처음 인도 영화를 보면 정말 유치하기 짝이 없다
는 생각이 들다가도 점점 그 '유치하기 짝이 없는' 춤을 멍하니 바라보게 되
는 이상한 매력에 빠지게 된다.

　뭄바이에 머무는 시간은 그리 길지 않기에 도비가트와 간디 박물관, 인
도문Gateway of India만 보고 밤 비행기를 타야 한다. '도비Dhobi'는 수드라 계
급 중 빨래하는 직업을 가진 사람들을 의미한다. 대대로 빨래 일을 물려주
며 평생 빨래를 하며 산다. 빨래 방법은 우리나라와는 조금 다른데, 쪼그려

앉아서 주무르거나 일어서서 발로 밟는 것이 아니라 콘크리트로 만들어진 목욕탕 바닥이나 모서리에 빨랫감을 사정없이 쳐댄다. 과연 옷감이 성할지 모르겠다. 도비가트는 영국 식민지 시대에 만들어진 인도에서 가장 규모가 큰 빨래터로 그저 빨래만 하고 있을 뿐인데도 관광객이 찾아오는 주요 관광지가 되어버렸다. 이곳 사람들은 새벽 4시부터 저녁 6시까지 1인당 빨랫감 400벌 정도를 세탁한다고 한다. 가이드 투물의 말에 의하면 여기에서 일하는 사람들의 수입이 좋다고 한다. 하지만 세탁기가 널리 보급되고 드럼 세탁기까지 나와 있는 마당이니 조만간 도비가트 사람들도 새로운 직업을 갖게 되지 않을까 싶다. 그런데 저 많은 빨래를 맡긴 사람들은 과연 세탁 후 되돌아온 빨래가 자신의 것이라고 확신할 수 있을까. 과연 깨끗하다고 장담할 수 있을까.

간디 박물관에는 간디의 사진과 유품이 전시되어 있었다. 뭄바이는 영국의 인도 식민 지배가 시작된 곳이자, 그에 맞서 독립을 주장한 간디의 비폭력·불복종 운동이 시작된 곳이다. 인도문은 1911년 인도왕의 방문을 기념해 세워졌는데 높이가 무려 26m에 이른다. 인도문은 독특하게도 바닷가에 세워져 있는데 근처에 공원도 함께 조성되어 있다. 바로 앞에는 인도 최대 기업 타타그룹이 세운 타지마할 호텔이 서 있다. 물론 나는 그곳에서 커피 한 잔만 마시고 나왔을 뿐이다. 커피 한 잔 가격이 도대체 왜 내 낙타가죽 샌들보다 비싼지 알 수 없었다. 뭄바이 주민의 20%를 차지하는 극빈층과 인도 최고급 호텔 타지마할이 공존하고 있는 것을 이해할 수 없듯 말이다. 그런 뭄바이를 떠나 비행기로 한 시간 정도 걸려 오후 6시 20분 아우랑가바드 공항에 도착했다.

아잔타 석굴 가는 길에서 만난 집시들
부모를 선택해서 태어난 것이 아닐 텐데, 이 아이들의 전생은 무엇이었을까.

집시 가족, 그리고 아잔타 석굴과 엘로라 석굴

여행 11일 째. 새벽 5시에 일어나 식사를 하고 6시 30분에 호텔을 출발했다. 이렇게 서두르는 이유는 오늘 하루 동안 아잔타Ajanta 석굴과 엘로라 Ellora 석굴을 다 구경해야 하기 때문이다. 원래 유적지에는 그리 관심이 없지만 이 석굴들은 꼭 보고 싶었다. 학교 다닐 때 배웠던 세계사 책에도 나오는 곳이고, 다른 무엇보다 돌을 쌓아서 만든 건물이 아니라 깎아서 만든 건물이기 때문이다. 과연 그 규모와 정교함이 어느 정도인지 눈으로 보고 싶었

집시 가족의 아이
사내아이는 방금 쉬를 하고 왔나 보다.

다. 먼저 숙소에서 더 멀리 떨어진 아잔타 석굴을 보기로 했다.

　　호텔에서 나와 1시간가량 달리자 소를 유목하며 살고 있는 집시 가족을
만났다. 가느다란 나뭇가지를 세우고 지푸라기로 안을 얼기설기 가린 집이
었다. 아직 차가운 아침 공기 때문인지, 아니면 밤새 추위 속에서 떤 몸을 녹
이려는 것인지, 밥을 짓는 따뜻한 장작불 주변에 가족 모두가 옹기종기 모여
있었다. 다들 어디에서 물을 떠와서 밥을 짓고 있는 것일까. 소똥이 지천에
널려 있고 사람들은 모두 맨발이다. 게다가 작은 사내아이는 바지도 입지 않
고 놀란 눈으로 나를 바라봤다. 예상치 못한 '하의 실종'에 내가 더 놀랐다.

아이들은 왜 이렇게 많이 낳았는지……. 이미 낳은 자식도 많은데 작은 움막에서 많이도 사랑을 나눴나 보다. 이런 그들을 바라보는 이방인의 마음은 짠해졌지만, 이들은 그저 신기한 외국인을 봤다는 미소를 지을 뿐이었다. 태어나서 줄곧 소만 바라보며 살아가는 이들에게 다른 세상의 이야기를 해주는 것이 어떤 의미가 있을까. 그런다고 해서 보고 싶은 것이 생겨날까? 평온해 보였던 베트남의 박하 Bacha, 치열한 생존 현장이었던 베트남 무이 네의 어촌이 떠올랐다. 이들의 삶을 어디쯤에 두어야 할지 알 수 없었다.

9시 반경에 불교 4대 성지 중 하나인 아잔타 석굴 사원에 도착했다. 유네스코 세계유산(문화유산)에 마땅히 등재가 될 만큼 거대하고 정교했다. 기원전 2세기부터 기원후 5세기에 걸쳐 만들어진 굴 29개에 굽타 양식을 한 수많은 불상과 빛바랜 회화가 들어차 있었다. 모두 정교하기 그지없었다. 1819년 영국 군인에 의해 처음 발견되었다고 하는데, 석굴 하나하나를 모두 보려면 종일 걸릴 것 같았다. 굴 몇 개만 둘러보고 밖으로 나가 사원 전체를 보기 위해 다리를 건너 반대편 산에 올랐다. 시원한 바람이 불어오고 아잔타 석굴이 한눈에 들어왔다. 마치 오래된 과거 어느 곳에 불시착한 느낌이었다.

석굴 안을 둘러보고 있을 때 "줄레 줄레" 하는 소리가 들려 돌아봤더니 승복을 입은, 얼굴이 하얀 사람들이 옆에 있었다. 이들은 라다크에서 온 승려들이었다. 라다크에 대한 소중하고 따뜻한 추억이 있기에 동향 사람을 만난 것처럼 반가웠다. 또 전망대에서 내려올 때는 올라오는 인도 남자들 다섯 명을 만났는데 사진을 찍자며 교대로 내 옆에 섰다. 인도에서도 이놈의 인기란……. 혹시 내가 시바 신의 부인인 미낙시를 닮은 건 아닐까.

점심을 먹고 오후 1시에 두 시간 정도 거리에 있는 엘로라 석굴을 향해 출발했다. 엘로라 석굴은 불교와 힌두교, 자이나교의 석굴 양식이 공존하는

아잔타 석굴
천장의 정교한 조각은 '예술' 이란 단어가 딱 어울린다.

특이한 석굴이다. 무려 5~10세기에 걸쳐 수백 년간 축성되었다는데, 거대한
바위를 위에서부터 깎아 내려갔음에도 놀라운 정제미와 아름다움, 다양함
을 놓치지 않았다. 컴퓨터 그래픽 3D 영상으로 설계해도 이렇게 정교할 수
는 없을 것 같았다. 종교적인 분쟁으로 오래된 건축물이 파괴되곤 하는데,
다행히 엘로라 석굴은 세 종교의 역사가 얽혀 있어 그대로 보존되었다. 힌두
교는 불교의 부처를 비슈누 신의 아홉 번째 화신으로 보고 있고, 자이나교
는 불교와 힌두교의 융합으로 생겨난 종교다. 이런 관계 때문에 굳이 이 사
원을 부술 필요가 없었을 것이다. 특히 세 종교의 성지인 티베트의 카일라

아잔타 석굴의 전경
기원전 2세기부터 만들어진 초기 불교 석굴인데 이런 건축이 가능했다는 것이 놀랍다.

시 Kailash 산을 본떠 만든 카일라사나타 사원을 위에서 내려다보면 그 위용과 정교함에 놀랄 수밖에 없다.

충실한 관광객으로서의 하루 일정을 마무리하고 호텔로 돌아와 씻고 다시 밖에 나갔다. 인도에서의 마지막 밤을 그냥 호텔 방에서 일기를 쓰며 보낼 수는 없었기 때문이다. 야시장에서 킹피셔 맥주를 마시며 지난 남인도 여행을 정리했다. 인도 사람들은 자국을 '바라트 Bharat'라고 부른다. 외국인들은 주로 '인도'라는 국명으로 부르지만 그들은 바라트라는 국명을 더 좋아하며 실제로 국내에서는 그렇게 부른다. 바라트라는 이름은 리그베다 Rig Veda

엘로라 석굴의 카일라사나타 사원
불교, 힌두교, 자이나교가 섞인 석굴로, 믿을 수 없겠지만 엄청나게 거대한 바위를 깎아서 만든 것이다.

시대에 갠지스 강 상류의 광활한 지역을 통일한 전설적인 민족 바라타족의 자부심을 표현하는 단어다.

세계에서 두 번째로 인구가 많은 나라, 세계에서 일곱 번째로 땅덩이가 넓은 나라, 다양한 종교의 기원지이자 수많은 신이 웅거하는 나라, 신흥 경제 5국 브릭스BRICS의 한 나라, 아직은 어처구니없는 인재人災가 거듭 발생하는 나라, 대리모 산업이 성행해 '아기 공장'이라는 오명이 붙은 나라, 끔찍한 성폭행으로 뉴스에 오르내리는 나라, 인도. 빛과 어둠이 조화를 이루려면 아직 한참 더 시간이 흘러야 할 것 같다. 그리고 나는 아직도 인도의 정체성을 모르겠다.

호텔 방의 짐을 정리하고 방 안을 보자 마치 이사를 가는 느낌이 들었다. 인도를 떠날 때는 늘 슬픔이 남는다. 이유는 모르겠다. 그저 슬픔이 가슴에서 시작해 목으로 얼굴로 서서히 올라와 근육이 조여오고 결국 눈물을 흘리게 만든다. 살아 있는 동안 언제 다시 인도를 오게 될지는 알 수 없지만, 그때는 조금 다른 기분으로 이삿짐을 쌌으면 좋겠다. 인도의 정체를 조금은 알 것 같다는 뿌듯함, 인도의 빈부 격차가 조금은 줄어들었다는 반가움 같은 기분 말이다. 하지만 환상적인 색깔이 춤을 추듯 향연을 벌이는 인도의 풍경만큼은 그대로였으면 좋겠다.

5
—

오카야마와
알몸 축제 하다카마츠리

본당 안은 이미 사람들로 꽉 차 계단 끝부분까지 밀려난 사람들은 안쪽의 작은 움직임에도 밀려서 계단 아래로 떨어졌다. 그래도 다시 올라가고, 또 올라가고……. 그때마다 관람객들 사이에서는 "와!" 하는 함성과 안타까운 비명이 한꺼번에 울렸다. 그런 시간이 반복되고 있었다. 본당 안쪽에서는 마치 불이라도 난 것처럼 하얀 연기가 모락모락 올라오고 있었는데 그건 화재가 발생한 것이 아니라, 사람들 몸에서 피어나온 수증기였다. 그 정도로 뜨거운 열기가 안쪽에서 흘러나오고 있었다.

Introduction
—

오카야마岡山는 아사히카와旭川 강과 요시이吉井川 강 하류에 있는 평야 지역이다. 우리에게 잘 알려져 있는 히로시마廣島와 고베神戸의 중간 지역에 있으며 인근의 유명한 관광 지역으로는 구라시키倉敷가 있다. 오카야마에는 이바라키茨城 현의 가이라쿠엔偕楽園, 이시카와石川 현의 겐로쿠엔兼六園과 더불어 일본의 3대 정원 중 하나인 고라쿠엔後楽園이 있는데, 정원 가운데 연못을 둬 산책길을 만들고 가꾼 회유식廻遊式 정원으로 알려져 있다. 오카야마에는 고라쿠엔 말고도 '까마귀 성'이라고 불리는 검은 오카야마 성도 유명하다.

70만 명이 조금 넘는 인구가 사는 작은 도시지만, 사이다이지西大寺에서 열리는 알몸 축제 하다카마츠리岡山の裸祭り 때가 되면 축제 참가자와 관광객으로 온 도시가 북적인다. 작은 소도

시의 절에서 500년간 전통 축제를 유지하고 있다는 것도 놀랍고, 이 축제에서 보게 되는 수많은 엉덩이도 놀랍고, 2월 추운 밤에 몸을 적셔가며 기합을 넣는 남자들의 저력과 패기도 놀랍다. 또 에도江戸 시대부터 이용되었다는 운하와 그 주변 창고를 활용해 형성한 구라시키의 비칸치쿠美觀地區도 놀랍다.

N

돗토리

시마네

마니와

유노고

효고

오카야마

다카하시

사이다이지

고라쿠엔

히로시마

구라시키

일본
오카야마

＊ ＊ ＊

2013년 2월 여행 첫째 날. 4박 5일 짧은 일정으로 일본 오카야마에 다녀왔다. 2006년부터 인연을 맺어온 시라카와고白川鄉는 특별히 갈 곳이 없거나 막연히 불안할 때 찾던 곳으로, 그동안 수차례를 다녀왔기에 이번에는 다른 지역의 축제를 보기 위해 떠났다. 직장 생활 중에는 유독 힘든 '1년'이 있는 것 같다. 물론 시간이 지나면 그때 인연을 맺었던 아이들, 사람들과 있었던 모든 일이 추억으로 남는다는 것을 알고 있지만 말이다. 정신적인 스트레스, 출퇴근 거리, 익숙하지 않은 학생들에 대한 적응 등으로 보이지도 않는, 본인만 느끼는 심한 통증이 어깨에 생겨 1년을 고생했다. 몇 군데 병원을 다녀봤지만 극심한 스트레스가 원인이니 모든 것을 내려놓으라는 말을 들었다. 모든 것을 내려놓는다는 것이 어디 그리 쉬운 일인가. 이놈의 완벽주의는 자신을 그냥 내버려두지 않는다.

그렇게 겨우 1년을 견디자 어디든 떠나야 했다. 잘 견뎌냈다고 내게 선물을 주고 싶었다. 오랜만에 일본 온천에라도 다녀오자고 마음먹고 장소를 찾아봤다. 하지만 본격적으로 사진을 찍기 시작하면서, 오로지 쉬기만을 위한 여행을 떠나는 것이 쉽지 않아졌다. 이왕 갔으면 뭐라도 하나 찍어 오고 싶다는 욕심에 자연스럽게 카메라 장비를 챙기게 된다. 여행을 떠날 수 있는 2월에 일본에서 열리는 지역 축제를 찾아보니 2월 16일에 오카야마의 사이다이지에서 하다카마츠리라는 것이 열린다는 것을 알게 되었다. '하다카裸'라는 단어만으로 벌써 솔깃해져서('하다카'는 알몸이라는 뜻이다) 조사해봤더니 내가 상상하는 '전라'까지는 아니었다(사실 정말 전라였다면 축제 자체가 열리지 못할 수도 있을 것이고, 나 역시 그런 축제에 갈 용기가 생기지 않았을 것이다). 여기서 '하다카'가 뜻하는 알몸이란, 정말 실오라기 하나 걸치지 않은 완전 노출을 뜻하는 것은 아니다. 축제에 참여하는 사람들은 '훈도시'라는 축제용 속옷을 입는다. 일본 스모 선수들이 하의에 걸치는 옷을 상상하면 된다. 그래도 아랫도리의 중요 부분만을 가린 채 맨살이 훤히 드러나기 때문에 '하다카'라는 단어를 써도 그리 틀린 말은 아니다.

오후 6시 30분 비행기를 타고 겨우 1시간 5분 만에 오카야마 공항에 도착했다. 일본 유학 시절에 홋카이도北海道부터 규슈九州까지 일본 방방곡곡을 거의 다 가봤다고 생각했지만 지금 생각해보면 유명한 관광지만 방문했을 뿐이지 지금처럼 평범한 사람들이 살아가는 소도시나 시골 마을을 찾는 여행은 아니었다. 오카야마 역시 일본의 어지간한 곳에는 모두 있는 성과 정원이 주요 관광지였기에 가보고 싶다는 생각조차 해본 적이 없었다. 아마 하다카마츠리가 없었다면 비행기를 타는 일은 없었을 것이다.

비행기에 탑승하자 벌써 기내식이 나왔다. 10년 넘게 여행하면서 이렇게 빨리 기내식이 나온 것은 처음이었던 것 같다. 비행시간이 겨우 1시간 정도뿐인데 저녁 식사가 나오다니. 내가 좋아하는 일본 음식 몇 가지가 있다. 미소라멘, 규동, 가라아게……. 일본에 가면 꼭 먹고 오는 것들이다. 그런데 좋아하는 이 음식들을 가만히 생각해보면 다 서민의 음식이라는 공통점이 있다. 또 우리나라 음식처럼 맛이 진하다. 이 음식들에는 소중한 사람들과의 인연도 담겨 있어 지금까지도 일본에 가면 꼭 찾게 되는 음식들이다. 물론 13년 전의 그 맛은 절대로 느낄 수 없지만.

넌 뭡니까?

　밤 8시 40분 오카야마 공항에 도착해 버스를 타고 오카야마 역으로 향했다. 여행을 계획하면서 첫날과 둘째 날에 머물 호텔은 미리 예약해뒀다. 원래 일본 여행을 할 때는 예약을 잘 안 하고 다니지만, 이번에는 여행지에 너무 늦게 도착했고 혹시 축제를 찾아온 관광객들 때문에 방을 못 잡을 수도 있을 것 같아 부지런을 떤 것이다. 2월 강추위에 노숙을 할 수는 없잖은가. 예약해둔 호텔은 역에서 걸어서 5분 정도의 거리에 있었다. 비즈니스호텔이었지만 생각보다 규모가 크고 깨끗해 마음에 들었다.

　짐을 풀어놓고 오랜만에 찾은 일본과 처음 방문한 오카야마를 느끼기 위해 이자카야에 들렀다. 기내식으로 저녁을 먹은 터라 밥 생각은 없었지만 오카야마의 금요일 밤거리 풍경도 궁금했고, 샐러리맨들이 일주일의 회포를 푸는 모습도 보고 싶었다. 역 주변이라 그런지 도로에는 역시 넥타이를 매고 와이셔츠, 양복, 코트를 입은 사람이 가득 차 있었다. 나는 카운터 자리에 앉아 가라아게와 맥주를 주문했다. 카운터 자리에는 나처럼 혼자 술을 마시며 휴대전화를 보거나 주방장과 대화를 나누는 손님이 몇 명 앉아 있었다. 여종업원이 친절하게도 내가 외롭지 않도록 말을 걸어줬다. 한국을 너무 좋아한다. 한국 음식이 너무 맛있다. 이런 이야기를 하는 그녀의 표정은 진심인 것 같았다. 흔히 일본 사람들에게는 '혼네本音'와 '다테마에建前'가 있다고 알려져 있다. '혼네'는 언어로 내뱉지 않은 마음속 진심을 의미하고, '다테마에'는 사회적 규범이나 예절을 생각해 밖으로 나온 언어를 의미한다. 하지만 오랜 시간 일본 사람들과 교류하며 내가 느낀 것은, 친한 사이에서는 국적과 상관없이 심한 농담을 주고받으며 편하게 대한다는 것이다. 물론, 거리가 있는 사이, 즉 아직 격식을 차리는 관계에서는 혼네와 다테마에를 구별하지만 말이다. 15년 정도 알고 지내는 하나코華子라는 친구가 있는데(이 친구는 나보다 더 뚱뚱하다), 서로 더 뚱뚱하다고 놀려도 깔깔대고 웃으며 "그러니까 좀 더 먹어치우자"라는 말을 서슴없이 할 정도로 막역하다(이 친구와의 이야기는 6장에서 자세히 하겠다). 그래도 일본어는 어렵다. 글자 하나를 빼먹어 난처할 뻔했던 재미난 에피소드가 하나 있다.

1999년 처음 일본으로 유학을 간 뒤 아직 한 달도 채 지나지 않은 어느 날, 컴퓨터실에 앉아 이메일을 보내고 있는데 인사 정도만 하는 사이였던 유학 센터 여직원이 내 옆자리에 앉았다. 서로 인사를 하고 각자의 모니터를 보며 키보드를 누르다 문득 나는 그녀의 이름을 물어보고 싶어졌다. 일본어로 '이름'은 '나마에なまえ', '무엇입니까'는 '난데스카なんでか'라는 것만 알았던 나는, 일본의 일상 회화에서 정중한 뜻을 더할 때 낱말 앞에 '오お'라는 글자를 붙인다는 것을 알고 '오나마에와난데스카'라고 물어봐야지 하고 머릿속으로 연습했다.

정적 속에 각자의 키보드 소리만 나는 공간에서 나는 드디어 입을 열어 그녀에게 질문을 던졌다. "오마에와난데스카" 긴장한 탓에 '오나마에'에서 '나' 자 하나를 빼먹은 것이다. 뜻은 이렇게 바뀌었다. "넌 뭡니까?" 졸지에 내가 물은 것은 '이름おなまえ'에서 '너おまえ'로 바뀌어버렸다. 갑작스럽게 '넌 뭐냐'라는 질문을 받은 그녀는 순간 자신의 정체성을 고민했던 것 같다. 그녀는 "나? 글쎄, 뭘까요?"라고 말했다. 실수를 눈치챈 내가 얼른 사과하고, 실은 이름을 묻고 싶었던 것이라고 설명하자 그녀는 깔깔 웃으며 이해한다고 했다. 그렇게 웃음이 터지자 그녀는 곧 결혼할 사람이 한국 사람이라는 것과 한국어가 어렵다는 이야기를 시작으로 나와 대화를 하게 되었고, 그 후

우리는 친구처럼 지내게 되었다. 이 에피소드는 내가 학교에서 매해 3월 첫 수업에서 만나는 학생들에게 해주는 이야기다. 아이들에게 한 번쯤 자신의 정체성을 고민해볼 기회를 주기 위함이지만, 정작 내 이야기를 들은 학생들은 첫 수업부터 나를 개그우먼으로 생각하는 것 같다.

고라쿠엔과 엠마누엘

여행 둘째 날. 오늘은 이번 여행의 가장 큰 목적인 하다카마츠리를 보러 가는 날이다. 하지만 축제는 저녁에 시작하기 때문에 오전에는 오카야마의 자랑거리인 오카야마 성과 고라쿠엔을 보기로 했다. 아침 8시 30분쯤 호텔에서 나와 사쿠라야라는 체인점 식당에서 규동과 반숙 계란을 먹었다. 오늘은 밤 늦게까지 추위에 견뎌야 하니까 든든하게 먹어둬야 한다는 변명을 하며, 나온 배를 쓰다듬었다. 호텔은 역과 가까웠는데 건물 바로 앞에 노면전차가 지나갔다. 일본의 일부 중소도시에는 이런 노면전차가 다녀 이동이 편리하다. 두 정거장을 지나 시로시타城下에서 내려 고라쿠엔을 향해 걷다 보니 오카야마 성이 보였다. 일본 성에는 몇 번 들어가본 적이 있지만, 안에서 본 성 내부는 전부 그 성이 그 성 같고 어디나 다 비슷해 보여서 늘 별 감흥을 느끼지 못하고 나온다. 그래서 오카야마 성에는 들어가지 않고, 파란 하늘을 배경으로 성의 외관만 사진 한 장 찍고 고라쿠엔으로 향했다.

고라쿠엔은 일본의 3대 정원 중 하나로 손꼽힐 만큼 크고 아름답다고 한다. 일본의 정원 문화는 원시 종교에 바탕을 둔 자연숭배에 그 기원이 있는데, 연못을 정원의 중심으로 삼고 나무·돌·물 등 자연을 상징하는 요소

오카야마 성
검은 지붕과 벽 때문에 '까마귀 성'이라는 별명이 있다.

들을 배치한다. 일본인들은 모든 것에 신이 깃들어 있다고 생각해 가정집의 정원을 가꾸는 것도 매우 중요한 일로 생각한다. 그런 이유로 일본인 중 90% 이상이 신도神道나 불교를 믿으며, 기독교는 뿌리내리지 못하고 있다. 일본에 기독교 포교가 활발하게 이루어지지 않는 이유를 하나코에게 질문한 적이 있다. 하나코는 주변에 있는 모든 것에 신이 존재하는데 왜 또 다른 신을 믿어야 하느냐며 오히려 반문했다. 그런데 한편으로는, 최근 일본의 젊은이들이 결혼식은 교회나 성당에서 하고 싶어 하는 모습을 보면 아이러니하다.

고라쿠엔에 들어서자 동백꽃이 흐드러지게 피었다가 떨어진 흔적이 보였다. 잔디는 봄맞이를 하기 위해 여기저기 태워봐 온통 시커멓고, 벚꽃 나무는 지천인데 아직 몽우리도 맺지 않아 도저히 아름다운 정원이라는 생각은 들지 않았다. 어쩌겠는가. 2월에 정원을 찾은 나를 탓해야지. 제법 넓은 정원을 산책 삼아 돌고 있는데 이 추운 날에도 결혼식 기념 촬영을 하러 나온 신랑, 신부가 보였다. 허락을 받고 몇 장 찍고 돌아서는데, 옆을 보니 나처럼 보기 드문 광경을 사진 찍고 있는 서양 여자가 있었다. 그녀는 자신의 카메라를 내밀며 유창한 일본어로 자기를 찍어달라고 부탁했다. 그녀는 프랑스 사람으로 홀로 일본을 여행하는 중이며 오늘 저녁에 시작할 하다카마츠리를 보기 위해 오카야마에 들렀다고 했다. 그녀의 이름은 엠마누엘. 이름만 들으면 어쩐지 야한 여자일 것 같은데 그녀의 외모는 야한 것과는 너무나 동떨어진 모습을 하고 있었다. 그녀의 부모는 엠마누엘이라는 딸의 이름을 지으며 자신의 딸이 어떤 모습으로 성장하길 기대했을까. 어쩌면 유전적 영향을 받지 않은, 즉 자신을 닮지 않은 늘씬하고 섹시한 몸매의 딸을 기대했을지도 모른다. 역시 나는 엉뚱하고 부정적인 상상을 참 많이 한다. 엠마누엘은 내게 고맙다며 사탕과 초코바를 줬다. 그녀의 몸매를 만든 원인을 금세 알게 되었다.

엠마누엘과 헤어진 후 슬슬 축제가 열리는 사이다이지로 향하기로 했다. 조금 서두른 이유는 사이다이지로 가기 전에 역에 있는 관광 안내 센터에서 인근에 있는 온천 지역에 대한 정보를 얻기 위해서였다. 여행을 떠나기 전 각종 정보를 찾으며 오카야마 인근에 유노고湯郷 온천, 유바라湯原 온천, 오쿠츠奥津 온천 등이 모여 있는 미마사카美作 지역이 있다는 것을 알고 있었지만 어느 온천이 가장 좋을지는 결정을 하지 못했다. 센터 직원은 유노고 온

고라쿠엔의 신혼부부
나와 엠마누엘까지 사진을 찍었으니 두 사람은 절대로 헤어져서는 안 된다.

천을 추천해줬고 여관 예약은 본인이 직접 해야 한다며 팸플릿을 주었다. 팸플릿에는 각 여관의 '오카미ぉゕゕ'라고 불리는 주인아주머니의 얼굴 사진들이 여관에 대한 소개와 함께 실려 있었다. 그중 가장 인상이 좋게 생긴 아주머니의 여관으로 결정하고 전화로 예약이 가능한지 물었더니 그 자리에서 접수해줬다. 내가 앞에서 일본 여행을 할 때는 거의 예약을 하지 않고 다닌다고 이야기했는데 이는 유학 시절의 일화 때문이다. 유학 시절에 교토京都를 간 적이 있었는데 배낭 하나 메고 어느 골목을 지나가다가 여관이 있기에 제법 비쌀 것이라고 생각해 그저 가격만 물어봐야지 하고 들어갔다. 카

고라쿠엔
가운데 연못을 두고 산책길을 만든 일본의 전형적인 회유식 정원이다.

운터에 있는 아저씨는 하룻밤에 1만 엔이라고 했고, 나는 "가난한 유학생인데 좀 깎아줄 수 없나요?"라고 슬픈 눈으로 말했더니 아저씨는 7000엔을 불렀다. 그때는 지금보다는 훌륭한 외모였기에 통했을지도 모른다. 이런 망상을 하며 아직도 나는 예약을 하지 않고 일본 여행을 하고 있다.

여관을 정하고 전차를 타고 드디어 사이다이지로 향했다. 오카야마 평야를 가로지르는 철로 주변에는 늦겨울의 황량함 속에 묻힌 집들이 간간이 있을 뿐이었다. 일본인들은 단독주택을 선호하는 것 같다. 빚을 내서라도 집을 지어 평생 갚다가 전부 갚지 못하면 남은 대출금을 자식에게 물려주기도 한다. 이렇게 새로 지은 집들은 한국과 큰 차이가 없다. 다만, 일본의 오래된 집에 들어가보면 모든 방이 미닫이문으로 연결되어 있는데, 방음은 잘 될지 궁금해진다.

20분 정도 흘러 사이다이지 역에 도착했다. 500년 역사를 지닌 축제가 열리는 장소치고는 마을이 너무 작아 먼저 놀랐고, 엄청난 인파를 예상했는데 역 근처에 사람이 보이지 않아 두 번 놀랐다. 내가 날짜를 잘못 알고 있나? 하루 일찍 도착한 것은 아닌지 의심스러울 정도였다. 하지만 역이며 거리에는 온통 축제를 알리는 플래카드며 초롱提灯이 걸려 있었고 날짜는 분명 오늘이 맞었다. 아마 내가 너무 이른 시간에 도착한 탓이리라. 일단은 축제 장소인 사이다이지 근처에 가서 점심을 먹고 행사장을 둘러보기로 했다. 10분 정도 걷자 절 입구에 도착했고 시간은 오후 1시였다. 추워서 라멘을 먹고 싶었지만 아무리 봐도 근처에 라멘 가게는 보이지 않았다. 지나가는 사람에게 물으니 라멘을 파는 가게는 제법 먼 곳에 있다고 한다. 그리고 보니 식당도 보이지 않았다. 행인은 커피숍에서 음식도 팔고 있으니 그리로 가보라고 했다. 결국 커피숍에서 새우볶음밥을 시켰다. 냉동된 작은 새우를 몇 개 넣고 만든 볶음밥이었지만 일본의 쌀이 좋아서인지 제법 맛있는 한 끼였다. 커피도 한 잔 마시고 2시쯤 사이다이지에 들어갔다.

소년 하다카마츠리

이 축제의 정확한 명칭은 '사이다이지에요西大寺会陽 하다카마츠리'다. 1504년경 이 절에서는 종이가 아니라 나무로 부적을 만들었는데 이 부적을

받은 사람은 복을 받는다는 소문이 퍼져 많은 사람이 몰려들자 부적을 던져 줬다고 한다. 나무 부적은 '호기ほうぎ,宝木', 혹은 '신기しんぎ'라고 불린다. 하다카마츠리는 이런 풍속에서 유래한 축제로, 마츠리의 하이라이트는 밤 10시에 일시적으로 모든 전등을 끄고 호기를 던질 때다. 그러면 이것을 잡기 위해 훈도시만 입은 남자들이 달려드는 것이다. 하지만 그것은 남자들만의 하이라이트고, 사진을 찍는 사람의 입장에서는 정전 전에 수많은 남자가 서로 "왓쇼이!"라고 외치며 손을 뻗어 호기를 잡는 연습을 하는 장면이 가장 중요한 대목이다. 물론, 이는 축제를 보고 난 후라서 할 수 있는 말이다. 하다카마츠리에 관해 사전에 얻은 정보만으로는 몇 시쯤, 또 어디에서 찍어야 제대로 축제를 찍을 수 있는지 알 수가 없었다. 그냥 부딪쳐보자는 마음으로 카메라를 들고 절로 향했다.

　사이다이지에는 벌써부터 카메라를 멘 사람들이 제법 보였다. 커다란 절 앞 넓은 공터에 나무로 만든 벤치처럼 생긴 의자들이 마치 야구 경기장처럼 계단식으로 배치되어 있었다. 마음씨 좋아 보이는 부부가 있어 궁금했던 것들을 질문하기로 했다. 부부의 성은 오오노大野로, 구라시키에 살고 있으며 해마다 이 축제를 구경 온다고 했다. 자신들은 여러 번 봤기에 지정석 표를 살 필요가 없지만 처음인 사람은 조금 비싸더라도 표를 사서 지정석에 앉아 구경하는 것이 좋을 것이라고 조언했다. 그들은 친절하게도 표를 살 수 있는 곳까지 나를 데려가줬다. 티켓 가격은 꽤 비쌌다. 지정석 자리가 5000엔이었고, 입석은 1000엔짜리와 500엔짜리가 있었다. 나는 지정석 티켓을 끊고 또 관음전이라는 본당에 들어갈 수 있는 티켓도 1000엔에 샀다. 도대체 얼마나 거창한 축제이기에 푯값이 이리도 비싼 것일까. 눈으로 직접 봐야 알 수 있을 것 같다. 그런데 표를 사고 돌아서는데 낯익은 서양 여자가 매표

소년 하다카마츠리
초등학생들의 엉덩이는 귀엽다. 토닥토닥해주고 싶을 만큼.

소에 들어왔다. 고라쿠엔에서 만났던 엠마누엘이었다. 엠마누엘도 나도, 여
자 혼자 다니는 여행인데 여기에서 다시 만나니 반가웠다. 게다가 그녀의 자
리는 바로 내 옆자리였다. 마침 이곳에서 만났기에 망정이지 축제가 시작된
후에는 절대로 만날 수 없었을 것이다. 막상 축제가 시작되자 2만 명이 넘는
관람객이 모였기 때문이다.

　오후 3시 30분이 되자 초등학생들만 참가하는 소년 하다카마츠리가 시
작되었다. 언제 이렇게 많은 사람이 모여들었는지 마당에는 부모, 사진가,
관람객으로 북새통을 이뤘다. 소년들만 참가하는 축제는 올해가 42회째라

마츠리에 참가한 아이들
혼자라면 못 하겠지만 함께라면 가능하다.

고 한다. 원래 축제는 밤에 시작되는데 아이들이기 때문에 낮에 먼저 시작한
것이다. 하지만 아무리 낮이라고 해도 바람까지 불어 제법 쌀쌀했다. 훈도시
만 걸치고 다비(일본식 버선)를 신은 까만 머리 아이들이 오들오들 떨면서 다
섯 명씩 어깨동무를 하고 열을 맞춰 뛰어다녔다. 뽀얀 남자아이들이 서로의
체온으로 추위를 이겨가며 "왓쇼이!"를 외치고 있었다. 초등학교 1~2학년
그룹, 3~4학년 그룹, 5~6학년 그룹 이렇게 세 그룹으로 나눠 진행하는 이 축
제는 오카야마 지역 학생들뿐만 아니라 전국에서 신청해 참가한다고 한다.
아이들은 광장 구석에 있는 작은 저수지에서 발을 담그고 절 주변을 몇 바퀴

기뻐하는 아이들
초등학교 1~2학년 학생들에게는 부적 대신 떡을 던지는데 아무것도 못 받은 아이나, 떡을 받은 아이나 모두 즐겁다.

돌며 몸에 열기를 낸다. 그리고 나면 머리에서 땀이 나 그 수증기가 눈에 보일 정도다. 일본이라는 나라를 마음으로부터 우러나와 좋아할 수 없는 것은 한국인으로서 당연한 것이겠지만, 이런 모습을 보면 일본이라는 나라가 참 무섭다.

한겨울에 아이에게 반바지를 입히는 어느 일본인 부모에게, 아이가 감기에 걸릴 텐데 왜 따뜻하게 입히지 않느냐고 질문한 적이 있다. 아이의 부모는 어려서부터 추위에 익숙해져야 강하게 자랄 수 있다고 답했다. 물론 이지메, 등교 거부, 히키코모리 등 사회에 적응하지 못하는 젊은이가 늘어나고

손을 뻗고 있는 아이들
열정적으로 손을 뻗는 아이도 있지만 부모의 성화에 끌려 나온 아이도 있을 것이다.

있지만 일본 아이들 대다수는 어렸을 때부터 강하게 키워지고 있는 것 또한 사실이다. 어쩌면 그런 혹독한 단련이 어떤 이에게는 거부 반응을 일으켜 사회 부적응을 양산하는 것인지도 모르겠다.

아이들은 그렇게 절 주변을 몇 바퀴 돌고 나더니 광장에 만들어놓은 단상 앞으로 모여들었다. 그리고 한 덩어리가 되어 있는 아이들을 야쿠자 비슷한 분위기를 풍기는 젊은이들이 둥그렇게 감쌌다. 이유를 물어보니 호기를 잡다가 혹시라도 싸움이 나면 말리고, 부상자가 나오면 옮기기 위해서라고 했다. 단상에서는 저학년들에게는 떡이 들어 있는 봉지를, 고학년 아이들에

아이들의 치열한 다툼
귀여운 엉덩이들 사이로 몰래 손을 넣어보는 아이도 있고, 빠져나오고 싶어 하는 아이도 있다.
아이들이 정말 귀여웠다. 하지만 아이들의 힘겨루기라고 해서 얕보면 안 된다.

게는 나무로 만든 호기를 던진다. 수십 명이 몰려 있으니 어디서 호기를 던지는지, 누가 호기를 잡았는지도 모르고 일단 부대껴 몸싸움을 벌이고 보는 것 같았다. 추운 날씨인데도 어찌나 열정적으로 달려드는지 아이들의 몸 여기저기에서 모락모락 하얀 수증기가 올라오고 있었다. 호기를 잡았는지 아이들 틈바구니에서 몰래 빠져나오려고 얼굴에 오만상을 쓰는 아이도 있고, 떡을 잡아 손을 번쩍 들고 소리를 지르는 아이도 있었다. 아무것도 못 받아서 허탈한 아이도 있고, 그저 이런 몸싸움이 재밌어 죽겠다는 아이도 있었다. 경기가 과열되면 단상에서는 물을 뿌려 잠시 열기를 식히기도 하는데 아

사이다이지 오도리에 참가한 여고생
내게도 이런 모습일 때가 있었나 싶다. 이렇게 예쁘게 열망하는 눈을 가졌던 때가.

이들의 몸은 이미 뜨거워져 있어 양동이로 들이붓지 않는 이상 어지간해서는 식지 않을 것 같았다. 귀여운 남자아이들의 뽀얀 엉덩이들을 보니 토닥토닥 두들겨주고 싶은 마음이 들었다.

소년들의 하다카마츠리가 끝난 뒤 너무 추워서 오오노 부부, 엠마누엘, 나 이렇게 넷이 몸도 녹일 겸 따뜻한 국물을 먹을 수 있는 곳으로 가기로 했다. 축제가 열리는 곳에는 으레 장이 서기 마련이다. 언제 이렇게 많은 가게가 들어섰나 싶을 정도로 끝도 보이지 않는 작은 가게들이 초롱을 걸고 손님을 맞이하고 있었다. 따끈한 우동 국물이 들어가니 몸이 스르 녹는 것 같

일본의 춤은 단순해 보이지만 막상 추려면 의외로 어렵다.

아 좀 더 있고 싶었지만 밀려드는 손님들 때문에 죽치고 앉아 있을 수가 없었다. 다시 관음전 쪽으로 들어오니 축제의 흥을 돋우는 연무演舞가 시작되었다. 다양한 단체에서 '사이다이지 오도리踊り'를 주제로 일본 전통 무용을 재해석한 춤들을 선보였다('오도리'는 '춤'이라는 뜻이다). 여고생들로 보이는 아이 중 유독 눈에 띄는, 예쁜 아이가 있어 사진을 찍어서 보여줬더니 주변에 있던 아이들이 너도나도 찍어달라는 통에 공연은 제대로 구경도 못 했다. 하지만 서서히 해가 지고 있어서 공연 사진을 찍었다고 해도 역동적인 춤 동작을 온전히 카메라로 담아낼 수는 없었을 것이다. 내 실력으로는 죄다 초점이 흔들릴 것이 뻔했다.

드디어 시작된 어른들의 하다카마츠리

축제 일정표에는 저녁 6시 30분과 7시 30분에 북을 치는 공연이 시작 된다고 나와 있었지만, 타악기에는 별 관심이 없는 나로서는 추운데 가만 히 앉아서 구경하고 있는 것도 무리였다. 또 7시에는 불꽃놀이가 시작되기 에 언제 다시 올 수 있을까 싶어 공연장 앞쪽의 제방에서 불꽃놀이를 보기로 했다. 커다란 하천 가운데에서 쏘아 올리는 불꽃들이 캄캄한 하늘에서 '펑! 펑!' 하고 터지는 모습은 언제 보아도 예쁘다. 아이, 어른 할 것 없이 불꽃 놀이를 좋아하는 이유는 뭘까. 형형색색 작은 별들을 볼 수 있어서? 아니면 '슝' 하고 올라가 '펑!' 하고 퍼지는 모습이 아름다워서일까. 나는 불꽃놀이를 보면 늘 눈물이 난다. 내 손이 닿을 수 없는 높은 곳까지 올라가 장렬하게 펼 쳐지는 모습이, 덧없는 꿈을 좇다가 사라져가는 인생 같기 때문이다. 그래서 불꽃놀이 사진은 찍지 않는다. 한편으로는 아름답고 또 한편으로는 슬픈 그 모습을 그저 눈과 마음에 새겨놓을 뿐.

넋을 놓고 불꽃놀이를 보다 보니 시간은 이미 7시 30분이 되어가고 있 었다. 슬슬 지정석 쪽으로 발걸음을 옮겼는데 오오노 씨가 다가오더니 늦게 까지 사진을 찍으려면 춥다며 손난로 두 개를 쥐어줬다. 그리고 자신들은 주 변에서 구경하다가 곧 집으로 돌아간다고 했다. 그러면서 센베이煎餅 과자를 주셨다. 그저 낮에 우연히 만나서 함께 우동 한 그릇을 먹은 것이 다인데 친 절하게 대해줘 너무 고마운 마음이 들었다. 잠깐 기다리라고 하고 서둘러 캔

하다카마츠리
똑같은 얼굴은 하나도 없지만 회사를 생각하는 마음은 하나다.

커피를 사와서 건네줬다. 다시 못 볼 사람들일 텐데 부디 건강하고 행복하시
길. 부부와 헤어지고 나니 8시쯤부터 어디에선가 남자들의 "왓쇼이!"라는
굵은 목소리가 들려오기 시작했다. 그러더니 드디어 건장한 남자들이 훈도
시만 걸치고 입장했다. 본격적인 축제가 시작된 것이다. 그리고 내 눈요기도
시작되었다.

　맨 앞에 선 사람들은 회사 이름이나 단체 이름이 적힌 플래카드를 들고
들어왔고, 그 뒤의 사람들은 대여섯 명이 한 조가 되어 어깨동무를 하고 따
라왔다. 머리에는 역시 회사 이름을 적은 띠를 두르고 '왓쇼이'를 외쳤다. 이

어깨동무한 남자들
젖은 훈도시를 입고 젖은 다비를 신고도 전혀 춥지 않은 밤이다.

들은 소년 하다카처럼 사이다이지 근처를 뛰면서 몸에 열을 내고 땀을 흘리
며 스스로에게 추위를 극복하고 행운과 용기를 주는 왓쇼이를 외쳤다.

　일본어로 '왓쇼이わっしょい'는 무거운 것을 여럿이 메거나 끌 때 장단을
맞추거나 기세를 올리기 위해 내는 소리로, 우리말로 해석하자면 '영차' 정
도가 될 것 같다. 혼자라면 분명 불가능했을 일을 함께 함으로써 환하게 웃
으며 자신 있게 자신의 엉덩이를 드러낼 수 있었을 것이리라. 한 사람, 한 사
람의 엉덩이를 지켜봤지만 너무 많은 엉덩이를 한꺼번에 보니 야하다는 생
각은 전혀 들지 않았다. 아마 훈도시를 벗었다고 하더라도 전혀 야한 느낌은

몸을 풀고 있는 선수들
호기를 잡는 연습을 하는 엉덩이들. 훈도시만 걸친 남자들의 몸이 야해야 하는데 야하지가 않다.

안 들었을 것 같다. 또 남자들의 엉덩이가 생각보다 무척 다양하다는 생각도 들었다. 초등학생들의 뽀얗고 탱글탱글한 엉덩이와는 분명 달랐다. 점이 많은 엉덩이, 살이 쪄서 터진 엉덩이, 여드름이 난 엉덩이, 탱탱한 엉덩이, 축 처진 엉덩이 등 헤아릴 수 없이 다양한 엉덩이가 모여 있었다.

도대체 몇 명이나 이 행사에 참가하고 있는 걸까. 남자들이 끝도 없이 들어오고 있었다. 그들은 이미 저수지에 몸을 담근 후라, 그나마 걸친 훈도시도 물에 젖어 더 추웠을 텐데 어느 누구 하나 추워 보이지 않았고, 오히려 이마에는 땀이 흐르고 볼은 발갛게 상기되어 있었다. 이 축제에는 중요한 금

위에서 내려다본 축제 모습
누구 하나 얼굴 찡그리는 사람이 없는 이 축제의 역사가 무려 500년을 넘었다.

지 사항이 있다. 우선, 목걸이·귀걸이·반지 등 금붙이를 몸에 착용해서는
안 된다. 그리고 몸에 문신한 사람도 참가할 수 없다. 금붙이는 주변 사람을
다치게 할 수 있으므로 금지 사항이고, 문신을 한 사람은 야쿠자일 수도 있
어 옛날부터 축제에 참여할 수 없었다고 한다. 그래서 그런지 참가한 남자들
모두 순한 얼굴을 하고 있었다(물론 내 착각일 수도 있다).

정신없이 남자들을 따라다니며 사진을 찍다 보니 어느새 관음전에 들
어와 있었다. 관음전 본당 입장권을 사두길 다행이었다. 남자들이 본당에 들
어서자 모두 위로 손을 뻗고 있었다. 밤 10시에 떨어질 호기를 잡는 연습이

열전 중에도 미소를 잃지 않는 남자
땀과 물로 범벅이 된 얼굴로 내게 미소 지었지만 닦아줄 수건이 없다.

라고 한다. 위에서는 물을 뿌리며 남자들의 열기를 식혀주고 있었기 때문에, 위에서 아래를 내려다보면 더 역동적인 모습을 찍을 수 있을 것 같았다. 올라가보니 과연 엉덩이만 보이던 것과는 달리 건장한 남자들의 얼굴을 한꺼번에 볼 수 있었다. 내 남자들도 아닌데 왠지 마음이 흐뭇했다. 본당 위에서 한참 사진을 찍다 보니 벌써 시각은 저녁 9시를 향하고 있었다. 이제 그만 지정석에 앉아 마츠리의 전체적인 모습을 보고 싶었다.

나체들은 협력을 부탁합니다

지정석에 돌아오니 엠마누엘이 혼자 자리에 앉아 있었다. 그녀는 꽁꽁 언 얼굴로 나를 반겨줬다. 내 마음대로 야한 이름을 가졌다고 정해버린 엠마누엘은 수많은 남자의 엉덩이를 보고 무슨 생각을 했을까. 어쩐지 짠한 마음이 들었다. 지정석에 앉아서 보니 축제에 참가한 사람들의 숫자가 정말 어마어마했다. 행사 진행 요원에게 물어보니 1만 명 정도 참가했다고 한다. 엉덩이 1만 개는 물론이고, 그들의 함성도 정말 입이 딱 벌어질 만큼 경이로웠다. 분명 호기 하나 잡자고 몰려드는 것은 아닐 것이다. 회사의 발전을 위해, 상가의 번영을 위해 모인 것이다. 또는 친구들끼리 뭉쳐 단합을 도모하고 또 1년을 열심히 살아가자는 의미일 것이다.

그런데 갑자기 어디선가 방송 소리가 들렸다. '부상자가 생겼다'는 내용이었다. 호루라기 소리가 들리더니 남색 제복을 입은 남자들이 광장 양쪽에서 한 줄로 본당으로 향하는 것이 보였다. 저것도 무슨 행사인가 싶어 유심히 쳐다봤더니 그것은 구조대가 진입해 부상자를 운반하는 것이었다. 너무 격렬한 몸싸움이 벌어져 몸이 상하거나, 뜨거운 열기 속에서 의식을 잃거나 현기증을 일으키는 부상자들이 나오는 것이다. 그러고 보니 축제 팸플릿에는 이런 문구가 적혀 있었다.

부상을 당하거나 사망 사고가 발생해도 사이다이지는 책임지지 않습니다.

일사불란하게 움직이는 구조대와 그런 구조대가 부상자를 옮길 수 있도록 길을 비켜주는 모습도 장관이었다. 그런데 사람이 너무 많아 구조대원들

실려 나가는 남자
부상자 발생. 어린 몸으로 기운을 너무 많이 썼나 보다.

이 인파에 파묻혀 있어 제대로 환자를 이송할 수가 없었다. 결국, 환자는 마
치 공중부양을 하듯이 사람들 손 위에서 손 위로 이동되고 말았다. 그 후로
도 부상자 몇 명이 더 옮겨졌다. 본당 안은 이미 사람들로 꽉 차 계단 끝부분
까지 밀려난 사람들은 안쪽의 작은 움직임에도 밀려서 계단 아래로 떨어졌
다. 그래도 다시 올라가고, 또 올라가고……. 그때마다 관람객들 사이에서는
"와!" 하는 함성과 안타까운 비명이 한꺼번에 울렸다. 그런 시간이 반복되고
있었다. 본당 안쪽에서는 마치 불이라도 난 것처럼 하얀 연기가 모락모락 올
라오고 있었는데 그건 화재가 발생한 것이 아니라, 사람들 몸에서 피어나온

뜨거운 축제의 열기
안쪽의 하얀 연기는 불이 난 것이 아니라 사람들의 몸에서 올라오는 수증기다.

수증기였다. 그 정도로 뜨거운 열기가 안쪽에서 흘러나오고 있었다. 재미있는 것은 환자가 나올 때마다 안내 방송 말미에 "裸だちはご協力お願いします"라는 문장이 붙는다는 점이었다. 번역하면 이런 말이다. "나체들은 협력을 부탁합니다." 참가자라고 하지 않고 나체들이라고 부르는 멘트가 슬며시 나의 음흉한 미소를 자아냈다.

1시간 정도 그렇게 환자가 실려 나오고 사람들이 계단 밖으로 밀려났다 다시 올라가고 하는 상황이 반복되었다. 지켜보고 있는 나도 진이 다 빠질 지경이었다. 밤 9시 40분. 호기가 떨어지기 20분 전, 이제 곧 호기를 던질

내 시선을 잡아끈 남자
수많은 남자 중 가장 눈에 띈, 느끼하기 그지없는 아저씨였다.

것이라는 안내 방송이 나오자 뜨거운 열기가 최고조에 이르렀다. 드디어 10
시가 되자 일순 정전이 되었고 보이지는 않았지만 호기가 던져진 것 같았다.
결정적인 순간에 이렇게 불을 끄는 이유는, 오히려 사람들이 호기가 던져진
방향을 모르는 것이 큰 부상을 막는 데 도움이 되기 때문이라고 한다. 엉덩
이 무리가 두 그룹으로 나뉘어 서로 다른 방향으로 몰려갔다. 호기는 하나뿐
일 테니 분명 어느 한쪽은 분위기에 휩쓸려 그저 따라간 것이다. 10분쯤 지
나자 안내 방송으로 이런 멘트가 나왔다. "신기를 도둑맞았다." 그러자 엉덩
이들은 썰물 빠져나가듯이 일사불란하게 사이다이지 바깥으로 나가기 시작

남자들의 치열한 몸싸움
어디에 있는 줄도 모르는 호기를 잡겠다는 남자들의 몸싸움이 치열하다.

했다. 부적인 호기를 누군가 가져간 것이다. 그리고 내가 앉은 자리 바로 앞
자리에 갑자기 불이 켜졌다. 그곳이 바로 TV 중계석이었던 것이다. 20대 중
후반쯤 되어 보이는 가냘픈 몸매를 한 젊은이가 앉아 호기를 들고 인터뷰를
하고 있었다. 아무도 이 남자가 호기를 차지하리라고는 예상하지 못했을 것
이다. 그 정도로 여린 몸이었다. 이 남자의 새해 소망은 근육질 몸매가 되게
해달라는 것일지도 모르겠다.

　축제가 끝났다. 훈도시 차림으로 버스를 타는 사람도 있었고 근처에서
옷을 갈아입는 사람도 있었지만 모두의 표정은 한결같았다. 뭔가를 이루어

하다카마츠리
남자 엉덩이 1만 개가 눈앞에 있었다.

낸 사람들이 공통적으로 짓는 포만감과 자신감으로 가득했다. '일본의 3대 특이한 축제'라는 명성에 걸맞게 정말 특이하면서도 재밌고 장관이었다. 그와 동시에 일본 사람들의 저력, 질서 의식, 안전 의식도 느낄 수 있었다. 과연 한국이었다면 어땠을까. 불꽃놀이 축제나 벚꽃놀이 축제 뒤에 거리에 쌓이는 엄청나게 많은 쓰레기, 반드시 발생하는 불미스러운 사고들. 항상 뉴스에서 이런 모습을 보면 씁쓸했는데, 관람객과 알몸 참여자 모두 합쳐 약 3만명이 참여한 축제가 쓰레기 하나 남기지 않고 모든 사람이 조용히 일상으로 돌아가는 모습을 보며 나도 모르게 창피해졌다. 문화적 의식 수준만큼은 분명 일본이 한국을 한 걸음 앞서 있었다.

아침 9시부터 밤 11시까지 이어진 강행군 촬영도 이제 끝났다. 앉은 채로 그대로 얼어붙은 것처럼 다리가 좀처럼 옮겨지지 않았다. 엠마누엘과 함께 밤 10시 55분 막차를 타고 오카야마 역으로 돌아가야 했다. 전철 안은 축제를 즐긴 사람들로 가득 찼다. 엠마누엘과 이메일 주소를 교환하고 헤어진 후 호텔에 도착했다. 뭔가 따뜻한 국물이 먹고 싶으면서도 동시에 갈증이 났다. 호텔 아래에 있는 편의점에서 맥주와 어묵을 산 후 따뜻하게 샤워하고 맥주를 마셨다. 아무래도 밤새 엉덩이들에게 압사당하는 꿈을 꿀 것 같은 밤이었다.

유노고 온천 마을

여행 셋째 날. 전날 무리를 한 탓에 온몸이 뻐근하고 아팠다. 원래 여행을 계획했을 때는 구라시키에 먼저 가려고 했는데 일정을 변경해서 유노고 온천부터 가기로 했다. 뻐근한 몸을 뜨뜻한 온천에 담그고 싶었다. 호텔 프런트에 온천 가는 버스 시간을 물으니 오전 9시 12분에 출발한단다. 이런, 아침 먹을 시간이 부족했다. 아침은 그냥 거르고 서둘러 역 앞에 있는 버스 정류장으로 가니 정확한 시각에 버스가 도착했다. 일본의 버스 시간표는 기차 시간표만큼이나 정확하다.

버스는 10시 40분에 유노고 온천 마을에 도착했다. 예약했던 여관은 현대식 건물로 제법 큰 여관이었다. 개인적으로는 이런 호텔식 여관보다는 전통식 여관을 더 좋아한다. 삐거덕거리는 나무를 밟는 소리도 좋고 오랜 시간

물때가 앉아 나무가 까맣게 변해버린 노천탕도 운치가 있어서 좋다. 너무 이른 시각에 도착해 아직 체크인을 할 시간이 안 되어 캐리어를 프런트에 맡기고 온천 마을을 산책 겸 둘러보기로 했다. 마을은 1시간이면 충분히 다 돌아볼 수 있을 정도로 작았다. 온천으로 인한 관광 수입이 이 마을을 유지시킬 것이다. 기념품 가게, 오르골 가게, 유리 공예 가게가 드문드문 있었고 생각보다 관광객도 많지 않았다. 일요일 오전이었기 때문이다.

걷다 지친 사람들에게 작은 휴식이 될 족탕足湯이 있어 잠시 들렀다. 양말을 벗고 바지를 걷어 올리고 앉아 따끈한 물에 발을 담그니 미끈미끈한 온천수가 발가락 사이를 간지럽히며 흘러가는 느낌이 좋았다. 할아버지 한 분이 오셔서 내 옆자리에 앉아 발을 담그시더니 어디서 왔느냐고 내게 물었다. 한국에서 왔다고 하니 북한이냐고 다시 묻는다. 할아버지는 한국은 좋아하지만 북한에는 반감을 갖고 있는 것 같았다. 일본인 납치 사건(1977년 당시 중학생이던 일본인 요코타 메구미가 북한 공작원에 의해 납치된 사건)에 대한 자신의 감정을 말씀하셨다. 일본을 여행하다 보면 우리나라나 북한에 대해 좋은 감정을 갖고 있지 않은 사람을 가끔 만나게 된다. 그런 사람에게 군이 좋은 인상을 심어주기 위해 애쓸 필요는 없다고 생각한다. 물론 일부러 더 나쁜 이미지를 줄 필요도 없지만, 그 사람의 생각이 그렇게 굳어져 있는 데는 그만한 계기가 있을 것이므로 짧은 시간에 그의 마음을 돌리려고 애쓸 필요도 없다. 여행자가 그 나라를 대표해 현지인과 회담을 할 수도 없잖은가. 자신의 감정까지 상해가면서 말이다.

하지만 내가 여행하면서 만난 일본 사람 대다수는 무척 친절하게 대해주고 온몸으로 한국 사랑을 표현했다. 2006년 아버지가 돌아가시고 여행을 했을 때의 일이다. 『아시아 시골 여행』의 첫 장에 썼던 시라카와고도 이때 여행하면서 알게 된 인연이 지금까지 이어져 오고 있지만 이때 만났던 또 다른 가족들과도 계속 왕래하고 있다. 시라카와고에 가기 전에 들렀던 곳이 노토能登 반도였는데, 와지마輪島에 들렀다가 가까운 몬젠門前이라고 하는 작은 마을에 들러보기로 했다. 워낙 작은 마을이라 여관이 하나밖에 없었는데 전화를 했더니 방이 없다고 했다. 그래서 한국에서 왔고 축제가 있다고 하기에 꼭 보고 싶다고 했더니, 내게 한국 사람인지 묻고는 그러면 어떻게든 방을 만들어줄 테니 오라는 것이었다. 이게 무슨 소리인가 싶어 가봤더니, 그때가 마침 일본의 오봉(추석)이라 도시로 나간 자식들과 친척들이 축제 때문에 모두 모이는 날이었던 것이다. 방이 있어도 손님을 받지 않는 날이었다.

그때 전화를 받은 사람은 할머니였는데, 이 할머니는 내가 여관에 도착하자마자 거실로 안내하면서 스케치북을 들고 나왔다. 그러면서 자신이 직접 스케치한 인물화를 보여주며 누군지 맞춰보라고 했다. 한눈에 봐도 실제 인물과 똑같은 얼굴들이었다. 배용준, 이병헌, 장동건, 이영애 등 한국 배우들이 스케치북에 살아 있었다. 한국 드라마를 너무 좋아하는 할머니의 취미였던 것이다. 마침 내가 전화를 했으니 한국 사람을 만나 이것을 자랑하고 싶었던 것이다. 이 귀여운 할머니 덕분에 하룻밤은 물론이고, 장남 부부와도 인연을 맺게 되어 아직도 서신과 전화로 왕래를 하고 있다. 또 가끔 할머니는 특이한 옷이며 지갑, 가방 등을 선물로 보내주신다. 80세가 넘으신 할머니가 아직도 소녀의 감성을 갖고 해맑게 웃으시는 모습이 눈에 선하다. 좋은 사람과 나쁜 사람을 가리는 기준은 일본 사람인지 아닌지가 아니라, 나와 맞는 사람인지, 내가 좋아할 만한 사람인지의 여부지 국적과는 상관이 없다는 것이 외국인들과의 오랜 교류에서 얻은 결론이다.

지친 다리도 쉴 겸 여관 앞 커피숍에 들어갔다. 한국의 다방 같은 분위기였는데, 커피숍 안에 손님은 나 혼자였다. 커다란 여자가 혼자 들어오는 것에 놀랐는지, 연세 드신 할아버지 마스터(일본에서는 커피숍의 바리스타를 '마스터'라고 부른다)가 눈이 동그래졌다. 이런 커피숍에 들어가면 주문을 고민하지 않아도 된다는 것이 좋다. 커피는 그저 '커피'라는 메뉴 하나밖에 없기 때문이다. 아메리카노, 카페라테, 카페모카 등등 여러 메뉴 중 고민할 필요가 전혀 없다. 아직 여관의 체크인 시간까지 1시간이나 남았기에 밀린 일기를 쓰고, 가져간 책도 읽으며 시간을 때웠다. 오늘만큼은 관광이 아니라 내게 주는 선물이기에 좋은 온천 여관에서 몸과 마음을 쉬게 해줄 목적이었다. 가끔은 이런 여행도 필요한 것 아니겠는가. 이 커피숍은 동네 아저씨들의 수다방이었는지, 잠시 후 작업복을 입은 아저씨들이 카운터 근처에 앉아 웃고 떠들며 마스터와의 수다가 시작되었다. 사투리가 섞인 빠른 일본어를 다 알아들을 만큼 일본어 실력이 뛰어난 것은 아니기에 아저씨들의 수다는 내게 졸음을 가져다줬다. 슬슬 방에 들어가 쉴 시간이다.

혼자 머물기에는 너무 큰 다다미방이었다. 종업원인 나카이中居는 50대 후반쯤으로 보이고 꽤 무거운 몸을 하고 있었다. '나카이'란 일본 여관의 여자 종업원을 가리키는 말이다. 그녀는 일어날 때마다 무릎을 짚으며 일어났는데 무릎 관절염을 앓고 있는 것 같았다. 아주머니는 저녁 식사 시간을 물었다. 여관에서는 저녁 식사 시간을 꼭 묻는데 이유는 그 시간에 딱 맞춰서 식사를 준비해주기 때문이다. 또 식사가 끝나면 이불을 깔아준다. 그러면서 또 아침 먹을 시간을 묻는다. 이런 서비스는 내가 대접을 받고 있다는 기분이 들게 만들지만, 나보다 나이가 많은 사람에게 서비스를 받는 것이 오히려 좀 불편하기도 하다. 저녁을 먹기 전에 천천히 온천욕을 하기로 했다. 욕탕에 들어서니 넓은 탕이 있고 밖에는 작은 노천탕이 있었다. 아무도 없는

탕에서 콧노래를 부르며 몸을 데웠다. 이곳 유노고 온천은 소금과 유황 냄새가 나는 특징이 있다고 하는데 살짝 찍어 물을 입에 대보니 과연 짠맛이 느껴졌다.

나는 특히 노천탕을 좋아하는데, 몸은 뜨거운 물속에 담그고 얼굴은 차가운 공기를 느낄 수 있는 겨울의 노천탕을 특히 더 좋아한다. 태초의 이브처럼 물 밖으로 나와 기지개를 켜니 소름이 돋았다. 오싹한 추위와 나체의 자유로움으로 정신이 맑아졌다. 매끈매끈해진 피부와 노곤해진 몸으로 방에 돌아와 잠시 쉬다 보니 저녁 식사가 들어왔다. 이 여관의 자랑거리인 와규 스키야키라는 메뉴였는데, 과연 입에서 살살 녹는 맛이 일품이었다. 더 이상 먹을 수 없을 만큼 빵빵해진 배를 하고 밤거리를 산책했다. 그리고 온천에 한 번 더 갔다온 뒤 잠이 들었다. 꿈에서는 학교 일을 하고 있었다. 여행을 와서도 일을 놓지 못하고 있는 나는 워커홀릭이 분명하다.

구라시키 비칸치쿠에서는 개에게 평가를 받아야 한다

여행 넷째 날. 도시였다면 바쁜 월요일 아침 출근하는 사람들로 붐볐겠지만 내가 있는 이곳 온천 마을은 조용하기 그지없다. 비가 오고 있었다. 오늘은 구라시키로 이동하는 날인데 캐리어에 카메라 가방에 우산까지 들고 이동하려면 만만치 않을 것이다. 아침 6시 30분에 일어나 다시 온천욕을 하고 나오니 이불은 개어져 있었고 아침 식사가 준비되어 있었다. 식사를 마치고 밖으로 나가니 여전히 비가 내리고 있었다. 내가 우산이 없다고 하자 종업원 아주머니가 프런트에 준비해놓겠다고 하셨다. 응? 전날 저녁 식사 때

구라시키 혼마치
춥지만 않았다면 처마 밑에서 비가 내리는 것을 보는 것도 좋았을 것이다.

무릎이 아픈 아주머니를 대신해 테이블에 음식 놓는 것을 도와드렸더니 아주머니가 감동을 받았나 보다.

아주 가끔씩 이렇게 사소하게 베푼 도움이 큰 행운으로 돌아올 때가 있다. 예전에 인도 가는 비행기에서 스튜어디스가 함께 앉지 못하는 어떤 부부를 위해 자리를 이동해줄 수 있는지 물어본 적이 있었다. 어느 자리에 앉든 전혀 상관이 없었기에 흔쾌히 바꿔줬더니, 그다음에 또 한 번 바꿔달라고 하기에 또 바꿔줬다. 그런데 세 번째로 스튜어디스가 와서는 또 바꿔달라고 하기에 내심 '그래, 오늘 몇 번이나 자리를 바꾸게 되나 보자'라는 마음으로 허락했더니 이번에는 비즈니스석으로 옮기란다. 기분 나쁜 기색 없이 선선히 두 번이나 바꿔준 것이 너무 고마웠다. 그러나 행운이 그리 자주 찾아오는 것은 아니다. 그 후로는 아무리 자리를 바꿔줘도 좌석 등급을 올려주지는 않았다.

여관에서의 소박한 아침 식사였지만 하얀 쌀밥이 식욕을 자극해 두 공기나 먹고 여관을 나섰다. 프런트에는 아주머니가 말한 대로 하얀 비닐우산이 준비되어 있었다.

구라시키에 가려면 여기서 버스를 타고 다시 오카야마로 돌아가서 다시 전철로 갈아타고 이동해야 한다. 구라시키에 도착하니 낮 12시가 조금 못 된 시간이었다. 전형적인 관광지인 구라시키에서는 하루만 자고 다음날 이른 아침에 비행기를 타고 출발해야 하기 때문에 이곳에서는 관광객으로서의 역할에 충실하기로 했다. 구라시키에도 여전히 늦겨울 비가 내리고 있어 숙소는 가까운 곳에 잡기로 하고 역 안에 있는 관광 센터에 들어가 직원이 소개해준 역 바로 옆에 있는 비즈니스호텔을 예약하고, 캐리어를 프런트에 맡긴 후 비칸치쿠 쪽으로 출발했다. 시간이 반나절밖에 없었기 때문에 외곽까지는 갈 수 없었고, 또 비까지 추적추적 내리고 있어서 설사 풍경이 아름답다고 하더라도 내 사진 촬영 실력으로는 잘 표현해낼 수 없었을 것이다.

비칸치쿠는 약 300년 전 에도막부 시절에 물자를 실어 나르는 운하와 그 주변의 저장 창고 건물들, 그리고 주민들의 오래된 거주지와 창고를 개조한 상점가 등으로 유명한 곳이다. 역 앞의 아케이드 상점을 지나면 비칸치쿠와 혼마치 本町 쪽으로 이어지는 길이 나온다. 먼저 혼마치와 히가시마치 東町를 구경하고 저녁 무렵에 운하가 있는 비칸치쿠 쪽을 들르는 것으로 이동 계획을 잡았다.

혼마치에 들어서니 오랜 주택과 신사^{神社}, 상점들이 양쪽에 길게 늘어서 있었다. 우리나라 도시 상점가의 천편일률적인 화려한 조명과 간판, 쇼윈도만 보다가 이런 거리에 들어서면, 문득 몇백 년 전 과거로 돌아간 것 같은 착각이 든다. 왠지 생각을 멈추고 걸음도 천천히, 눈길도 천천히 주변을 둘러보는 여유가 생긴다. 도로 양쪽에 늘어선 상점들은 식당·커피숍·기념품 가게 등이었지만 모두 나무로 지어져 있었고 조명은 하나같이 은은했다. 촉촉하게 젖은 좁은 도로와 어우러져 풍경은 더 차분해졌다. 게다가 월요일이라 관광객도 거의 없어서 마음 놓고 사진을 찍었다. 세워둔 자전거, 이끼가 낀 하수구, 빗물로 움푹 파인 주춧돌, 정신없이 연결된 전선줄까지 고즈넉하고 마음을 편하게 해주는 풍경이었다.

잠시 쉬어가기 위해, 다른 무엇보다 화장실이 급해 커피숍에 들어갔다. 역시나 손님은 나 혼자였다. 가게를 지키는 사람은 할머니와 나보다 조금 어려보이는 딸이 있었고, 닛코라는 커다란 개 한 마리가 난로 앞에서 자고 있었다. 할머니 말씀에 의하면 닛코는 가게에 들어오는 사람을 선한 사람과 나쁜 사람으로 구분할 줄 안다며 나쁜 사람이 들어오면 으르렁거린다고 한다. 녀석은 나와 눈이 마주쳤는데도 자던 잠을 계속 잤다. 내가 나쁜 사람은 아니었나 보다.

커피숍을 나와 유명한 관광지인 아이비 스퀘어에 들렀다. 하지만 그 멋지다던 초록 담쟁이덩굴은 갈색으로 바랜 지 오래였고 이파리 몇 개가 붙어 있는 것이 전부였다. 그저 가는 줄기만이 건물을 덮고 있을 뿐이라 아름답기는커녕 교도소 느낌이 물씬 풍겼다. 2월 늦겨울에 이곳을 찾은 내 탓이다. 할 수 없이 안에 있는 오르골 박물관이라도 들어가서 잠시 앙증맞은 오르골을 구경했다. 오후 4시부터 오르골 연주를 한다고 쓰여 있었다. 이왕 온 김에 조금 기다려 연주를 감상하기로 했다. 이런, 관객은 나 혼자밖에 없었다. 예쁘고 가냘픈 여직원은 나를 상대로 오르골의 역사부터 다양한 오르골을 설명해주더니 잠시 연주를 감상하라고 했다. 흘러나온 곡은 영화 〈금지된 장난Jeux Interdits〉의 로맨스였다. 그런데 정말 뜬금없이, 눈물이 나왔다. 지난 힘든 1년을 보낸 것에 대한 위로였을까. 전쟁 영화가 주는 슬픈 메시지 때문이었을까. 홀로 다닌 여행의 외로움 때문이었을까. 그것도 아니라면 그녀가 말하는 긴 설명을 제대로 못 알아듣는 내 답답함 때문이었을까……. 그런데 주룩주룩 눈물을 흘리고 있는 나를 보고도 그녀는 전혀 당황하지 않았다. 아마 나처럼 이렇게 여기 앉아서 우는 사람이 제법 많았던 모양이다. 객석에 홀로 앉아 오르골을 감상하고 눈물을 줄줄 흘렸더니 이상하게도 마음이 후련해졌다. 가끔은 웃음보다 눈물이 더 마음을 어루만져줄 때가 있다.

아이비 스퀘어에서 나와, 비칸치쿠에 들어섰다. 저녁 5시 반부터 운하 양쪽의 건물들과 가로등에 등불이 켜진다고 하니 야경을 사진에 담아보기로 했다. 제법 쌀쌀해졌지만 하얀 입김은 내리는 비에 금세 묻혀버렸다. 그런데 나처럼 처량해 보이는 사람들이 또 있었다. 여자 세 명이었는데 물어보니 그녀들은 케이블 채널 방송국에서 촬영을 나왔는데 클래식 음악의 배경이 될 화면을 촬영하고 있다고 했다. 한 명은 감독, 한 명은 배우, 한 명은 카메라맨. 정말 단출하기 그지없는 뮤직비디오 촬영 현장이었다. 비가 점차 거세져서 나는 이제 그만 촬영을 접고 떠나는데도 그녀들의 뮤직비디오 촬영은 계속되고 있었다. 그렇다. 먹고사는 게 이렇게 힘든 것이다.

여행 마지막 날. 4박 5일 짧은 여행이었지만 죽을 때까지 다 볼 수 없을 것만큼 많은 엉덩이를 본 것만으로도 충분히 만족스러웠던 여행이다. 또 13

구라시키 비칸치쿠의 운하
에도 시대에 창고였다는 것이 상상이 안 될 만큼 아름다운 구라시키 운하.

년 만에 다시 찾은 구라시키에 비까지 내려 차분하게 여행을 마무리해준 것
도 오히려 다행이었다.

　유노고 온천 여관에서 받았던 비닐우산을 호텔 방에 두고 나오려고 했
는데 밖에는 심한 진눈깨비가 내리고 있었다. 결국 버스 정류장까지 쓰고 간
우산을 정류장에 근무하는 아저씨에게 건넸다. 여행이란 이런 비닐우산 같
은 것이 아닐까. 비닐우산은 없어도 되는 물건이기도 하지만, 있으면 진눈깨
비를 막아주고 누군가에겐 도움이 될지도 모르는 요긴한 물건이다. 여행도
마찬가지다. 우리 삶에서 필수는 아니지만, 지친 마음이 더 이상 다치지 않

구라시키 비칸치쿠의 운하
낮보다는 밤이 훨씬 운치 있고 아름답다.

도록 잠시 쉬게 해주고 여유를 되찾은 내가 주변을 웃게 해주는 요긴한 활동이 아닐까 한다. 또 우산 속 키스처럼 조금은 은밀한 상상과 약간의 일탈도 할 수 있게 해주는 것은 아닐까.

6
—

야마가타와
쓰나미 이후의 센다이

마음이 짠했다. 분명 이들 중에는 가족을 잃은 사람들도 있을 텐데 가족도 잃고 집도 잃어버렸
으니 어떤 마음으로 삶을 살아갈까. 나라면 살아갈 수 있었을까 싶었다. 이곳 사람들과 눈을 마
주치는 것이 어쩐지 부담스러웠는데 문을 열고 아주머니가 나왔다. 그녀는 행거에 빨래를 널
고 있었다. 하루치를 살아낸 흔적인 빨래였을 것이다. 어떤 위로의 말도 할 수가 없었다. 그런
데 집집마다 작은 화분을 기르고 있었고, 강아지를 기르고 있는 집도 있었다. 잃어버린 것을 메
꾸기 위해 뭔가를 다시 기르고 있는 것은 아닐까. 부디 그들의 남은 인생에 더 이상 잃어버리는
것이 없기를 바랐다.

Introduction

미야기宮城 현과 야마가타山形 현은 자오奥羽 산맥을 중심에 두고 각각 동쪽과 서쪽에 위치하고 있다. 두 지역 모두 일본 동북부의 대표적인 온천과 스키장, 삼림지대로 유명한 곳이다. 미야기 현의 센다이仙台와 그 주변 해안은 2011년 3월에 닥친 쓰나미津波의 피해 지역으로 더 많이 알려져 있다. 환태평양조산대에 있는 일본은, 언제 지진과 화산 폭발이 발생해도 이상하지 않을 만큼 불안정한 지대에 놓인 지역이기 때문에 재난에 대비한 훈련이 일상이 되어 있다. 일본의 모든 TV 방송은 아무리 낮은 진도라도, 지진의 강도를 수시로 내보낼 정도로 일본인에게 지진은 피할 수 없는 숙명 같은 것이다. 2011년 동일본대지진은 해저에서 발생한 지진이 쓰나미가 되어 해안 지역을 강타한 대재난으로, 2011년 12월 기준으로 사망자와 실종

자만 2만 명이 넘고 추정 피해액은 3000억 달러를 넘는다고 한다. 아직 해결하지 못한, 어쩌면 영원히 해결할 수 없을지도 모를 후쿠시마福島 원전의 방사능 누출과 더불어, 동일본대지진 이후 유족들의 아픔과 실향민의 고통은 일본이 떠안고 가야 할 영원한 숙제다.

대재앙 후 2015년 1월 센다이 공항에는 다시 비행기가 뜨고 있었다. 아름다운 마쓰시마松島와 자오의 스키장과 주효樹氷, 긴잔銀山의 온천에도 여전히 관광객들이 찾아오고 있다. 어떤 자연재해가 또 닥쳐와도 산 사람들은 살아가야 하는 것이다.

N

아키타

이와테

개센누마

모가미 강

긴잔

미나미
산리쿠

야마가타   야마가타   **미야기**

마쓰시마

아사히 산

센다이

요네자와

일본
야마가타, 센다이

니카타

후쿠시마

2015년 1월, 여행 첫째 날. 일본에서의 고향쯤이라고 해야 할 센다이로 여행을 떠났다. 이번 여행은 5박 6일간 미야기 현의 센다이와 야마가타 지역을 둘러보고 오는 일정이었다. 센다이는 지난 1999년 10월부터 2001년 3월까지 파견 연수를 다녀온 곳이다. 이때 도호쿠東北 대학과 미야기 교육대학에서 일본어와 지리교과 공부를 했고, 이때 만났던 사람들과의 인연이 지금까지 이어져 오고 있다. 그들 중에서도 아르바이트로 한국어 교습을 했던 구청 직원 쇼지庄司 씨, 개그 코드가 나와 맞고 나처럼 눈물도 많고 덩치도 비슷해 친했던 하나코가 내게 특별한 인연들일 것이다. 그런 소중한 인연이 있는 곳에 갑작스러운 쓰나미가 발생했다. 2011년 3월 11일 금요일 오후 2시경 정확한 명칭으로는 '동일본대지진'이 일본 동북부 지역을 강타한 것이다. 당시 안절부절못하며 눈물을 쏟아냈던 기억을 떠올리며 비행기에 올랐다.

추억의 센다이, 쓰나미의 기억

처음 뉴스에서 쓰나미 영상을 봤을 때는 영화 속 컴퓨터그래픽을 본 것처럼 현실감이 느껴지지 않았다. 엄청나게 커다란 비행기가 공항 청사에 처박혀 있고, 비행기 위에 자동차들이 올라가 있고, 바다에 있어야 할 선박이 주택가 위에 덩그러니 놓여 있는 비현실적인 영상을 보며 모든 것이 거짓말처럼 느껴졌다. 이내 실제 상황인 것을 깨닫고는 쇼지 씨와 하나코에게 전화했지만 연결이 되지 않는다는 기계음만 나왔다. 이메일을 보냈지만 역시 답이 없었다. 이메일을 읽은 흔적도 없었다. 어떻게 일주일이 흘러갔는지 모르겠다. 그러다 쇼지 씨에게서 전화가 왔다. 한국에서 내가 걱정하고 있을 것 같아 전화했다고 한다. 쇼지 씨네 집은 다행히 바닷가에서 떨어진 시내 쪽에 있어서 큰 피해는 없었고 전기며 전화선이 불통이라 연락이 늦었다고 했다.

그러나 아직 하나코에게서는 연락이 없었다. 매일 퇴근하자마자 전화를 해봤지만 여전히 연결이 되지 않는다는 음성뿐이었다. 동일본대지진이 발생한 뒤 여덟째 날 아침, 출근 전에 혹시나 하고 하나코의 집에 연락을 했더니 하나코의 아버지가 전화를 받았다. 한국이라는 말을 하자마자 하나코의 아버지는 격한 목소리로 하나코를 불렀다. 잠시 후 하나코의 목소리를 듣자 누가 먼저랄 것도 없이 우리는 펑펑 울며 통화를 했다. 그동안 전기가 모두 나가고 통신도 끊기고 물도 나오지 않는 상태였다는 것을 하나코의 목소리로 듣자, 그녀가 그 상황을 얼마나 두렵고 끔찍하게 여겼을지 충분히 짐작이 되었다. 하나코의 집도 다행히 큰 피해는 없었다고 한다. 하지만 해안 쪽에 있는 마을들은 초토화되었다는 이야기를 들었다. 나와 하나코의 전화 상봉이 더 극적이었던 것은, 쓰나미가 발생하기 20여 일 전에 하나코가 나를 만나러 한국에 왔고 내 집에서 3일간 머무르며 함께 인천 주변을 여행했기 때문이었다. 생선은 좋아하지만 고기는 못 먹는 하나코를 위해, 회를 먹은 뒤 매운탕을 먹는 한국의 횟집 문화를 알려줬더니 생선의 신세계에 감동했던 하나코의 표정이 눈에 선하다. 쇼지 씨와 하나코 모두 한국을 좋아하고, 한국과 일본 사이의 역사적 문제에 대해서도 당시 정치를 했던 이들이 해서는 안 될 나쁜 짓을 저질렀다고 생각하는 사람들이다. 국적과 상관없이 사람이라면 누구나 갖고 있는 보통의 생각, 즉 인지상정을 지닌 두 사람이기에, 지

센다이 역
일본 동북부의 중심지인 센다이를 통해 여러 지역으로 이동이 가능하다.

금까지 좋은 관계로 인연을 맺어올 수 있었다. 그런 쇼지 씨와 하나코가 살고 있는 곳, 그리고 내가 1년 반을 숨 쉬고 웃고 떠들고 마시고 만나며 살아왔던 센다이에 쓰나미가 닥쳤다는 소식은 내겐 특히 더 슬픈 소식이었다. 역사적으로 증오하는 나라의 사람들 이야기가 아니라 자연재해 앞에서 속수무책으로 나약할 수밖에 없는 그저 보통 사람들의, 더군다나 나와 소중한 친분이 있는 사람들의 나쁜 소식일 뿐이었다.

10시 35분 공항을 출발해 12시 30분에 센다이 국제공항에 도착했다. 4년 전 TV에서 본 끔찍한 센다이 공항의 모습은 완전히 사라지고 없었다.

센다이 이치반초
'이웃집 토토로'는 이 가게의 간판 인형이다.

이제 예전의 모습을 되찾아 마치 아무 일도 없었던 것 같은 모습이었다. 4년이라는 시간은 일본이라는 선진국이 대지진의 피해를, 적어도 외형적으로 복구하기에 충분한 시간이었으리라. 전철을 타고 센다이 역으로 이동했다. 쇼지 씨와 하나코가 부탁한 게장·총각김치·열무김치·쌈장·참기름 등을 넣은 아이스박스가 거추장스러웠지만, 한국의 맛을 좋아하는 사람들을 위해 참아야 했다. 이들 또한 한국에 올 때는 나를 위해 바리바리 선물을 싸들고 오기 때문이다. 코인로커에 짐을 넣어둔 뒤 유학 시절에 돌아다녔던 번화가인 이치반초一番町, 고쿠분초國分町를 돌며 시간을 때웠다. 오늘 저녁에 하나코의 부모님이 나를 만나고 싶다며 저녁 식사에 초대했기 때문이다. 쓰나미가 시내까지 영향을 미치지는 않아서 시가지의 모습은 그대로였고 사람들의 표정도 별반 다를 것이 없었다. 쓰나미의 직격탄을 맞은 지역들은 마지막 날 쇼지 씨와 만나 자동차로 이동하며 볼 예정이었다.

저녁 6시에 센다이 역에서 하나코와 1년 만에 재회했다. 1년 전에 홋카이도를 여행하면서 하나코와 함께 오타루小樽에 다녀왔다. 커다란 쌍꺼풀이 있는 눈도 여전했고, 통통한 몸은 두꺼운 겨울 점퍼 속에 감춰져 있었지만 숨길 수 없는 자태였다. 7시에 하나코의 아버지와 어머니를 만났다. 두 분은 반가움이 가득한 표정으로 나를 맞이해주셨다. 하나코의 아버지와 주거니 받거니 하며 직업, 취미, 집안의 대소사, 그리고 쓰나미에 관한 이야기를 하며 사케를 두 병이나 마셨다. 대지진 당시 하나코의 집은 다이하쿠太白에 있었는데, 갑자기 정전이 되어 어리둥절했다고 한다. 다이하쿠 구가 해안가에서 멀리 떨어져 있어 하나코는 쓰나미가 닥친 것조차 몰랐다고. 가지고 간 선물을 하나코 부모님께 드리고 하나코의 어머니가 만든 1.5L짜리 매실주를 네 병이나 받고 나서 헤어졌다. 두 분의 집은 센다이 외곽에 있었고, 하나코는 몇 년 전부터 시내에 혼자 살고 있었다. 하나코의 집에 들어서니 내가 본 일본 사람 대다수의 집처럼 정리가 안 되어 있었다. 항상 느끼는 것이지만 서랍장 안에 다 집어넣거나 위에 올려두면 될 것들을 왜 방 안에 어지러이 늘어놓는 것인지 이해가 잘 되지 않았다. 방 정리를 해주고 싶은 마음이 굴뚝같았으나 꾹 참고 유담포湯たんぽ를 끌어안고 잠이 들었다. 유담포는 양철이나 고무로 만든 통에 뜨거운 물을 붓고 수건으로 감싼 다음 끌어안고 잠을 자는 일본의 전통적인 난방 용품이다. 별것 아닌 것 같은데도 이것을 끌어안고 자면 추운 줄도 모르고 금세 잠이 든다.

예쁘고 따뜻한 긴잔 온천

여행 둘째 날. 6시 30분에 일어나 하나코와 간단히 아침을 먹고 집을 나왔다. 하나코는 출근을 하고, 나는 오늘 야마가타의 긴잔 온천에 가서 하룻밤을 자고 올 예정이었다. 센다이 역에서 하나코와 헤어져 아침 8시 20분 야마가타 현으로 가는 버스에 올랐다. 고속도로임에도 출근 시간이라 시간이 꽤 걸렸다. 일본 여행을 가면 하루 정도는 조금 무리를 해서라도 비싼 온천 여관에 머물고 오는데, 자신에게 선물을 준다는 마음으로 좋은 음식과 온천욕을 즐기고 오는 것이다. 그리고 대접받는 기분을 느끼고 싶은 이유도 있다. 오늘의 일박이 그랬다. 긴잔 온천은 야마가타에 있는 수많은 온천 지역 중 하나로, 애니메이션 〈센과 치히로의 행방불명千と千尋の神隠し〉의 모티브가 된 지역이라고 한다. 또 NHK에서 방영된 드라마 〈오싱おしん〉의 배경이 된 지역이기도 하다. 1910년대 일본 다이쇼大正 시대 때 온천 지역으로 형성된 이곳은 〈오싱〉의 촬영지로 국내에 알려지며 더욱 유명해졌다고 한다. 야마가타에 가까워지자 눈 덮인 산과 마을이 일본의 조용한 시골 분위기를 냈고, 고속도로에는 염화칼슘을 뿌려댄 흔적이 하얗게 남아 있었다. 눈이 많이 오는 산악 지역다운 풍경이었다. 10시에 야마가타 역에 도착해 관광 안내 센터에 들러 긴잔행 차편을 물어보니 열차 시간표가 적힌 종이를 줬다. 그리고 그곳은 유명한 지역이니 숙소를 먼저 예약하는 것이 좋을 것이라는 이야기도 해줬다. 나는 이상하게 여행만 떠나면 무데뽀無鐵砲 정신이 살아난다. 나를 위한 방이 준비되어 있을 리 없는데도 무작정 출발하고 보는 습관이 있다. 바람직한 습관은 아니지만, 이런 버릇 덕분에 좋은 사람들을 만나기도 하니 당분간은 버리지 않을 것 같다.

긴잔 온천의 노천족탕
온천 초입에 있어 따뜻하게 발을 녹이며 마을을 조망할 수 있다.

10시 18분 야마가타 역을 출발해 JR을 타고 1시간 만에 오이시다 大石田
역에 도착했다. 여기서 긴잔 온천 역까지 가는 열차는 12시 35분에 출발하
기에 근처의 식당에서 내가 평소 좋아하는 차슈미소라멘을 먹기로 했다. 역
사를 나와보니 센다이와는 달리 온통 눈으로 가득한 풍경이었다. 가와바타
야스나리 川端康成의 소설 『설국雪國』의 한 장면 같았다. 다시 열차를 타고 긴
잔 온천 역에 도착한 것은 오후 1시 10분. 여기서부터는 작은 셔틀버스를 타
고 온천 지역까지 가야 한다. 유명 온천 지역답게 작은 버스에 사람들이 꽉
차서 서서 가야 할 정도였다. 일본어와 함께 낯선 말소리가 들려 물어보니

긴잔 온천 시로가네 폭포
시로가네 산을 오르다보면 아주 작은 폭포를 만난다.

대만 사람들이었다. 지난번에 여행한 시라카와고도 그렇고 최근에는 대만 사람들이 일본의 겨울을 많이 찾는 것 같다. 눈을 구경하기 어려운 나라이니 설경에 대한 환상이 있는 것은 당연할 터. 1시간 정도 고불고불 시골 산길을 올라가 1시 30분에 드디어 긴잔 온천 마을에 도착했다. 사실 버스 정류장에 서는 마을의 풍경이 보이지 않아 내가 제대로 내린 건가 싶었지만 모든 승객이 내리는 걸 보니 여기가 맞긴 맞는 것 같았다. 함께 탔던 대만 사람들은 숙소에서 보내준 차량으로 옮겨 탔지만, 마중 나와줄 사람 한 명 없는 나는 캐리어를 끌고 터벅터벅 마을을 향해 내리막길을 걸었다. 모퉁이를 돌고 나니 갑자기 작은 다리가 보이고 양쪽으로 앙증맞은 온천 마을이 짠 하고 펼쳐져 있었다. 눈 쌓인 산과 산 사이의 작은 계곡을 중심으로 양쪽에 마을이 자리를 잡고 있는 형세였다. 다 돌아보는 데 10분도 걸리지 않을 작은 마을이었고, 길치인 나조차도 절대로 헤맬 수 없는 구조였다. 그도 그럴 것이 눈에 보이는 것이 마을의 다였기 때문이다.

그나저나 먼저 숙소부터 잡고 볼 일이었다. 다리를 건너자 바로 관광 안내 센터가 있었다. 일본을 여행할 때는 꼭 이런 센터를 이용하라고 권하고 싶다. 부담스러울 정도로 친절한 서비스를 받을 수 있고 상세한 정보를 얻어갈 수 있기 때문이다. 센터의 예쁘장한 여직원은 내가 제시한 금액에 맞춰 여자 혼자 묵게 해줄 여관이 있는지 서너 군데 전화를 해보더니 결국 한 곳을 예약해줬다. 이날 내가 묵은 여관은 고세키야古勢起屋 별관이었다. 세금을 포함해 2만 엔 정도였지만 아늑한 하룻밤과 온천욕, 상다리가 휘어질 것 같은 푸짐한 저녁 식사와 소박하고 깔끔한 아침 식사가 포함되어 있는 금액이니 그리 비싸다는 생각은 안 들었다. 더 좋은 여관도 있었겠지만 그런 여관들은 혼자 묵는 손님은 좀 꺼려한다기에, 재워준다는 것만 해도 감지덕지였다. 숙소에 배낭을 맡겨두고 카메라만 메고 산책을 나섰다. 이곳은 열 개가 넘는 여관과 기념품을 파는 상점, 식당, 커피숍이 전부인데 대부분은 현대식 건물이 아닌 기와와 목재로 만든 전통가옥이라 건물 외관이 튀지 않는다는 것이 매력적이었다. 하지만 아직 낮이라서 그런지 〈센과 치히로의 행방불명〉에 나오는 몽환적인 풍경은 느껴지지 않았다. 그 풍경을 보기 위해선 밤까지 기다려봐야 할 것 같았다.

먼저 손님이 한 명도 없는 2층 커피숍에서 맘대로 왔다 갔다 하며 사진을 찍고 쉬다가 마을을 한 바퀴 돌아봤다. 마을 초입에 있는 노천족탕에서는

긴잔 온천
빨간 다리와 커다란 여관은 〈센과 치히로의 행방불명〉에서 본 바로 그 장면이었다. 밤이 되면 더 예뻐질 마을이다.

수증기가 모락모락 올라오고 있었지만 카메라 가방밖에 가지고 오지 않아, 물기를 닦을 만한 것이 없어서 발을 담그는 것은 참았다. 이곳은 계곡물 건너편, 그러니까 금방이라도 작은 눈사태가 날 것 같은 산을 바라보고, 양쪽에 펼쳐진 마을 전경을 조망하며 신선놀음을 하기에 딱 좋았다. 천천히 사진을 찍으며 돌아도 20분밖에 걸리지 않았다. 아직 점심 먹은 것이 소화도 안 되었고 체크인 시간은 오후 4시였기에 시간이 너무 많았다. 할 수 없이 마을을 둘러싸고 있는 시로가네白銀 산이라도 올라갔다 오기로 했다. 겨울에는 산길이 무척 위험하기 때문에 마을 끝에 있는 등산로는 막혔지만, 통행이 가능한 비밀스러운 길을 관광 안내 센터 직원이 살짝 알려줬기 때문이다. 산 밑에 있는 국수 가게 중 제일 끝에 있는 가게에 들어간 후 그 뒷문으로 나가면 된다는 것이었다. 과연 비밀스러운 길이 맞았다. 그곳을 걷고 있는 동안 한 사람도 만나지 않았기 때문이다. 그러나 그저 눈 덮인 밋밋한 산이었기에 사진으로 찍을 만한 풍경은 전혀 없었다. 여행을 하며 때로는 카메라 가방이 너무 무겁게 느껴질 때가 있는데, 이렇듯 아무것도 찍을 것이 없을 때다. 하지만 뭐 어떤가. 그런 날도 있지 않겠는가. 하물며 이곳은 나를 위한 선물로 선택한 온천 마을인데 굳이 무언가를 찍으려고 애쓰는 것도 불쌍한 일이다. 그러나 욕심을 버렸는데도 여전히 무겁다. 그것은 커다란 내 몸과 몸을 감싸고 있는 커다랗고 두꺼운 외투 때문일 것이다.

눈 덮인 산 중턱까지 올라갔다 내려오니 시간은 벌써 숙소 체크인 시각이 되어 있었다. 먼저 여관에 딸린 온천탕에 들어가 굳은 몸을 녹였다. 매캐한 유황 냄새가 나는 뜨거운 탕 안에 있으면 몇 년은 젊어질 것 같은 착각이 든다. 왜냐하면 목욕을 하고난 뒤 피부가 정말 반질반질 매끄러워지기 때문이다. 물론 며칠 지나면 원래 나이로 돌아온다. 온천욕을 끝내고 나와 작고 예쁜 접시에 담긴 가이세키會席 요리를 맥주와 함께 먹었다. 나카이 씨는 친절하게도 이것저것 요리에 대한 설명을 해줬는데, 나는 그 설명을 다 알아들을 만큼 일본어 실력이 충분하지 못했다. 그의 말을 못 알아들으면 나는 그저 고개를 갸우뚱거릴 뿐이었다. 중요한 것은 재료의 이름이 아니라 맛이기 때문이다. 배가 터질 것 같았지만 오늘만 내 배에 용서를 구하며 남김없이 다 먹어치웠다.

〈센과 치히로의 행방불명〉 속 모습 그대로

소화도 시킬 겸 이제야말로 〈센과 치히로의 행방불명〉의 분위기를 느낄 수 있는 저녁 풍경을 찍으러 나갔다. 사실 이 애니메이션의 배경이 되었다는 곳은 긴잔 온천 말고도 하나 더 있는데 대만의 지우펀九份이라는 곳이다. 일제의 식민 지배를 받았던 시절에 지어진 집들이 많아 중국과 일본의 문화가 뒤섞여 있고 야경이 아름다운 곳으로 관광객이 넘쳐난다. 하지만 이곳은 지우펀과는 달리 그다지 사람이 많지 않아 한적하고 조용해서 더 마음에 들었다.

어느새 밤이 되었다. 낮에는 민숭민숭했던 마을 곳곳에 가스등이 켜지기 시작했다. 집집마다 새어 나오는 조명과 쌓인 눈에 은은하게 내려앉은 빛으로 인해 정말 애니메이션에서 봤던 마을 풍경이 그대로 재현되었다. 마을의 밤은 낮과 달랐다. 적당한 어둠이 주는 아늑함과 조용함, 평화로움. 이런 단어들이 떠오르는, 그저 아름답다는 단어에 딱 어울리는 마을이었다. 아무 생각 없이 바라만 보고 있어도 힐링이 되는 풍경이었다. 문득 우리나라에 한옥으로 지은 온천 마을이 있으면 어떨까 하는 생각도 든다. 어쩐지 어울리지 않는다. 일본은 가혹할 정도로 자연 재해가 많지만, 이를 역이용해 화산수를 활용한 온천을 조성하고 전통 가옥을 보수함으로써 멋진 관광 상품을 만들어냈다.

야경을 찍고 긴잔 마을에 하나밖에 없는 노천탕에 가기로 했다. 역시 겨울 온천의 백미는 노천탕이기 때문이다. 더 이상 사진 찍을 일은 없기에 유카타浴衣를 입고 그 위에 하오리羽織를 걸치고 노천탕이 있는 긴잔소銀山莊로 향했다. 긴잔 버스 정류장에 내리면 바로 옆에 현대식 건물이 있는데 바로

긴잔 온천
가스등이 켜지면 정령들이 하나둘 나올 것 같다.

그곳이다. 먼저 실내에서 커다란 욕조에 몸을 담갔다가, 이마에 땀이 맺힐 때쯤 문을 열고 밖에 나가면 차가운 겨울밤의 한기로 몸의 솜털이 바짝 곤두설 정도로 짜릿하다. 이때 뜨거운 노천탕에 들어가면 저절로 '하아' 하는 신음 소리가 나온다. 일본의 인기 장수 애니메이션 중 〈지비마루코찬ちびまる子ちゃん〉이라는 프로그램이 있다. 주인공 마루코는 목욕을 할 때 이런 말을 중얼거린다. "고쿠라쿠 고쿠라쿠." 바로 '극락'이라는 의미다. 얼굴은 차갑고 입에서는 김이 나오지만 몸은 뜨끈하다. 노천탕에서만 느낄 수 있는 즐거움이다. 그야말로 극락이었다. 너무 늦은 밤이라 그런지 입욕자는 나밖에 없어

하얀 눈을 밟고 들어서면 따뜻한 온천과 맛있는 음식이 기다리고 있다.

서 평소라면 할 수 없는 행동도 거침없이 했다. 아름답지 않은 팔다리를 쭉쭉 뻗어보기도 하고 휴대전화를 가져와 탕 속에 들어가 있는 자신을 촬영하기도 했다. 차마 여기에 공개할 수 없는 것은 결코 야해서가 아니다. 사진 속의 내가 너무 무섭게 생겨서다. 숙소로 돌아가 캔맥주를 하나 마시고 잠이 들었다. 나를 위한 선물은 이제 끝났다.

여행 셋째 날. 일찌감치 일어나 온천에 또 몸을 담갔다 나온 뒤, 정갈한 아침을 먹고 8시 25분에 떠나는 버스를 타기 위해 정류장으로 출발했다. 여

관 카운터에는 예쁘게 생긴 젊은 남자가 자리를 지키고 있었다. 계산을 하자 여관의 작은 SUV 차량이 정류장까지 데려다줬다. 운전기사가 말하길, 카운터 남자는 사장의 아들로 곧 지배인이 되는데 애인이 없어 '모집 중'이라고 했다. 나와 함께 차를 탔던 일본인 부부 두 쌍과 운전기사는 대뜸 나를 보더니 애인 모집에 응모해보라고 했다. 어처구니없었다. 내 나이의 절반쯤밖에 되어 보이지 않는 젊은이에게 애인 응모라니. 내 나이를 밝혔더니 나를 '온나노코女の子'라고 불렀던(일본에서는 나이가 어린 여자에게 '온나노코'라고 하고 나이가 좀 있는 여자에게는 '온나노히토女の人'라고 부른다) 한 일본인(부부 두 쌍 중 한 명)이 "그 나이면 좀 무리"라고 했다. 응모할 생각도 없었는데 벌써 떨어진 기분이었다. 의문의 1패였다.

오이시다 역까지 가기 위해 다시 작은 셔틀버스를 탔는데 버스 요금은 710엔이었다. 그런데 동전은 다 합쳐 708엔밖에 없었고 1000엔짜리 지폐도 없어서 할 수 없이 1만 엔짜리 지폐를 냈더니 버스 기사는 거슬러줄 수가 없다고 말했다. '대략 난감'이었다. 모르는 사람들에게 2엔을 구걸해야 하나 잠시 고민하는데 그 '온나노코' 아저씨가 내게 100엔을 줬다. 그래서 8엔이라도 드리려고 했더니 받지 않으셨다. 그들은 히로시마에서 온 관광객이었는데 오이시다 역에서 헤어져야 했다. 나는 역에 도착해서 128엔짜리 캔 커피를 뽑아 아저씨에게 드렸다. 결국 내가 28엔 손해였지만 아저씨의 도움으로 곤란한 지경에 빠지지 않았으니 손해라는 생각은 들지 않았다. 여행하면서 이런 상황에 놓이게 되면 나도 같은 도움을 주어야겠다는 생각이 들었다.

오이시다 역에서 부부들과 헤어지고 야마가타 역으로 되돌아갔다. 오늘은 자오에 있는 주효를 보러 가야 했기 때문이다. 자오는 야마가타에 있는 산으로 온천 지역과 분화구, 스키장, 주효로 유명한 곳이다. 특히, 이번 여행에서 가장 사진을 찍고 싶은 곳이 주효였기 때문에 잔뜩 기대를 하고 있었다. 주효는 한자로 '樹氷'인데, 겨울이 되면 태평양에서 불어오는 습기를 머금은 바람이 야마가타 자오 산(해발고도 3000m)에 자라는 관목림에 달라붙어 '얼음 나무樹氷'가 되는 것이다. 센다이로 여행을 떠나기 전 센다이 주변에서 볼만 한 것을 찾다가 주효가 찍힌 포스터를 발견하고 꼭 사진을 찍어야겠다고 생각했다. 눈이 내리기 시작해 산꼭대기의 상황이 걱정되었지만 가보기로 했다.

눈보라 속 아이스 몬스터

야마가타 역에서 자오 온천행 버스를 타자 점차 고도가 높아지며 눈발은 한층 더 거세지기 시작했다. 흰 눈이 조용히 펑펑 내리면 그나마 나을 텐데. 걱정이었다. 이윽고 버스 종점에 도착하자 흩뿌리던 눈은 더 굵어져 있었다. 이곳에서 로프웨이를 타고 산 정상에 올라가야 주효를 조망할 수 있는데……. 배도 고팠다. 관광 안내 센터 직원은 도산무스메ドサン娘라는 라멘 가게를 추천해줬다. 라멘과 생맥주를 시키니 김치 안주를 서비스로 내줬다. 나는 주인에게 왜 서비스 안주로 김치가 나오느냐, 한국에서는 김치가 막걸리나 소주의 안주라고 말했더니, 라멘집 여주인이 깜짝 놀라며 이렇게 대답했다. 일본 사람들은 맥주에 츠케모노漬物, 즉 절인 음식을 먹는데 김치도 츠케모노의 일종이므로 일본 남자들이 맥주 안주로 무척 좋아한다는 것이다. 아무리 생각해도 김치와 맥주는 안 어울렸다. 그런데 김치 맛이 우리나라 신김치 맛과 비슷해서 산 것이냐고 물으니 아는 사람이 만들어준 것이란다. 이

마을에 한국에서 시집을 온 여자가 있어 마을 주민들에게 한국어도 가르치고 김치도 만들어준다고 했다. 참 멀리도 시집온 여인이었다.

점심을 든든하게 먹고 배낭을 가게에 맡긴 뒤 카메라 가방만 메고 로프웨이를 타러 갔다. 로프웨이 탑승장은 걸어서 5분 거리에 있었다. 그런데 로프웨이 탑승장 직원이 오늘 심한 눈보라로 주효를 제대로 볼 수 없다고 말해 줬다. 아, 여기까지 왔는데 무슨 낭패인지. 살면서 내 능력으로 어쩔 수 없는 일들을 많이 겪었지만, 그중 자연현상만큼 억울한 것이 없다. 항의조차 할 수 없기 때문이다. 절망적이었지만 어쩔 수 없었다. 그래도 일단 올라가는 수밖에. 로프웨이를 타고 중간까지 오른 다음 다른 로프웨이로 옮겨 타야 하는데, 그 전에 잠시 내려 상고대(나무나 풀에 내려 눈처럼 된 서리)를 찍었다. 아직까지는 그저 뾰족한 침엽수림이 눈에 덮여 있는 정도였다. 그런데 정상으로 올라가는 다른 로프웨이로 갈아타자, 사방이 유리로 되어 있는 로프웨이의 창밖 풍경을 보며 감탄사를 연발했다. 여행 오기 전 포스터에서 봤던 주효들이 끝없이 늘어서 있었다. 난생 처음 보는 광경에 사진을 찍고 싶었지만, 로프웨이에 탄 사람들의 열기와 바깥 온도 차이로 유리창에는 김이 서려 있어 여의치 않았다. 손으로 닦아내도 오랜 시간 비바람을 맞은 유리창엔 상처가 가득해 제대로 찍을 수가 없었다. 그러나 다른 무엇보다도 거센 눈보라 탓에 풍경 자체가 뿌옇게 흐려져, 아름다운 하얀 주효가 아니라 회색 주효로 보였다. 어쨌든 일단 내리고 볼 일이었다.

로프웨이에서 내리자 내 커다란 몸이 제대로 서 있지 못할 만큼 엄청난 눈보라가 불어닥치고 있었다. 나중에 관리인에게 물으니 이곳은 일주일에 하루나 이틀 정도만 날씨가 맑고 대부분 눈보라가 친다고 했다. 내일은 하나비花火 축제가 있는 날이라 자신들도 걱정하고 있다고. 나는 하나비고 나발

심한 눈보라로 인해 멀쩡하게 찍힌 주효는 하나도 없다.

이고 지금 당장 주효를 볼 수 없는 이 사태를 어떻게 할 것이냐고 따지고 싶었지만 의미 없는 외침이었다. 그래도 일단 왔으니 몇 컷이라도 찍고 싶어 발을 내딛었으나, 세찬 눈보라에 눈을 뜰 수조차 없었고 콧구멍과 입으로 눈이 들어와 숨을 쉴 수 없었다. 두세 발자국 만에 숨을 헐떡이는 상태가 되고 말았다. 게다가 부츠도 신지 않은 상태라 신발은 금세 눈으로 범벅이 되고 말았다. 단 1~2분 사이에 손은 꽁꽁 얼어붙었고 얼굴은 누가 사정없이 양쪽 뺨을 때린 것처럼 얼얼했다. 눈에 맞아 이렇게 아픈 것은 또 처음이었다. 그래도 겨우 몇 컷을 찍긴 했는데 '아이스 몬스터'라는 주효의 별명답게 '하얀 눈 괴물'처럼 보였다. 눈 밖으로 삐져나온 나뭇가지에 눈이 엉겨 붙어 마치 팔을 쭉 뻗은 괴물처럼 보였다. 또는 코끼리, 곰 등 덩치가 큰 동물처럼 보이기도 했다. 그러나 더 이상은 찍을 수가 없었다. 포기하고 일단 정상에 있는 유일한 건물인 식당으로 피신했다. 그대로 있다가는 내가 살아 있는 '아이스 몬스터'가 될 것 같았다.

'8단계' 도이 씨와의 만남

눈보라가 조금 잠잠해지길 기다리며 식당 앞을 서성이고 있는데, 카메라 장비를 갖추고 있는 60세쯤 되어 보이는 아저씨 한 분이 난감한 표정으로 바깥을 살피고 있었다. 찍사는 찍사를 알아보는 법. 우리 둘은 누가 먼저랄 것도 없이 "눈보라가 참 심하네요"라며 대화를 시작했다. 둘 다 혼자 왔기 때문에 바깥 상황이 잠잠해지길 기다리며 커피라도 한 잔 마시기로 하고 식당으로 들어갔다. 아저씨는 커피 두 잔을 가져오며 자기가 사는 것이라고 말했다. 아저씨의 이름은 도이 후미아키土井文昭로, 아버지가 일제 강점기 때 북한에 있는 석탄 회사에서 근무했는데 패전하고 돌아갈 때 한국 사람이 몇 번이나 목숨을 구해줬다며 그것에 대한 작은 답례라고 웃으며 말했다. 아마 도이 씨의 아버지는 꽤 좋은 사람이었던 것 같았다. 이를 계기로 자연스럽게 카메라 이야기부터 시작해 사진에 대한 생각, 여행에 대한 에피소드를 주제로 담소를 나눴다. 서로의 직업에 대한 이야기도 하게 되었다. 내가 교사라고 밝히자 자신은 대학에서 사회학을 전공했고 중학교 교사로 근무하다가 지금은 집에서 과외로 학생들을 가르치고 있다고 했다.

또 25세부터 20년간 밀교(密敎)를 공부했는데 처음 내 얼굴을 보고는 눈이 맑고, 여자 부처님 얼굴을 하고 있어 처음부터 눈에 띄었다고 했다. 살면서 '여자 부처님'처럼 생겼다는 말은 처음 들어 봤기에, 단지 내가 살이 쪄서 그렇게 보이는 것이라고 답하자 모든 것을 알고 있다는 듯한 미소로 나를 바라봤다. 나는 도이 씨가 정말 공부를 많이 하신 분이라는 생각이 들어 뜬금없이 이런 말을 했다. "왜 인간은 서로 다른 환경에서 태어나 괴로워하며 살아가야 하는지 저는 늘 궁금했어요." 그는 내가 그런 질문을 품고 살아가는 것은 지금껏 살아온 인생 때문이라고 했다. 도이 씨의 말에 의하면 전생에 나는 수양을 하던 사람이었다고 한다. 그리고 자신 또한 오랜 수양으로 깨달음을 얻어 이제 자연과도 대화를 하는 상태가 되었고, 한 달에 일주일 정도씩은 금식을 해도 전혀 배고픔을 느끼지 않는 경지에 이르렀다고 했다. 또 사람은 총 10단계까지 깨달음의 경지가 있는데, 최종 10단계에 이른 사람이 바로 부처이고 이 단계는 모든 욕심을 버리는 단계라고 했다. 그리고 자신은 지금 8단계에 이르렀으며, 인간은 위아래로 한 단계까지 인연을 맺을 수 있다고 말했다. 즉, 그의 말에 의하면 나는 7단계나 9단계에 있는 사람이라는 것인데 내가 여자 부처님의 얼굴을 하고 있다고 하니 어쩌면 9단계에 다다른 것인지도 모르겠다는 생각이 잠깐 들었지만, 평소 식욕을 억제하지 못하는 것으로 봤을 때 절대로 9단계는 아니고 아마 7단계에 이른 것이 아닐까 싶었다. 내가 그럼 살인자는 몇 단계냐고 물으니 짐승 바로 윗단계인 1단계라고 했다. 도이 씨의 말을 듣고 있자니 주효를 찍고 싶다는 욕망과 주효를 못 찍게 만든 눈보라에 대한 원망 따위는 까맣게 잊어버리게 되었다. 나는 이미 8단계로 진입을 시도하고 있었나 보다.

산 위에 있어 빨리 해가 지는 탓에 오후 5시가 되자 밖이 컴컴해져 조명이 켜졌다. 밖은 여전히 눈보라가 몰아치는데 식당 위의 조명이 푸른색, 붉은색, 노란색으로 변하며 주변의 주효들을 비추기 시작했다. 아이스 몬스터들은 서로 다른 색에 반응이라도 하듯 낮보다 더 입체적으로 보여 마치 움직이고 있는 것처럼 으스스한 분위기마저 감돌았다. 이대로 하산할 수는 없기에 우리는 마지막 전투를 준비하듯 일단 몸을 따뜻하게 해놓기로 했다. 따뜻한 아마자케甘酒를 사서 한 잔씩 마시고 밖으로 나섰는데 바람은 낮보다 더 심해져 있었다. 청바지를 입은 내 허벅지가 눈에 맞아 아플 정도였다. 게다가 달랑 하나 있는 식당 건물의 주변 5m 정도에는 빨간 로프가 쳐져 있어 들어가지도 못하게 막아놨다. 많은 주효를 한꺼번에 찍고 싶었는데, 로프 안에서는 그럴 수 없었다. 더 많은 주효를 찍으려면 로프 밖으로 나가 더 위로 올라가야만 했다.

통통한 관리인 아저씨의 도움으로 주효를 만나다

렌즈를 광각렌즈로 교체하기 위해 잠시 건물 안으로 들어가니 후드가 달린 노란 방한복과 마스크, 장화를 신은 눈만 보이는 통통한 관리인이 서 있었다. 통통한 사람은 통통한 사람에게는 너그럽다는 나만의 감이 있다. 렌즈를 교체하고 나이에 어울리지 않게 무척 귀여운 목소리로 물어봤다. "아저씨는 추운데 왜 여기에 서 계세요?" 아마 이런 질문을 하는 일본인은 없었을 것이다. 아저씨는 이렇게 답했다. "사람들이 통제구역 밖으로 나가는 것을 감시하려고 있는 겁니다. 이런 눈보라에 산속에 들어가면 길을 잃어버리게 됩니다. 실종자는 찾지도 못하기 때문에 매우 위험해서 그렇지요." 그래서 나는 다시 질문했다. "그런데 어쩌죠? 사실은 제가 그 빨간 선 밖으로 나가고 싶은데요? 한국에서 일부러 이 주효를 찍기 위해 왔거든요." 아저씨는 어처구니없는 눈을 하고는 5초 정도 망설이는가 싶더니, "그럼 당신만 살짝 들여보내줄 테니 조용히 따라오세요"라고 말하며 앞장서 걸어가기 시작했다. 이게 웬 횡재인가 싶었다. 하지만 나 혼자 갈 수 없어, 함께 오랜 시간 수다를 떨었던 도이 씨를 큰 소리로 불렀다. 도이 씨는 나와는 10m 정도 떨어진 곳에서 촬영을 하고 있었기 때문이다. 그런데 도이 씨는 눈보라 속에서 내 목소리를 듣지 못했다. 더 큰 소리로 도이 씨를 부르자 관리인 아저씨가 조용히 하라며 혼자 오라고 했다. 나는 "저분은 내 친구예요"라고 말했고, 때마침 도이 씨가 뒤를 돌아봐 내 손짓을 따라 내게 왔다. 졸지에 도이 씨는 한국인이 되어버렸다.

그렇게 셋이 빛도 없는 캄캄한 어둠 속에서 무릎까지 푹푹 박히는 눈밭을 걸어 올라갔다. 무거운 카메라를 메고 아픈 눈보라를 맞으며 숨이 턱까지 차 헉헉대며 관리인을 따라갔다. 관리인은 빨리 좀 오라고, 다른 사람이 따라오면 큰일이라고, 다른 관리인이 봐서도 안 된다며 재촉해댔다. 나는 "하이, 하이" 대답하며 열심히 따라갔다. 주효를 찍으려다 내가 숨이 차서 죽을 지경이었다.

3분 정도 올랐나? 문득 뒤를 돌아보니 전망대도 보이지 않는 캄캄한 어둠뿐이었다. 도대체 관리인 아저씨는 뭘 보여주려고 하는지 이해할 수가 없었다. 나는 도대체 어디까지 가는 것이냐고 물으니 관리인 아저씨는 갑자기 다 왔다며 어딘가를 손가락으로 가리켰다. 아저씨의 손가락을 따라 시선을 돌리니 빛을 받은 주효들이 끝없이 늘어서 있는 풍경이 펼쳐져 있었다. 나와 도이 씨 입에서는 그저 "와!"라는 감탄사밖에 나오지 않았다. 입으로 '감사

눈보라를 맞아 더욱 강력해진 아이스 몬스터들.

합니다'를 연발하랴, 거친 숨을 몰아쉬랴…… 산소가 부족해 정신이 혼미했
다. 이대로는 찍을 수가 없을 것 같아 잠시 숨을 돌리려고 하는데 아저씨는
'빨리 빨리'를 주문했다. 한국인만 '빨리 빨리'를 주문하는 것은 아니었다.
서둘러 몇 장을 찍고 관리인 아저씨를 따라 다시 전망대 건물로 돌아왔다.
아저씨는 아주 뿌듯하다는 표정으로 '어때, 대단하지?'라고 묻는 듯 했다. 도
이 씨도 감동을 받은 낌새다. 잠시 숨을 돌린 후 아저씨에게 "사실 저는 왼
쪽에 있는 주효와 눈보라를 찍고 싶습니다만"이라고 말했더니, 아저씨는 또
따라오란다. 도이 씨를 찾았지만 어디로 가버렸는지 보이지 않아 혼자 나섰

다. 하필 광각렌즈를 끼고 있어, 렌즈에 비친 주효들이 마치 눈보라 속에 갇힌 진시황릉 병마용처럼 보였다. 이날 찍은 사진들은 잘 찍었다기보다는 거친 눈보라만큼 나의 거친 숨이 담겨 있어서 마음에 들었다. 귀찮은 기색 없이 주변을 안내해준 관리인 아저씨에게 따뜻한 캔 커피를 뽑아 드렸다. 아저씨의 흐뭇한 미소가 더 따뜻해 보였다.

원래 로프웨이는 밤 9시 30분까지 운행하지만 오늘은 눈보라가 너무 심해 7시까지만 운행을 한단다. 도이 씨와 나는 6시 30분에 로프웨이를 탔다. 승객은 우리 둘뿐이었다. 창밖 아래로 보이는 환상적인 주효들은 그저 눈으로 감상할 수밖에 없었다. 그것도 잠시, 고도가 점차 낮아지자 아무것도 보이지 않는 짙은 회색 안개 속에 갇혀버렸다. 갑자기 이상한 느낌이 들었다. 막막하기도 하고 무섭기도 하고 슬프기도 하고 시작 같기도 하고 끝 같기도 하고 조용한 것 같기도 하고 안개가 뭐라고 계속 말을 거는 것 같기도 했다. 사후 세계에 있는 것 같은 느낌도 들었다. 도이 씨가 갑자기 질문을 했다. "무無의 세계와 공空의 세계의 차이점이 무엇일까요?" 도이 씨는 8단계에서 9단계로 진입하려는 것 같았다. 조금 더 내려가자 이제 상고대가 핀 침엽수림이 보이기 시작했다. 저녁 7시에 도이 씨와 헤어지고 나자 겨우 꿈에서 깨어났다. 도이 씨를 만난 것도, 노란 옷의 관리인을 만난 것도, 셀 수도 없을 만큼 많은 주효를 만난 것도 다 존재하지 않는 세상의 것들 같았다. 무의 세계와 공의 세계. '없다'와 '있어도 없는 것과 같다'의 차이일지도 모르겠다. 눈보라 속의 주효처럼.

배낭을 맡긴 라멘 가게에서 만두를 먹었다. 맥주도 한 잔 마셨다. 현실의 세계에 안전하게 도착한 것이다. 자오 버스 정류장에서 저녁 7시 40분 버스를 타고 8시 20분에 야마가타 역에 도착했다. 자오와는 달리 눈발이 조금

거친 눈보라 속에 서 있는 주효들이 마치 진시황 무덤의 병마용 같다.

날리는 정도였다. 이제 센다이 하나코의 집으로 돌아가야 했다. 내가 타야 할 버스는 8시 32분 버스였는데 센다이행 버스가 오는 1번 정류장에 서니 시간표 바로 위에 커다란 종이의 안내장이 붙어 있었다.

대설로 인해 센다이행 버스는 시간표대로 운행되지 않습니다.

일본은 눈이 많이 내려도 제설 작업이 매우 신속해서 이런 일은 별로 없을 거라고 생각했는데 낭패였다. 1번 정류장에는 다섯 명 정도가 진눈깨비

로프웨이에서 내려다본 주효
불빛에 반응해 움직일 것만 같다.

를 맞으며 오지 않는 버스를 기다리고 있었다. 버스를 기다리는 사람들은 점점 많아져서 20명이 조금 넘는 사람들이 줄을 만들어 계속 서 있었지만 나는 카메라 가방을 보호해야 하기 때문에 바로 옆 경찰서의 처마 밑에서 오들오들 떨며 서 있었다. 허리도 아프고 다리도 아프고 춥고……. 빨리 따뜻한 곳에 들어가 앉고 싶었다. 하나코에게 상황을 설명하고 어떻게 하는 것이 좋을지 물어보았다. 버스를 계속 기다리는 것이 좋을지, 9시 46분에 출발하는 마지막 JR 센잔센仙山線을 타고 가는 것이 좋을지, 아니면 눈이 멈추길 기다리며 야마가타 역 근처 호텔에서 자고 가는 것이 좋을지 물어봤다. 하나코의 말에 의하면 센잔센은 겨울에 곰이나 멧돼지 같은 동물들이 출현하거나, 눈으로 나무가 쓰러지거나 해서 가끔 열차가 멈춰버린다고 했다. 자신도 그런 경험이 있는데 마을도 없는 곳에서 열차가 멈춰 아버지가 데리러 온 적이 있다는 것이다. 하나코의 조언은 전혀 도움이 되지 않았다. 결국 결정은 내가 해야 했다. 위급한 순간에 현명한 판단을 내리는 것은 나의 몇 안 되는 장점 중 하나라는 것을 믿기로 했다.

나는 경찰서로 들어가 교통 상황을 알아보기로 했다. 귀여운 얼굴의 젊은 경찰 두 명이 근무를 서고 있었다. 상황을 설명하고 조언을 해달라고 했더니 자기들도 잘 모르겠다고 답했다. 나는 "일본의 드라마를 보면 일본의 경찰들은 뭐든지 잘 도와주는 것 같더라"라고 했더니 경찰 한 명이 잠깐 기다리라며 JR 역무실로 전화를 했다. 역시 가끔 자극을 주는 것은 필요하다. 경찰이 알아봐주고 있는 사이에 여자 둘이 들어와 고속도로가 통행금지 되었다는데 사실이냐고 물었다. 두 경찰은 갑자기 엄청 바빠진 것이다. 그러고 보니 밖에 길게 서 있던 사람들이 한 명도 남아 있지 않았다. 그녀들의 말에 의하면 서 있던 한 남자의 친구에게서 연락이 왔는데 고속도로에 눈사태가 나서 통행이 금지되었다는 뉴스가 나왔다고 했다. 그것을 듣고 사람들이 순식간에 사라져버렸다고. 결국 전화가 연결되지 않는 JR 역무실의 상황을 알지 못한 채 나는 열차를 타기로 결정했다. 다음날 아침에는 쇼지 씨, 하나코와 함께 센다이의 관광명소인 마쓰시마松島 일대를 관광하는 약속이 있었기에 야마가타에서 하룻밤을 자는 것이 내키지 않았고, 다른 무엇보다 이런 눈에 내일의 상황도 장담할 수 없기 때문이었다. 결국 마지막 열차를 타고 도중에 멈추는 것은 아닌지 조마조마 마음 졸여가며 한 시간 30분 정도를 달렸다. 도중에 열차가 심하게 흔들리고 소리도 심상치 않아 마치 브레이크가 고장이 났나 싶었지만 다행히 밤 11시 10분 열차는 무사히 센다이 역에 도착했다. 거기서 다시 하나코 집까지 택시를 타고 가니 자정이 다 되어 도착했다. 얼굴은 뻘겋게 얼었고 다리며 허리는 후들거렸고 몸은 녹초가 되었다. 너무 긴 하루였다. 그래도 무사히 도착해서 정말 다행이었다. 기다려준 하나코도 너무 고마웠다. 하나코에게 오늘의 무용담을 이야기하느라 새벽 1시가 넘어서야 잠이 들었다. 꿈속에서 나는 수많은 주효와 싸우고 있었다. 아마 아이스 몬스터가 되지 않겠다는 가위 눌림이었을 것이다.

마쓰시마와 울보 하나코

여행 넷째 날. 하나코가 만들어준 미소시루를 두 그릇이나 먹었다. 밤새 전투를 벌여 허기졌나 보다. 오전 9시 반에 쇼지 씨가 우리를 데리러 왔다. 쇼지 씨는 사실 2011년 3월에 정년퇴직을 할 예정이었는데, 마침 그때 쓰나미가 닥쳐 구청의 일손이 부족해 계약직으로 다시 복귀한 상태였다. 그래서 주말밖에는 시간이 나지 않았던 것이다. 마쓰시마는 일본의 3대 절경 중 하나로 꼽히는 곳으로, 소나무가 빽빽이 들어찬 아름다운 섬이다. 이곳도 쓰나미의 피해를 입었지만 다른 지역에 비해서는 덜한 편이었다고 한다. 파란 하늘에 아름다운 구름이 드리워 있고 파도는 잔잔해, 당시 쓰나미가 닥쳤던 상황이 상상이 되지 않았다.

즈이간지瑞巖寺, 엔쓰인圓通院, 고다이도五大堂 등 유적지를 돌아보고 점심을 먹고 쓰나미 피해를 입었던 시오가마鹽釜 시와 센다이 항을 둘러봤다. 이 지역들은 센다이의 주요 어항이자 산업의 중심지였기에 빠른 속도로 복구가 되었다고 했다. 하지만 지진 때 침수되어 아직 처리되지 않은 컨테이너 박스들도 보았다. 센다이로 돌아오니 쇼지 씨가 오늘 저녁에는 파티가 있다고 했다. 무슨 소리인가 싶었는데 쇼지 씨네 부부, 유학 시절 친하게 지냈던 한국 유학생 언니, 또 나를 보고 싶다는 야마야 씨, 하나코가 식사 자리를 마련했다는 것이었다. 오랜만에 만난 언니를 비롯해 모든 사람과 이자카야에서 웃고 마시고 떠들며 즐거운 저녁 식사 시간을 가졌다. 나는 이제는 많이 잊어버려 더듬거리는 일본어로 마다가스카르의 칭기에서 울었던 사건과 전날 야마가타 주효를 찍으며 겪은 에피소드 등을 이야기해줬다. 처음 만나는 야마야 씨는 눈물을 흘리며 내 팬이 되었노라고 말했다. 아마 그녀는 한국식 개그에 익숙하지 않은 것이 분명했다.

모두와 헤어지고 오늘밤은 쇼지 씨의 집에서 자게 되었다. 이제 하나코와 헤어져야 할 시간이었다. 울보 하나코는 오늘도 여지없이 커다란 눈에서 눈물을 뚝뚝 떨어뜨리고 있었다. 센다이 역 앞 육교 위에서 커다란 두 여자가 부둥켜안고 눈물을 흘렸으니, 이 모습을 본 지나가는 사람들이 꼴불견이라고 생각했을지, 안쓰럽다고 느꼈을지 모르겠다. 1979년생 하나코는 내가 미야기 교육대학에서 연수를 받고 있을 때 대학교 4학년 학생이었다. 같이 듣는 세미나와 수업이 있어 얼굴만 알고 지내던 사이였다. 그런데 어느 날 채소만으로 작은 점심 도시락을 싸온 하나코에게 "그 도시락은 하나코에게는 안 어울리는 거 같아"라고 말했더니, "南さんだけには言われたくない(남 선생님에게서만큼은 듣고 싶지 않아)"라고 답해 서로 깔깔대며 웃었던 것이 계기가 되어 친해지게 되었다.

사실 덩치는 크지만 먹는 양도 많지 않고, 고기도 먹지 않는데 어떻게 저리 뚱뚱할 수 있을까 해서 심한 농담을 한 것이었는데, '네 덩치도 만

센다이 마쓰시마
쓰나미의 흔적을 찾을 수 없는 아름다운 섬 마쓰시마.

만치 않아'라고 일본인답지 않게 되받아치는 것이 마음에 들었던 것이다. 그 후 밥 먹을 테이블이 없다고 말했더니, 어머니와 함께 테이블을 우리 집에 옮겨주기까지 했다. 유학생 시절에는 작은 정도 매우 크게 느껴지는 법이다. 나이 차이는 많이 나지만 서로 왕래하며 돈독한 우정을 쌓아 지금까지 지내온 하나코였다. 그런 그녀가 좋은 대학을 졸업하고도 마음에 드는 직업을 찾지 못해 계약직으로 일하는 것이 못내 마음에 걸렸는데, 드디어 4월부터 정직원이 된다는 소식을 듣자 눈물이 날 만큼 기뻤다. 내 품에 안겨 우는 하나코에게 열심히 일하라며 토닥여줬다. 이제 하나코에 대한 걱정은

덜어둬도 될 것 같다. 다만 툭 하면 터지는 하나코의 눈물은 내 능력 밖의 일
이다.

쓰나미의 흔적을 찾아서

여행 다섯째 날. 이번 여행의 마지막 날이다. 간밤에 늦게까지 쇼지 씨
부부와 한국 드라마에 대해 이야기했다. 쇼지 씨의 부인이 한국 드라마의 오
래된 광팬이기 때문이다. 그녀는 일주일에 DVD 다섯 개를 빌려와 몇 번이
나 반복해서 드라마를 본다고 했다. 한국 드라마는 일본 드라마와 비교했을
때 인간미가 있다는 것이 그녀의 견해였다. 한국인인 나도 처음 들어보는 드
라마와 남자 배우 이름을 줄줄 꿰고 있을 정도니 광팬인 것이 확실했다.

옷을 입고 아침을 먹으러 주방에 들어섰는데 예상하지 못한 상황이 기
다리고 있었다. 쇼지 씨의 부인은 아침부터 한국 드라마를 시청하고 있었다.
쇼지 씨는 그런 아내를 두고 내게 아침 식사를 하러 밖에 나가자고 했다. 이
유를 물으니 일본의 실상을 보여주고 싶다는 것이었다. 무슨 소리인지 이해
할 수 없었지만, 설마 손님에게 아침밥을 굶길까 싶어 일단 쇼지 씨를 따라
밖으로 나갔다. 5분 정도 골목을 걸어 나오니 '조이풀Joyfull'이라는 식당이
있었다. 체인점이었다. 쇼지 씨는 내게 이런 말을 했다. "이곳은 과거 도심의
주택가였는데, 이제 여기에는 노인들만 남아 있고 젊은이들은 모두 외곽으
로 빠져나갔습니다. 이 지역에 사는 사람 대다수는 독거노인이기 때문에
음식을 해먹는 것도 힘들어 이렇게 '원 코인One Coin 식당'에서 끼니를 해결
하는 것이 보통입니다." 즉, 500엔짜리 동전 하나로 저렴하게 아침 식사를

미나미산리쿠초 가는 길에 만난 끊어진 교각
마을과 마을을 이어주던 다리도, 마을도 사라졌다.

해결할 수 있다는 것이다. 이미 일본은 고령화가 깊숙이 진행되었다. 한국도 그 전철을 밟고 있기에 그저 흘려들을 수 있는 말은 아니었다. 씁쓸한 아침 식사였지만 음식은 맛있었다.

식사를 마치고 쇼지 씨 부부와 자동차로 쓰나미 피해 지역으로 향했다. 센다이 시에서 산리쿠三陸 자동차 도로를 타고 게센누마氣仙沼까지 갔다 돌아오는 일정이었다. 사망자 1만 2000명, 실종자 1만 5000명, 진도 9, 원자력 발전소 방사성 오염물질 유출. 우리는 도시를 순식간에 폐허로 만든 쓰나미가 남긴 흔적을 보러 출발했다. 산리쿠 자동차 도로의 일부 구간이 전날 대

미나미산리쿠초 가는 길에 만난 끊어진 교각
쓰러진 집이 위태롭게 서 있다.

설로 막혀, 가는 도중에 게센누마센을 타고 해안가를 달렸다. 쇼지 씨가 이
곳부터 쓰나미 피해를 입은 지역이라고 알려줬다. 도로 옆에는 이런 문구가
적힌 커다란 간판이 세워져 있었다.

여기부터 과거 쓰나미 침수 구역.

잠시 후, 이곳의 원래 모습이 상상이 안 가는 흔적들이 보이기 시작했
다. 도로는 복구되었지만 좌우에는 파괴된 건축물의 잔해가 쌓여 있었고, 기

운 집이며, 양쪽이 잘려나간 채 너덜거리는 모습으로 남아 있는 다리도 보였다. 평화롭게 농사를 지으며, 가까운 바다에서 어업을 하며 생활해오던 마을의 모습은 하나도 남아 있지 않았다.

가장 먼저 도착한 곳은 미나미산리쿠초南三陸의 방재대책청사였다. 재난을 대비하는 관공서이므로 분명 주변에 작은 시가지가 형성되어 있었을 텐데, 지금은 잡풀만 무성하게 자라 있었다. 청사 건물 자체도 외벽은 해일에 다 쓸려나가고 붉게 녹슨 철근 골조만 덩그러니 남아 있었다. 그리고 건물 앞에는 작은 제단이 있어 사람들이 놓고 간 마른 꽃다발과 소원을 비는 종이학 뭉치가 매달려 있었다. 이 방재대책청사에 얽힌 미담이 하나 있는데, 쓰나미 후 일본 교과서에도 실렸을 정도로 유명한 이야기다. 당시 청사에는 엔도 미키遠藤未喜라는 여직원이 근무하고 있었다. 쓰나미가 몰려오는 것을 발견한 그녀는 청사 방송 시스템으로 주민들에게 대피 안내 방송을 했고, 미키의 목소리를 들은 주민들은 서둘러 대피해서 목숨을 건질 수 있었다. "어서 높은 곳으로 피난하세요!" 하지만 정작 그녀는 방송을 하다가 그대로 해일에 휩쓸려버렸고, 아직까지 그녀의 시체조차 발견하지 못한 상태라고 한다. 당시 그녀의 나이는 24살이었다. 이 미담은 '천사의 목소리'라는 제목으로 교과서에 실렸다.

주민들은 황량한 벌판에 휑뎅그렁하게 남아 있는 이 녹슨 청사를 볼 때마다 가슴이 아파 이제 이 건물을 그만 철거하자고 주장하고 있는데, 재난 대비의 상징으로 계속 보존해야 한다는 미야기 현의 주장이 맞서고 있어 방재대책청사는 이렇게 우두커니 서 있게 되었다. 60세가 넘은 쇼지 씨는 엔도 미키 씨에 관해 이야기하며 울먹이기 시작했다. 그의 설명을 들으며 건물을 다시 바라보니, 생전 만난 적도 없는 그녀였지만 방송을 하는 그 순간

미나미산리쿠초에 있는 방재대책청사
'천사의 목소리' 엔도 미키 씨의 대피 안내 방송 덕분에 많은 사람이 목숨을 구했다.

에 얼마나 무서웠을지 생각하니 나도 눈물이 흐르기 시작했다. 갑자기 자오에서 겪은 강풍만큼 세찬 바람이 불어와 쇼지 씨의 눈물이 날아가는 것이 보였다. 끔찍한 자연재해 앞에서 소중한 한 사람의 죽음은 일본인이건 한국인이건 중요하지 않았다. 이제 사람들은 일상으로 돌아갔다. 하지만 아직도 수많은 사람이 실종된 가족의 시체조차 찾지 못하고 있다. 유족들의 그 헛헛한 마음이, 끔찍한 기억이 쉽게 지워질 리 없을 것이다. 쓰나미 후 일본 정부는 해안에서 멀리 떨어진 언덕 위에만 주택을 짓도록 규제하고 있다고 한다. 앞으로 영영 잡풀만이 이 청사와 함께 할 것 같다.

청사를 나와 근처에 있는 고이즈미小泉 해변으로 이동했다. 이곳은 쓰나미 후 이 지역의 지반이 얼마나 많이 침하했는지를 보여주는 곳이었다. 처음에는 쇼지 씨의 설명이 무슨 말인지 잘 이해가 되지 않았다. 지금 내가 해변의 모래를 밟고 있는데 지반침하라니. 그런데 모래사장에서 30m 정도 떨어진 바다에 웬 버려진 것 같은 건물 하나가 거센 파도에 부딪히고 있었다. 난 쓰나미에 쓸려온 건물이라고 생각했는데 원래부터 거기에 있었던 호텔이란다. 주변이 멋진 해변이라 많은 관광객이 찾았던 곳이라고 한다. 그런데 지반이 침하되어 그 호텔과 주변 지역이 모두 바다에 반쯤 잠겨버리게 된 것이다. 물론 주변에 있던 목조 건물들은 다 사라졌다. 귀신이 나올 것 같은 폐허가 된 건물을 왜 철거하지 않느냐는 질문에 철거하는 데도 비용이 많이 들기 때문이라고 했다. 2015년 2월 2일 자 ≪동북신문東北新聞≫에는 이런 기사가 실려 있다. 이곳 고이즈미 해변에 인공 사주와 방파제를 설치해 사빈의 퇴적과 재생 효과를 기대한다는 내용이다. 조만간 이 바다에 잠긴 호텔도 철거되었으면 좋겠다는 생각이 들었다. 어쩐지 바다에 쓸려간 영혼들이 좋은 곳으로 가지 못하고 이 호텔에 머물러 있는 것 같았기 때문이다.

고이즈미 해변을 떠나 세 번째로 찾은 곳은 미나미산리쿠초의 항구가설주택단지였다. 이곳은 언덕 위에 지어진 마을인데 쓰나미로 집을 잃은 사람들의 임시 주거 단지였다. 컨테이너 박스를 개조해 만든 집들이 죽 늘어서 있었다. 쇼지 씨의 말에 의하면 이곳에는 새로운 집을 지어 이사를 간 사람도 있고 아직 남아 있는 사람도 있다고 했다. 가끔 뉴스에서 화재나 홍수, 산사태 등으로 집을 잃은 사람들을 본 적이 있지만, 이렇게 수많은 사람의 임시 주거 단지는 처음 목격했다. 마음이 짠했다. 분명 이들 중에는 가족을 잃은 사람들도 있을 텐데 가족도 잃고 집도 잃어버렸으니 어떤 마음으로 삶을

고이즈미 해변의 호텔
지반이 침하해 바다 위에 떠 있는 건물이 되고 말았다.

살아갈까. 나라면 살아갈 수 있었을까 싶었다. 이곳 사람들과 눈을 마주치는 것이 어쩐지 부담스러웠는데 문을 열고 한 아주머니가 나왔다. 그녀는 빨래를 널고 있었다. 하루치를 살아낸 흔적의 빨래였을 것이다. 어떤 위로의 말도 할 수가 없었다. 그런데 집집마다 작은 화분을 가꾸고 있었고, 강아지를 키우는 집도 있었다. 잃어버린 것을 메꾸기 위해 뭔가를 다시 기르고 있는 것은 아닐까. 부디 그들의 남은 인생에 더 이상 잃어버리는 것이 없기를 바랐다.

쇼지 씨는 북쪽으로 더 달려 게센누마에 나를 데려갔다. 게센누마는 센

미나미산리쿠초의 항구가설주택단지
새로운 삶을 시작하려는 사람들이 살고 있다.

다이 시가 속해 있는 미야기 현 북동쪽 끝에 있는 어업 도시다. 이곳은 내가
예전에 일본에 있었을 때 합숙 세미나로 하룻밤을 잤던 곳이기도 하다. 또
쓰나미의 최초 진원지라 피해가 가장 컸던 지역이며 인구 7만 명 정도가 살
던 소도시다. 대지진 당시 어선용 연료 탱크가 쓰나미로 전복되어 화재가 발
생했는데 화재 진압 헬기가 접근하기 어려워 애를 먹었던 지역이다. 그래도
이곳은 관광과 어업의 중심지라 인프라는 거의 복구되어 있었다. 다만, 이와
테岩手·미야기·후쿠시마 현에서 온 이재민들의 임시 주거 단지에는 아직도
10만 명이 넘는 사람이 살고 있다고 한다.

1년 반 동안 센다이에 살면서 알게 된 것 중 하나는 TV 화면의 한쪽 귀퉁이에 항상 'ㅇㅇ 지역 진도 ㅇㅇ'라는 글자가 나와 있다는 것이었다. 예로부터 일본 사람들이 무서워하는 것은 네 가지였는데, 지진·벼락·화재·아버지가 그것들이다. 하지만 이제 일본 사람들이 무서워하는 것은 다섯 가지로 늘어났을 것이다. 바로 바닷속 지진 해일인 쓰나미다.

이제 일본은 강력한 경제력을 발휘해 서서히 쓰나미의 흔적을 지워나가고 있다. 더 튼튼한 건축물을 짓고 더 안전한 대비책을 강구하고 있다. 그럼에도 불구하고 일본은 여전히 위험하다. 일본은 '불의 고리 Ring of Fire'라고 불리는 환태평양조산대에 위치해 있어, 그들에게 재해는 영원히 맞서야 할 운명이다. 그러나 또다시 일어나 살아나가야 하는 것 또한 그들이 짊어진 운명일 것이다. 다만 이제 센다이, 미야기 현에 쓰나미 같은 대재앙이 일어나지 않기를 바란다.

게센누마에서 점심을 먹고 센다이로 돌아온 뒤, 시간을 내어 나를 여러 지역에 데려다준 쇼지 씨 부부에게 뭔가를 대접하고 싶었다. 먹고 싶은 것이 뭐냐고 물으니 떡볶이라고 했다. 음식 솜씨는 전혀 없는 나지만 까짓 떡볶이 정도를 못하겠나 싶어 도전했다. 그냥 매웠다. 그래도 쇼지 씨 부부는 맛있다며, 계속 물을 마셔가며 먹어줬다. 그리고 몇 가지 채소를 사서 비빔밥을 만들어 저녁을 먹었다. 쇼지 씨는 오늘 다녀간 지역들을 종이에 메모해줬고, 그간 모아둔 쓰나미 재난 관련 신문 자료들을 내게 줬다. 그가 내게 베푼 친절과 정성만큼 과연 내가 제대로 글을 썼는지 모르겠다.

이제 쇼지 씨는 완전히 퇴직해 자유인이 되어 사금을 캐러 다니고 있고, 간호사였던 부인도 일에서 물러나 종일 한국 드라마를 보며 지내고 있다. 그리고 울보 하나코는 텔레마케팅 회사의 정규직 사원이 되어 관리자 일을 하고 있다. 그들은 내게 일본 사람이기 전에, 그저 내가 오랜 시간 알고 지낸 친한 친구들일 뿐이다. 그들이, 그리고 그들의 나라 사람들이, 또 세상의 모든 사람이 자연재해로 인해 아무것도 남기지 못하는 어처구니없는 슬픔을 겪지 않았으면 좋겠다.

지은이

남경우

현재 인천해송고등학교에서 지리를 가르치고 있는 저자는 학습 효과를 높일 방법보다 어떤 이야기로 학생들에게 재미와 감동을 줄까 고민하는 조금 별난 선생이다. 교과서 내용으로 수업을 시작하기보다 삶에 대한 이야기로 공감대를 형성한 후 학생들을 가르치는 것이 훨씬 중요하다고 생각하기 때문이다.

저자가 여행과 사진에 빠지게 된 것은 서른 중반, 다소 늦은 나이였다. 10년간의 교직 생활에 지쳐 있을 때 일본으로 떠난 1년 반 동안의 연수 생활은 이후의 인생을 바꾸어놓았다. "앞으로 나아가지 않아도 좋다, 머무를 때 비로소 보이는 것들이 있으니. 그것은 우리를 행복하게 한다"라는 삶의 모토가 생긴 것이다. 그리하여 재미있게 살아가던 중 2002년에 떠난 인도 여행을 계기로 사진을 배우기 시작했다. '똑딱이' 카메라로는 자신이 본 문화적 충격을 담아내는 데 한계가 있다는 것을 느낀 것이다.

저자는 늘 자신의 사진 속 사람들을 그리워한다. 이방인인 자신에게 눈물과 웃음을 보여준 그들이 고맙고, 그들의 삶에 감사하며, 그들을 만나 그들의 시간을 기록할 수 있었던 행운에 행복해한다. 유별나다 싶을 만큼의 결벽증을 가진 저자가 지금껏 다닌 여행지는 아이러니하게도 번화한 도시가 아닌 시골이다. 나라마다, 지역마다 시골 마을은 하나같이 경이로울 정도로 다채롭다. 그런데도 포근하고 서글픈 시골만의 정서는 어쩌면 그리도 한결같은지 떠나고 나면 늘 눈물 나게 그립다. 그러니 그녀의 시골 여행은 계속될 것이다. 지구촌 곳곳 좀 더 깊숙한 곳에 살고 있는 사람들을 만나기 위해.

그래도, 시골 여행
남미에서 센다이까지
ⓒ 남경우, 2017

지은이 | 남경우
펴낸이 | 김종수
펴낸곳 | 한울엠플러스(주)

편집책임 | 조인순
편집 | 성기병

디자인가이드 | 이희영
진행 | 최혜진

초판 1쇄 인쇄 | 2017년 4월 20일
초판 1쇄 발행 | 2017년 4월 28일

주소 | 10881 경기도 파주시 광인사길 153 한울시소빌딩 3층
전화 | 031-955-0655
팩스 | 031-955-0656
홈페이지 | www.hanulmplus.kr
등록 | 제406-2015-000143호

Printed in Korea.
ISBN 978-89-460-6331-0 03980

*가격은 겉표지에 표시되어 있습니다.